# 果品采后处理及贮运保鲜


主　编

王文辉　徐步前

副主编

孙希生

编著者(以姓氏笔画排序)

王文辉　王志华　孙希生　朱世江

余小林　吴振先　张志云　李雪萍

李志强　陆致成　陆旺金　姜修成

徐步前　聂继云　郭晓光　曹恩义

管大勇



金盾出版社

## 内 容 提 要

本书由中国农业科学院果树研究所和华南农业大学的专家编写。内容包括:一是介绍了果品采后生理变化及影响果品贮藏保鲜的因素,果品采收及采后商品化处理、保鲜运输及销售,果品采后病虫害及其防治;二是介绍了土窑洞、通风库、冷藏库及气调库的设计建造及其贮藏保鲜管理;三是逐一介绍了我国南、北方24种果品的采后处理及贮运保鲜技术。本书汇集了作者多年的研究成果和实践经验,并参考了国内外最新研究资料,内容丰富全面,语言通俗易懂,技术先进实用,具有很强的指导性和可操作性强,可供从事果品贮运及经营者、广大果农、园艺技术人员阅读参考,也可供相关院校师生参阅。

**图书在版编目(CIP)数据**

果品采后处理及贮运保鲜/王文辉,徐步前主编．—北京:金盾出版社,2003.9

ISBN 978-7-5082-2576-0

Ⅰ.果… Ⅱ.①王…②徐… Ⅲ.①水果-贮运②水果-食品保鲜 Ⅳ.S660.9

中国版本图书馆CIP数据核字(2003)第050412号

**金盾出版社出版、总发行**

北京太平路5号(地铁万寿路站往南)

邮政编码:100036 电话:68214039 83219215

传真:68276683 网址:www.jdcbs.cn

彩色印刷:北京外文印刷厂

黑白印刷:北京金盾印刷厂

装订:第七装订厂

各地新华书店经销

开本:850×1168 1/32 印张:12.625 彩页:32 字数:299千字

2009年2月第1版第3次印刷

印数:16001—24000册 定价:20.00元

# 前　言

我国是世界水果生产大国。近年来,我国水果年产量一直稳定在6 000万吨以上,2001年达到6 336万吨,占世界水果总产量的13.5%,居世界首位。但同时应该看到,无论是产品质量还是出口数量,距世界水果强国尚有一定差距。这其中有多方面的因素,单从采后方面来说,贮运保鲜能力差、技术水平低及其他采后处理环节薄弱等都是制约我国水果持续健康发展的瓶颈。目前,我国果品贮藏能力(土窖贮藏、节能贮藏、冷藏和气调贮藏)占总产量的25%左右。其中各种形式的冷藏和气调贮藏不足总产量的10%,气调贮藏还不到1%。可以想像,75%的水果采后在较短时间内抢占有限的市场,必然滞销价跌,一时卖不出去,就会失水腐烂。但是,春节过后,尤其是四五月份后,市场上高质量的水果又不多见。因此,采后处理环节薄弱也是影响我国水果价格的重要因素。目前,我国仅有1%左右的果品经过分级、包装等处理后投放市场,而发达国家的鲜果几乎百分之百地进行采后商品化处理。

为促进我国果品采后处理及贮运保鲜事业的发展,满足广大果业人员对采后技术的需要,本书由中国农业科学院果树研究所、华南农业大学等单位多位专家在总结多年实践经验和研究成果的基础上,参考国内外最新资料及科研成果编写而成。本书着重介绍了以下几方面内容:一是从水果采后生理变化、采前采后因素对贮运的影响及采后分级、包装、病虫害及其防治、运输等方面,介绍了果品贮藏(运)及采后处理的基本原理、措施和方法等内容;二是从工程领域,也就是在果实采后至消费过程中,尽可能设计一个利用物理的方法(如通风降温、机械制冷、调节环境气体成分等)来保持果品质量,重点介绍了土窑洞、通风库、冷藏库及气调库的设计建造及其贮藏管理;三是南、北方主要果品采后处理及贮运保鲜技术，也是本书核心内容，涵盖了北方的苹果、梨、葡萄等14个主要水果种类，以及南方的柑橘、香蕉、荔枝等10个主要水果种类。在每种水果的采后处理部分都列出了国家颁布的有关产品等级标准内容，附录部分摘编了国家已发布的7个贮藏技术标准及我国现行有效的果品及贮藏加工等相关标准目录，可供广大果农、技术人员和水果经营者参考。

本书由王文辉（中国农业科学院果树研究所副研究员）、徐步前（华南农业大学副教授、博士）主编，负责统稿、修改及审定工作。全书共分八章。第一章由徐步前编写，第二章由朱世江、王文辉编写，第三章由余小林、王文辉、聂继云、陆旺金编写，第四章由陆旺金编写，第五章由李雪萍、王文辉编写，第六章由王文辉、郭晓光（气调库部分）、曹恩义、管大勇、姜修成、张志云编写，第七章由王文辉、孙希生、李志强、王志华、陆致成编写，第八章由吴振先、李雪萍（番木瓜部分）编写。第七、八章有关国家水果（产品部分）等级标准及附录二由聂继云归纳整理。王志华、王宝亮参与了全书文字校对工作，部分绘图由姜修成完成，在此一并致谢。插页彩照除署名及气调库和气调设备外，均为王文辉提供。

本书内容较为广泛，加之时间仓促和我们水平有限，错误和疏漏之处在所难免，敬请读者指正。

编著者

2003年5月

# 目 录

# 第一章　果品采后生理变化

果品贮藏的实质，就是创造一定的外部环境条件，使果品最低限度地利用消耗自身能量，维持正常健康的生命活动过程。因为采收后的水果脱离了植株母体，所以不能再从母体获得养料和水分，也不能进行正常的光合作用合成有机物质，但它还是一个具有生命活动的活体，必须通过呼吸作用消耗体内贮存的有机物，进行一系列的生理生化变化以产生能量维持生命的延续，同时组织逐渐趋于衰老，最后腐烂变质。因此，要保持采后果实的鲜度和品质，就得了解这些变化规律，从而采取相应的保鲜措施，只有这样，才能延长果品贮藏期，达到提高经济效益和社会效益的目的。

## 一、果品的呼吸作用

呼吸作用是果品采后最基本的生理代谢活动，也是影响水果耐贮藏性最重要的因素。果品的呼吸作用是在一系列酶的参与下，吸收空气中的氧气，将果实内复杂的有机物质逐步降解为二氧化碳($CO_2$)、水($H_2O$)等，同时释放出能量的生命活动过程。一方面，果实通过呼吸作用产生能量，维持自身的生命活动，抵御不良环境和病菌的侵染；另一方面，如果呼吸过于旺盛，果实的各种代谢活动增强，衰老加快，贮藏寿命也相应缩短。因此，在维持正常生命活动的前提下，应该尽量降低果实的呼吸强度，以延长贮藏寿命。

要了解采后水果的呼吸作用，必须首先弄清楚关于采后果品呼吸的一些概念。

### (一)有关果品呼吸的若干概念

**1. 呼吸强度**　呼吸强度是用来表示果品呼吸作用强弱的一

个指标，它是指 1 千克(kg)果实在 1 小时(h)内放出二氧化碳($CO_2$)的毫克(mg)数或毫升(ml)数，即 $mgCO_2/kg/h$($mgCO_2 \cdot kg^{-1} \cdot h^{-1}$)或 $mlCO_2/kg/h$($mlCO_2 \cdot kg^{-1} \cdot h^{-1}$)。也可以用单位重量、单位时间内吸收的氧气的重量或体积数来表示。果品在贮藏中呼吸强度的大小，可以作为我们判断产品耐贮性高低的重要指标。果品的呼吸强度增加，意味着养分消耗加快，衰老变质加速，贮藏寿命缩短。但是也不能过度抑制呼吸强度，否则容易破坏正常的生理功能，引起生理伤害，同样会缩短贮藏期。呼吸强度的测定方法，有密闭式和通气式的化学测定法，还有采用气相色谱的仪器测定法等。

**2. 呼吸跃变型和非呼吸跃变型** 根据果实成熟时呼吸强度的变化不同，可分为呼吸跃变型和非呼吸跃变型两种类型。呼吸跃变型又称呼吸高峰型。其特征是水果采后其呼吸强度先略有下降，而后迅速上升，并出现高峰，随后很快下降。这类水果伴随呼吸高峰的出现，达到最佳鲜食品质，高峰过后，鲜食品质迅速下降。这类水果成熟过程中一般乙烯生成量较大(如苹果内源乙烯通常高达 25～2 500 微升/升)，且随着呼吸跃变伴随有乙烯高峰的出现。不同种类和品种水果呼吸跃变出现的时间及强度差异较大。用于贮藏，尤其是中长期贮藏的此类水果，通常需要在呼吸跃变之前采收。一般而言，呼吸跃变型水果，尤其是跃变强度较大的水果，在常温下耐贮性相对较差，采用冷藏或气调贮藏效果甚好。如苹果、猕猴桃、软肉梨等。也有的学者从呼吸高峰型水果中又分出末期上升型，如柿子、桃等。

非呼吸跃变型水果又称非呼吸高峰型水果。果实在采后成熟衰老过程中，呼吸强度呈持续缓慢下降，并无峰值出现。非呼吸跃变型水果一般乙烯生成量较低，多数在 0.1 微升/(千克·小时)以下。用于贮藏或鲜食的此类水果，通常以在充分成熟(但不过熟)时采收为好。不同水果呼吸类型见表 1-1。

**表 1-1　水果呼吸类型分类**

| 呼吸类型 | 呼吸跃变型 | 非呼吸跃变型 |
| --- | --- | --- |
| 水果种类 | 苹果、梨、猕猴桃、香蕉、桃、李、杏、芒果、鳄梨、番木瓜、柿子、无花果、甜瓜等 | 柑橘、葡萄、鲜枣、草莓、石榴、樱桃、菠萝、柠檬、荔枝、枇杷等 |

**3. 有氧呼吸和无氧呼吸**　水果的呼吸作用可分为有氧呼吸和无氧呼吸两种类型。前者是在有氧条件下，将糖、有机酸、淀粉及其他物质完全氧化分解成为二氧化碳和水，并释放出能量，这是果品主要的呼吸方式。无氧呼吸又称为发酵，就是在氧气不足的条件下，呼吸底物不能完全氧化，而是生成乙醛、乙醇等中间产物，并释放出少量的二氧化碳和能量。乙醛和乙醇的大量积累会产生毒害作用，使果实品质变劣，产生异味。因此在贮藏过程中，要避免造成水果的缺氧呼吸。一般情况下，果实不会产生缺氧呼吸。但在气调贮藏和塑料薄膜包装中，若氧气容量过低，组织就会产生无氧呼吸，果实产生酒精味，这就是人们通常所说的低氧伤害。

**4. 呼吸商**　呼吸产生的二氧化碳和吸收的氧气的容积比称为呼吸商，也称为呼吸系数，通常用 RQ 表示。呼吸商的作用主要有两点：第一，可反映呼吸底物的种类。当以糖为呼吸底物时，$RQ = 1$；当有机酸为底物时，$RQ > 1$；当脂肪或蛋白质作为底物时，$RQ < 1$。第二，根据呼吸商大小可大致了解果实缺氧呼吸的程度。缺氧呼吸严重时，RQ 值大幅度上升。

**5. 呼吸热**　无论是有氧呼吸或缺氧呼吸，在水果的呼吸过程中都会放出能量，其少部分用于维持生命活动及合成新的物质，大部分都以热能的形式释放于体外，这些在呼吸过程中释放的能量叫做呼吸热。

呼吸热简单计算方法：将呼吸强度[($CO_2$ 毫克/(千克·小时)]最高值或平均值乘以 220 可转换为 Btu/(吨·24 小时)，乘以 61 可转换为千卡/(吨·24 小时)。水果发出的呼吸热会使贮藏环境温度升高,加快果实品质下降。呼吸强度高的水果,当然呼吸热也大,因此在冷藏库设计和制冷设备的选用时,必须计算出贮藏对象产生的呼吸热,使选用的制冷机有足够大的制冷能力,以保持水果贮运时所需的低温。

### (二)影响呼吸作用的因素

**1. 种类和品种** 不同种类和品种的水果,呼吸强度差异很大(表 1-2,表 1-3)。这是由其遗传特性和生产环境条件等多种因素所决定的。仁果类(如苹果、梨等)、柑橘类等的呼吸强度较低;浆果类、核果类(如桃、李、杏)的呼吸强度较高。一般来说,南方生长的水果比北方生长的水果呼吸强度高。同一品种,早熟品种比晚熟品种呼吸强度高,夏季成熟的比秋、冬季成熟的呼吸强度高。

**表 1-2 不同温度下水果的呼吸强度** ($mgCO_2 \cdot kg^{-1} \cdot h - 1$)

| 产品 | 温度(℃) | | | | | |
|---|---|---|---|---|---|---|
| | 0 | 4~5 | 10 | 15~16 | 20~21 | 25~27 |
| 夏苹果 | 3~6 | 5~11 | 14~20 | 18~31 | 20~41 | — |
| 秋苹果 | 2~4 | 5~7 | 7~10 | 9~20 | 15~25 | — |
| 巴 梨 | 3~7 | 5~10 | 8~21 | 15~60 | 30~70 | — |
| 贵妃梨 | 2 | — | — | 11~24 | 15~28 | 20~29 |
| 葡萄(美国) | 3 | 5 | 8 | 16 | 33 | 39 |
| 葡萄(欧洲) | 1~2 | 3~6 | 8 | 10~12 | — | 25~30 |
| 桃 | 4~6 | 6~9 | 16 | 33~42 | 59~102 | 81~122 |
| 李 | 2~3 | 4~9 | 7~11 | 12 | 18~26 | 28~71 |
| 杏 | 5~6 | 6~9 | 11~19 | 21~34 | 29~52 | — |
| 甜樱桃 | 4~5 | 10~14 | — | 25~45 | 28~32 | — |

**续表 1-2**

| 产品 | 温度(℃) | | | | | |
|---|---|---|---|---|---|---|
| | 0 | 4～5 | 10 | 15～16 | 20～21 | 25～27 |
| 酸樱桃 | 6～13 | 13 | — | 27～50 | 39～50 | 53～71 |
| 黑莓 | 18～20 | 31～41 | 62 | 75 | 155 | — |
| 草莓 | 12～18 | 16～23 | 49～95 | 71～92 | 102～196 | 169～211 |
| 日本柿子 | — | 6 | — | 12～14 | 20～24 | 29～40 |
| 猕猴桃 | 3 | 6 | 12 | — | 16～22 | — |
| 网纹甜瓜 | 5～6 | 9～10 | 14～16 | 34～39 | 45～65 | 62～71 |
| 西瓜 | — | 3～4 | 6～9 | — | 17～25 | — |
| 鳄梨 | — | 20～30 | — | 62～157 | 74～347 | 118～428 |
| 香蕉(青)* | — | — | — | 21～23 | 33～35 | — |
| 成熟香蕉 | — | — | 21～39 | 25～75 | 33～142 | 50～245 |
| 欧洲越橘 | 2～10 | 9～12 | 23～35 | 34～62 | 52～87 | 78～124 |
| 葡萄柚 | — | — | 7～9 | 10～18 | 13～26 | 19 |
| 柠檬 | — | — | 11 | 10～23 | 19～25 | 20～28 |
| 莱姆酸橙 | — | — | — | 6～10 | 7～19 | 15～45 |
| 橘子 | 2～5 | 4～7 | 6～9 | 13～24 | 22～34 | 25～40 |
| 鲜无花果 | — | 11～13 | 22～23 | 49～63 | 57～95 | 85～106 |
| 荔枝 | — | — | — | — | — | 75～128 |
| 芒果 | — | 10～22 | — | 45 | 75～151 | 120 |
| 番木瓜 | — | 4～6 | — | 15～22 | — | 39～88 |
| 绿熟菠萝 | — | 2 | 4～7 | 10～16 | 19～29 | 28～43 |

资料来源：摘引自美国农业部农业手册第 66 卷，果树花卉苗木商业性贮藏，1986

* 13℃呼吸强度为 14～20mg$CO_2$·$kg^{-1}$·$h^{-1}$

**表 1-3　部分水果品种 20℃及 0℃下果实呼吸强度**

（中国农科院果树研究所测定）

| 种类 | 品种 | 呼吸强度($mgCO_2 \cdot kg^{-1} \cdot h^{-1}$) | |
|---|---|---|---|
| | | 0℃ | 20℃ |
| 梨 | 八月红 | 4~5 | 33~46 |
| | 五九香 | | 21~40 |
| | 京白 | | 18~47 |
| | 南果 | | 20~34 |
| | 锦香 | | 26~49 |
| | 锦丰 | | 14 |
| | 金花4号 | | 23 |
| | 酥梨 | 2.8 | 15 |
| | 黄金 | | 14~15 |
| | 丰水 | | 14~16 |
| 苹果 | 新红星 | 3.0 | 14~19 |
| | 乔纳金 | | 14~26 |
| | 津轻 | | 14~29 |
| | 金冠 | 3.5 | 11~31 |
| | 富士 | | 9~14 |
| 鲜枣 | 铃枣(锦西) | | 41~63 |
| | 大平顶(朝阳) | 8~10 | 33~76 |
| 葡萄 | 葡萄(藤稔)浆果/果梗 | | 12~18/137~204 |
| | 葡萄(巨峰)浆果/果梗 | | 22/74 |
| 桃 | 朝阳蜜桃/八月脆 | | 32~41/45 |

**2. 发育阶段及成熟度**　果实不同发育阶段呼吸强度不同。一般来说，果实在发育初期生理活动旺盛，呼吸强度很高。随着果实的生长发育，呼吸强度逐渐下降。呼吸跃变型水果随着果实从

成熟、完熟到衰老，呼吸强度呈下降——上升——再下降的变化。非呼吸跃变型水果随着果实从成熟、完熟到衰老，呼吸强度一直呈逐渐下降的趋势。

**3. 温度** 温度是对采后果实呼吸作用影响最大的环境因素。在一定范围内，温度越低，果实的呼吸越弱，呼吸高峰峰值越低，且出现时间越晚，果实贮藏期也就越长。但温度过低也会影响果实组织正常的生理代谢，容易发生低温伤害，造成损失。特别是原产于热带、亚热带的水果，不宜在过低的温度下贮藏。相反，温度过高也不利于贮藏，初期呼吸强度上升，但随后迅速下降，造成生理伤害。例如香蕉，环境温度高于28℃时果皮不能转黄，呈现青皮熟。此外，要尽可能避免贮温忽高忽低，以防止刺激果实的呼吸作用增强，增加营养物质的消耗。

温度对呼吸作用的影响可以用温度系数($Q_{10}$)表示，即温度每上升10℃呼吸强度增加的倍数。$Q_{10}$数值越大，说明降温对于抑制果实呼吸、延长贮藏寿命越有效。水果的$Q_{10}$值一般为2~3。但在不同温度范围，其值差异较大。通常在0℃~10℃范围内差异最大。说明越接近0℃，温度对果实呼吸强度的影响越大。因此，在不出现冷害和冻害的前提下，应尽可能降低贮运温度，以最大程度地抑制果实呼吸作用，延长贮藏寿命。据中国农科院果树研究所测定，对梨(八月红)呼吸影响较大的温度范围有两个区域：一是20℃~25℃范围内，呼吸强度最高；二是在0℃~10℃范围内，尤其是越接近0℃，温度对果实呼吸强度影响越大(表1-4)。

**表1-4 八月红梨不同温度范围的温度系数**

(中国农科院果树研究所测定)

| 温度范围(℃) | 0~1 | 1~8 | 8~13 | 13~20 | 20~25 | 25~30 | 30~33 |
|---|---|---|---|---|---|---|---|
| 温度系数($Q_{10}$) | 13.4 | 3.2 | 3.0 | 2.5 | 4.0 | 1.0 | 0.8 |

注：表中$Q_{10}$的计算方法为呼吸强度增加倍数÷温差值×10。该方法不太符合$Q_{10}$的定义，只是为了做一比较

另外，温度过高，如超过30℃，呼吸强度不升反降。但在低于这个范围，如20℃～25℃，温度稍有下降，也会对贮藏寿命产生较大影响。其他水果也具有相似的规律。

**4. 湿度** 与温度相比，湿度对果实呼吸强度的影响要小得多。总体上讲，轻微干燥比湿润可抑制呼吸。但水果种类不同，情况也不一样。如柑橘类果实（温州蜜柑、红橘等），环境湿度过大，促进呼吸。对于香蕉来说，相对湿度低于80%时，果实无呼吸跃变，不能正常后熟。

**5. 环境气体成分（氧气、二氧化碳、乙烯等）** 由于果实的呼吸需要消耗环境中的氧气，同时产生二氧化碳，因此，贮藏环境中氧气和二氧化碳的浓度大小将直接影响果实的呼吸作用。一般来说，适当提高二氧化碳浓度、降低氧气浓度可以抑制果实的呼吸。将果实放入人为改变气体组成的环境中，抑制其呼吸以保持其品质的方法，就是通常所说的气调贮藏方法。

乙烯是一种促进果实成熟衰老的植物激素。它可以促进水果，尤其是跃变型水果，如香蕉、猕猴桃、苹果、梨等的呼吸，加速果实成熟衰老。调控环境中乙烯的浓度，可以促进或延迟果实成熟衰老的进程。

**6. 机械伤和病虫害** 果实在采收及采后处理中受到挤压、磕碰、振动等机械伤或病虫危害，都会不同程度地促进呼吸强度增高，即所谓的伤呼吸和伤乙烯。其原因在于造成的伤口加大了组织与空气的接触面积，并且组织损伤后，含有酶的各种成分混在一块，加速各种化学反应，促进了呼吸作用。从生理角度讲，是水果对于外界不良环境和刺激的一种自我保护反应。因此，在采收时要尽量避免机械伤，严格挑选无伤害的果实进行贮藏。

**7. 化学物质** 一些化学物质，如2，4-D、赤霉素（九二〇、GA）、青鲜素、一氧化碳、1-MCP（1-甲基环丙烯）等，对果实呼吸强度均有不同程度的影响，其中的一些常作为果蔬产品的保鲜剂或是其中的重要成分。例如，将2，4-D用于柑橘的贮藏，可抑制果蒂产生离层,保持蒂部青绿、饱满、不脱落,对控制蒂腐病也有一定效果。柑橘采前或采后用赤霉素处理可防治柑橘枯水病。青鲜素主要是抑制产品发芽。

在保鲜剂方面,目前最引人注目的是1-MCP。它是一种乙烯抑制剂,是最近几年发现并开始应用于苹果和花卉等园艺产品贮运保鲜方面的一种极为有效的保鲜剂。在水果方面,1-MCP能显著抑制苹果、梨、鳄梨、香蕉、猕猴桃、桃、李、杏等多种跃变型水果的呼吸和乙烯的合成,推迟乙烯与呼吸高峰的出现;对于非跃变型水果,如草莓,也有一定的作用。目前在美国,其官方机构EPA(美国环保署)已于2002年批准(注册)1-MCP在苹果上商业应用(详见第七章苹果一节)。

**8. 钙素对呼吸的影响** 苹果、梨、鳄梨、鲜枣等采前喷施钙肥(氯化钙或硝酸钙),或采后浸钙处理,可以在一定程度上降低果实呼吸强度,延缓果实硬度下降,减少贮藏期间生理病害(如梨的黑心病等)。据王文辉测定,在果实生长期喷过0.3%氯化钙的八月红梨,20℃下果实呼吸强度比对照降低7%左右。

总之,在果品贮藏期间,要采取各种措施抑制其呼吸强度,减少营养物质消耗,推迟衰老。但也要保持其正常的生命活动,提高耐贮性和抗病性。

## 二、果品的蒸腾作用

水果水果,没有水分不叫水果。水果含水量很高,其含量依水果种类和品种而异。大多数水果中,水分占85%~90%。水分的存在,是植物完成生命活动的必要条件。水分对水果的鲜度和口感有重要影响。水果采收后失去了水分的来源,但是水分的蒸发(蒸腾)仍在继续。随着贮藏期的延长,失水达到一定程度就会造成果实萎蔫、失重、鲜度下降,大大降低商品价值。因此,失重通常是衡量水果保鲜效果的一个重要指标。失水除影响鲜度和口感外，严重时会使生理代谢活动增强，贮藏期缩短。不过有些水果，如宽皮橘类和哈密瓜等，采后适度失水对其贮藏和运输是有好处的。

### （一）水分蒸散对水果贮藏的影响

植物在生长发育过程中，通过地上部分，特别是叶子向外蒸腾水分，散发蒸发潜热，防止植物体温度异常升高，同时通过根系不断从土壤中吸收水分，由此促进植株对养分的吸收和转移，即植物生长发育时的蒸腾作用具有重要的生理活动意义。但是，对于采收后切断了水源的果实来说，水分蒸腾已不再具积极的生理作用，而是由此引起新鲜水果失水减重，使组织劣化，造成直接损失。一般认为，当水分损失达到收获时重量的5%时，会直接影响水果的新鲜度，使果实光泽消失，严重时果实表面出现皱缩，以至失去商品价值。

采后果实的水分蒸散不仅仅表现在失重失鲜上，而且会促使果实组织内水解酶的活性大大增强，加快营养成分的消耗，削弱组织耐藏性和抗病性，缩短贮藏期。因此，收获后避免过快过度蒸散失水，是果品贮藏保鲜中必须考虑和解决的一个重要问题。

有些水果，采收后预先使之失去少量水分对贮藏是有利的。有时适当失去部分水分反而可以防止微生物的侵染，增强抗病性。如温州蜜柑收获后直接贮藏容易发生“浮皮病”等，预先稍加晾干使之失去1%～2%的水分，既可以减少青霉菌等微生物的侵染，又可以使果皮柔软致密，在采后处理中不易造成机械伤。同时，由于失去部分水后，果皮的通气性下降，使得果实内形成一定的气调条件，有利于保持果实的优良品质。

### （二）影响蒸散作用的因素

**1. 果品种类与成熟度**　一般来说，表面积与重量比值大、成熟度低的果实，水分蒸散量大。水分蒸散量的大小还与果实表面的表皮结构有关。果皮厚,表皮结构致密且具有蜡质层的果实,水分不易蒸散。未成熟或成熟度低的果实,因表皮角质层尚未发育完全,所以水分容易从组织中向外蒸腾出来。由于果实与外界的水分与气体交换都是通过气孔、皮孔和表皮层进行的,所以通常呼吸强度大的水果,水分蒸散也大。相比而言,葡萄(果柄)、鲜枣、板栗、石榴、梨等容易失水。

**2. 温度** 温度是影响蒸散量大小最主要的环境因素之一。贮藏环境温度越高,水分蒸散量也越大。原因有 3 个方面: ①环境温度上升后,单位体积空气可容纳的水分量增加,果实与空气之间的饱和湿度差增大; ②水蒸气分子运动加剧,增大了向外扩散的动力; ③果实细胞液黏度下降,组织中的水分容易移动。反之,如果环境温度快速下降或温度波动较大,空气湿度达到过饱和,水蒸气就会在果实表面凝结成水珠。果面结露后,有利于病菌繁殖,容易造成果实腐烂。因此在贮运过程中,应尽可能控制贮藏环境中的稳定低温,减少蒸腾和结露。根据果实水分蒸腾与温度的关系,可将水果分为三种类型(表 1-5)。

**表 1-5 不同水果蒸腾特性**

| 蒸腾特性 | 水果种类 |
|---|---|
| 随着温度下降,蒸腾量急剧下降 | 柿子、柑橘、苹果、梨、西瓜等 |
| 随着温度下降,蒸腾量下降 | 枇杷、板栗、桃、李、葡萄(欧洲种)、无花果、甜瓜等 |
| 温度下降与否,蒸腾量均很大 | 草莓、樱桃、葡萄(美洲种)等 |

**3. 湿度** 空气湿度是影响果实水分蒸散的最主要因素(直接因素)。一般用相对湿度(RH)表示其大小。相对湿度 = 绝对湿度 ÷ 饱和湿度 × 100%。其中,绝对湿度指单位体积空气中的实际含水量,饱和湿度为一定温度下单位体积空气中所含水气的最大

容量。因此,在一定温度下,相对湿度体现空气中的含水量达到饱和状态的程度。贮藏环境的相对湿度越大,果实中水分越不容易蒸散。对于多数水果来说,贮藏合适的相对湿度要求达到85%~95%。

**4. 空气流速(风速)** 空气流速是影响果实蒸腾的重要因素。贮藏环境中,风速越大,果实蒸腾越严重。目前,水果库多采用吊顶风机作为蒸发器,降温的同时会带走大量水分,但空气不流通势必影响降温效果,库内积累过多有害气体也不利于贮藏。因此,要在保持库内适宜湿度的同时,合理控制库内空气流速。苹果贮藏库货间风速推荐为0.25~0.5米/秒。

**5. 气压** 在正常贮藏水果的环境下,气压的变化很小,对水分蒸散的影响可以忽略不计。但是,对于一些特殊的采后处理,如减压贮藏、真空预冷的时候,环境的气压远低于大气压。这时,气压的高低对水分蒸腾作用的影响不可忽略。如通常大气压(101.3千帕)下水的沸点为100℃,而在0.613千帕低压下,水的沸点仅为0℃。显然,随着气压的降低,水的沸点降低,水的蒸散量必然增大。

在实际操作中,控制果实水分蒸散是一个十分重要的问题。为防止和减少水分蒸散,可通过洒水、喷雾等增加库内空气的相对湿度;同时通风要适当,以防带走大量水分。另外,还可以采用塑料薄膜、瓦楞纸箱等内外包装以及给果实表面打蜡等措施,减少水分损失。

## 三、果实化学成分构成及其采后的变化

果实品质大多受果实中含有的各种成分的量及其成分组成影响。在采后贮藏运输中,这些成分会发生一系列变化,由此引起耐贮性和抗病性的变化,以及食用价值和营养价值的改变。因此,有必要了解果实中各种化学成分的含量、特性和变化规律,以便有效

控制采后果实品质的下降。

影响果实品质的化学成分大致可分为:色素成分、味觉成分、香气成分、质地成分以及矿物质、维生素等,当然还有水分。这些成分相互关联影响着果实的品质,而且其中一种成分不足时,就可能使果实品质劣化。

### (一)水　分

见本章果品的蒸腾作用一节。

### (二)色素成分

评价果品的品质时,一般都是先以视觉从外观进行评价。因此,果实颜色的作用不可低估。构成果实颜色的色素主要有叶绿素、类胡萝卜素和花青素等。

叶绿素是一切绿色植物绿色的来源,在水果中一般与类胡萝卜素共存。未成熟的果实中叶绿素含量最多,随着果实的成熟,叶绿素逐渐被叶绿素酶分解而使绿色消退,原来被掩盖的类胡萝卜素(橙红色)和花青素(红色或紫色)显现出来,即为成熟过程中果实的着色。

类胡萝卜素是几乎所有果实都含有的脂溶性色素,分为胡萝卜素类和叶黄素类两种。其颜色表现为黄、橙黄或橙红色。其构造比较复杂,而且结构上的差异导致颜色的差异。如胡萝卜素就有α、β、γ等多种异构体。其中β-胡萝卜素最为重要,含量也多。β-胡萝卜素在人体内可转化为维生素A,为人体必需的维生素之一。

花青素是形成果实红、蓝、紫等颜色的一类水溶性色素。这种色素不稳定,所呈现的颜色与果实细胞中pH值大小有关。在酸性条件下呈现红色,在碱性条件下呈现蓝色,在中性条件下呈现紫色。在果品的贮运过程中,花青素会在酶和氧的存在下被氧化引起退色或褐变。

### （三）糖、有机酸等味觉成分

水果的味道最主要由糖和有机酸构成。水果中糖分和有机酸含量的差异，形成淡甜、甜、酸甜、甜酸、酸等不同味道。

**1. 糖分** 糖分是构成水果甜味的物质。其含量一般随着果实成熟度的提高而增加。糖的种类主要有蔗糖、葡萄糖、果糖等。由于水果的种类、品种以及成熟度的不同，其组成和含量不一。它们表现出的甜度并不一样。如果以蔗糖的甜度为100的话，果糖甜度为103～173，而葡萄糖的甜度只有49～74。含蔗糖多的果实有柑橘类、香蕉、桃、菠萝等，含葡萄糖多的有葡萄、柿子、香蕉、樱桃等，含果糖多的有苹果、梨、葡萄、香蕉、樱桃、石榴等。水果种类不同，果实含糖量差异较大，一般为5%～35%不等。果实贮藏期间，糖作为主要的呼吸基质，因生理活动的消耗而逐渐减少。

另外，淀粉作为多糖类高分子化合物，在果实成熟时逐渐转化为糖。果实中淀粉含量较少，含量最多的是板栗。北方栗平均为51%，南方栗为60%。青熟的香蕉含淀粉为20%，成熟后转化为糖，果实变软、变甜。未熟的苹果含淀粉为12%～16%，成熟后下降为1%～2%。对于含有淀粉的水果，如香蕉、苹果、梨（秋子梨和西洋梨等），采后后熟过程中，由于淀粉大部分或全部转化为糖，果实含糖量逐渐上升，随着贮藏的延长，含糖量又缓慢下降。但对于多数水果来说，贮后糖含量下降较小，不至于影响果实食用品质。

**2. 有机酸** 水果中的有机酸与糖分是赋予果品食味的两大主要成分。糖分（或者可溶性固形物）和有机酸含量作为反映果实成熟度的指标，经常作为果实的基本测定项目。果实中的有机酸主要有柠檬酸、苹果酸、酒石酸等。一般而言，果实在生长期间有机酸含量逐渐增加，到完熟时达到最高，随后急剧下降。水果贮藏过程中，有机酸作为呼吸基质逐渐被消耗，使得酸含量逐渐下降。但有的水果如软肉梨，入贮初期含酸量会有所上升，但随着贮期的延长，最终还是下降。

含酸量是影响果实风味品质的重要指标。也是判断水果贮藏效果好坏的主要指标之一。据中国农科院果树研究所测定,金冠、富士苹果常温(20℃)存放30天,酸含量分别下降34%和32%;津轻常温贮藏22天,酸含量下降37%。核果类贮后风味变淡,其中重要原因之一是酸度下降。但是,对于酸度很高的水果,如很酸的橘子,经贮藏后酸度适当下降反而变得可口。而酸含量低的苹果经贮藏后风味变淡,则是人们所不愿接受的。

水果种类和品种不同,有机酸种类及含量差异很大。如苹果主要含苹果酸,葡萄主要含酒石酸,草莓主要含柠檬酸等。苹果酸含量一般在0.20%~1.60%之间,通常分为高酸品种(1.00%~1.60%)、中酸品种(0.50%~0.99%)和低酸品种(0.49%以下)。部分水果的主要有机酸组成及含量见表1-6。

**表1-6 部分水果的酸含量及主要有机酸组成**

| 名 称 | 酸含量(%) | 主要有机酸 |
|---|---|---|
| 梨 | 0.1~0.6 | 苹果酸、柠檬酸 |
| 葡 萄 | 0.3~2.1 | 酒石酸(40%~60%)、苹果酸 |
| 桃 | 0.2~1.0 | 苹果酸、柠檬酸 |
| 李 | 0.4~3.5 | 苹果酸(大部分)、柠檬酸 |
| 甜樱桃 | 0.3~0.8 | 苹果酸 |
| 草 莓 | 1.3~3.0 | 柠檬酸(70%以上)、苹果酸 |
| 枇 杷 | 0.2~0.6 | 苹果酸(50%)、柠檬酸 |
| 温州蜜柑 | 0.8~1.2 | 柠檬酸(90%以上)、苹果酸 |
| 香 蕉 | 0.1~0.4 | 苹果酸(50%)、柠檬酸 |

**3. 其他味觉成分** 果实的味觉成分还包括涩味和苦味物质。这些微量成分的存在,对果实起到形成特有风味的作用。果实的

涩味主要是由一类叫做鞣酸(单宁)的物质形成。鞣酸是一种多酚类化合物,氧化后会发生颜色反应。果实中鞣酸含量低时,有清凉感;含量多时,必须经过脱涩才能食用。柑橘类果实苦味成分主要是以柚皮苷为主的类黄酮化合物与柠檬苦素等物质组成,含有柠檬苦素 10 毫克/升、柚皮苷 50 毫克/升时就可感觉到苦味。另外,在果实受到冻害时,细胞被破坏,柚皮苷渗出会使果实变苦。

### (四)芳香物质

果实中的芳香物质,系油状的挥发性物质,种类较多,但含量少。主要包括酯类、醇类、酸类、醛类及羧基化合物等。由于它们的含量和主体组成成分不同,构成各种水果独特的香气特点。在果实成熟的时候可以明显感受到香气的芬芳,而在果实衰老时则生成异臭导致品质下降。香蕉、猕猴桃等呼吸跃变型的水果,随着后熟的进行,香气大量形成,因此判别果实的成熟与否时,香气是重要的标志之一。

### (五)质地成分

随着果实的生长和成熟的进行,果实的质地逐渐软化。在组织结构上,表现为细胞和细胞之间的黏结力下降,细胞膜成分发生变化而引起果实质地软化。果实的质地是反映品质好坏的重要因素之一。硬度通常是判断苹果、梨等成熟度及品质(贮藏效果)的重要指标。

木质素是维持果实质地的重要成分。木质素与纤维素、半纤维素结合而保持果实坚固的质地。纤维素不能被人体吸收,但可以促进胃肠的蠕动和刺激消化腺的分泌,帮助对其他营养物质的吸收,也有助于排出代谢废物。

果胶物质是含甲氧基的乳糖醛酸的缩合物,是构成细胞壁的主要成分之一。果胶在水果中存在多少和存在的状态,是影响果实质地软、硬、脆或绵的重要因素。未熟果之所以质地硬,是因为果胶与纤维素、半纤维素等结合在一起，绝大部分以不溶于水的原果胶形式存在。果实成熟时，在原果胶酶的存在下，原果胶分解为水溶性果胶，果肉随之变软。

**（六）维生素、矿物质和含氮物质**

维生素虽然是水果的次要成分，但是却在人类营养中起着重要作用。事实上，人类饮食中几乎所有的维生素C（可防止坏血病）是从水果和蔬菜中取得的。另外，水果也是维生素A和叶酸的重要来源。随着果实品质的下降，维生素C含量逐渐减少，而氧化型维生素C则有所增加，因此维生素C含量的变化常作为衡量果实新鲜度的一个重要指标。

维生素A是人体保护其眼组织功能所必需的。胡萝卜素中有功效的主要是β-胡萝卜素，在人体内可经酶的作用转变为维生素A。果实中胡萝卜素功效最高的是鲜杏，每100克中含560国际单位，而其他大部分水果含量为50～100国际单位。

水果中无机物的含量与有机物质相比少得多，但在生命代谢中起着非常重要的作用。其中，含量最多的是钾，普通的果实中每100克含有170毫克，其次是钙、磷，每100克果实含量都在15毫克左右。其他还有钠（每100克果实约含1毫克）、铁（每100克果实约含0.2毫克）都是重要的无机物质。

新鲜水果不是饮食中蛋白质的重要来源。果实中蛋白质等含氮物质通常在0.2%～1.2%之间。

# 第二章　影响果品贮藏保鲜的因素

果品贮藏是一项系统工程。要延长果实的采后贮藏寿命，除需要有完善的采后处理技术和贮运条件外，还必须充分考虑采前因素和采收过程对果实的影响。采前要确保生产健康优质的耐贮运果实产品，这是成功贮藏的基础；采收过程中，务必完好无损地（或将损伤控制到最小程度）收获果实产品，这是减少采后损失的前提；采后贮运期间，提供最佳的处理技术和贮运条件，是保持采后品质、延长采后寿命的关键。以上是延长果品贮藏寿命的三原则。

本章主要介绍采前因素及采后温、湿度和气体成分等对水果贮藏保鲜的影响，并对各类水果的贮藏适宜条件及易腐性（耐贮性）进行分类。其他影响果品贮藏的因素，如采收、采后处理环节、采后病虫害等，将分别在第三、第五章叙述。

## 一、采前因素

### （一）种类与品种

不同种类果品的贮藏特性差异很大。例如，苹果、柑橘、梨等具有很好的贮藏性，贮藏期可以达到数月至半年以上；而桃、杏、李多数品种比较不耐贮藏，在最佳条件下的贮藏期也只有 50～60 天；草莓、樱桃、无花果、杨梅、枇杷等更不耐贮藏，采后在低温下也只能存放数天，收获后必须及时销售或者进行加工。

不同水果种类间贮藏性的差异是由它们的遗传特性所决定的。一般来说，产于热带地区或高温季节成熟并且生长发育期短的水果，收获后呼吸旺盛，蒸腾失水快，体内物质消耗多，易被病菌侵染而腐烂变质，表现不耐贮藏；生长于温带地区、生长发育期比较长并且在低温冷凉季节成熟收获的水果，体内营养物质积累多，新陈代谢水平低，一般具有较好的贮藏性。按照水果组织结构来比较，果皮和果肉为硬质的较耐贮藏，而软质或浆质的耐贮性较差。

同一种类不同品种的水果，由于组织结构、生理生化特性、成熟收获时期不同，品种间的贮藏性也有很大差异。一般规律是，晚熟品种耐贮藏，中熟品种次之，早熟品种不耐贮藏。例如，苹果中的黄魁、红魁、旭光、祝光等早熟品种，它们的肉质疏松，风味偏酸，不耐贮藏，采收后应该及时上市销售，在冷藏条件下也只能短期存放；元帅系、金冠、乔纳金、津轻、嘎拉等中熟品种较之早熟品种耐贮藏，在常温库可贮藏1~2个月，在冷藏条件下的贮藏期为3~4个月或更长；富士系、秦冠、胜利、小国光、青香蕉等晚熟品种不但品质优良，而且普遍具有耐贮藏的特点，在我国西北地区窑窖式果库中可贮藏3~4个月，在冷藏条件下的贮藏期更长，可达到6~7个月。不同品种的荔枝当中，淮枝和桂味较耐贮藏，糯米糍不耐贮藏。

### （二）树体生长情况

果树在田间的生长发育状况，包括树龄大小、长势强弱、营养状况、植株负载量、个体大小及其着生部位等，都会对果实的贮藏性产生影响。

**1. 树龄、树势**　一般来说，幼龄树和老龄树结的果实不如盛果期树结的果实耐贮藏。这是由于幼龄树营养生长旺盛，结果数量少而致果实体积较大、组织疏松、果实中氮钙比值大，因而果实在贮藏期间的呼吸水平高，品质变化快，易感染寄生性病和发生生理性病害。老龄树地上、地下部分的生长发育均表现出衰老退化趋势，病虫害较重，根的营养物质吸收能力变小，地上部光合同化能力降低，因此果实体积小，干物质含量少，着色差，抗病力下降，其品质和贮藏性都发生不良变化。据对广东省汕头蕉柑树的调查,2～3年生树结的果实,可溶性固形物含量低,味较酸,风味差,贮藏中易受冷害而发生水肿病;而5～6年生树结的果实,不但风味品质好,也比较耐贮藏。

**2. 果实大小** 果实大小是重要的商品性状之一。消费者一般都偏爱大个果实。但是,对于贮藏而言,由于大果具有与幼树果实性状类似的原因,所以贮藏性较差。如大个苹果的苦痘病、虎皮病、低温伤害的发生比中等个的严重,并且硬度下降得也快。大果的雪花梨、鸭梨、酥梨等容易发生果肉褐变,发生早而且严重。大个蕉柑往往皮厚汁少,贮藏中枯水病发生早而且严重。

**3. 植株负载量** 负载量适当,可以保证果实营养生长与生殖生长的基本平衡,使果实有良好的营养供应而正常发育,收获后的果实质量好,耐贮藏。负载量过大时,由于果实的生长发育过度地消耗营养物质,首先削弱了植株的营养生长,果实也因为没有足够的营养供应而发育受损。通常表现为果个小、着色差、风味淡薄,不但商品质量低,而且也不耐贮藏。负载量过小时,植株营养生长旺盛,大果比例增加,也不利于贮藏。

**4. 着生部位** 植株上不同部位着生的果实,其生长发育状况和贮藏性存在差异。例如,树冠外围的苹果比内膛的着色好,风味佳,肉质硬,并且耐贮藏。内膛果实易失水萎蔫,虎皮病发生严重。蕉柑树冠顶部果实的皮比较粗厚,囊瓣中汁液偏少,贮藏中易发生枯水病。不同部位果实的生长发育和贮藏性的差异,是由于田间光照、温度、空气流速以及植株生长阶段的营养状况等不同所致。因此,果实的着生部位也是选择贮藏果实时不可忽视的因素。

### (三)果园的生态条件

果园的生态环境如温度、光照、降水、土壤、地形地势、经纬度、海拔高度等对果实的生长发育、质量和贮藏性能够产生很大影响,而且这些影响往往是先天性的,不易被人们所控制。

**1. 温度** 温度是影响果树栽培的主要因素之一。每种果树都有其生长发育的适宜温度范围和积温要求。在适宜的温度范围内,果树的生长发育随温度升高而加快,不适当的高温和低温对其生长发育、产量、质量及贮藏性均会产生不良影响。例如,花期出现持续数日的低温,会使苹果、梨、桃、杏等春季开花果树的授粉受精不良,落花落果严重,导致产量降低,并且苹果易患苦痘病和水心病,不利于贮藏。

柑橘属于亚热带果树,其生长发育处于比落叶果树更为温暖的环境中,温度对果实的质量和贮藏性影响很大。冬季温度尤为重要。温度太高时,果实颜色淡黄不鲜艳,但温度低于 0℃时,果实因受冷冻而不耐贮藏。冬季持续适宜的低温,有利于提高柑橘果实的质量和贮藏性。秋季昼夜温差大的产区,柑橘果实含糖量高,着色好。持续 34℃以上的高温或者 7℃以下的低温,均会影响果实的正常着色。

**2. 光照** 太阳光是绿色植物合成糖类不可缺少的能源。果树的绝大多数种类属于喜光性植物,特别是它们食用器官的形成,必须有一定的光照强度和光照时间。光照对果实的质量及贮藏性等有重要的影响。光照不足,果实的化学成分特别是糖和酸的形成明显减少,不但降低产量,而且影响质量和贮藏性;长期阴雨,光照不足,果实生长不充实,采后耐贮性下降。有研究发现,连续阴雨季节生长的苹果,易发生多种生理性病害。树冠内膛的苹果因光照不足易发生虎皮病,并且衰老得也快,果肉易粉质化。树冠外围的柑橘一般比内膛遮蔽处的柑橘发育良好,个大,皮薄,可溶性固形物含量高,酸和果汁含量则较低。但是,光照过强对水果的生长发育及贮藏也不利。苹果、猕猴桃等植株上方向阳部位的果实,因光照过强而使果实日灼病发生严重,富士、元帅、秦冠、红玉等品种的苹果还易患水心病。柑橘树冠上部外围的果实,多表现为果皮粗厚,橘瓣汁液少,贮藏中枯水病发生早而且严重。特别是干旱季节或者年份,光照过强对水果造成的不良影响更为严重。

**3. 降水量** 降水量多少和降水时间分布与果实的生长发育、质量及贮藏性密切相关。土壤水分缺乏时，果实的正常生长发育受阻，表现为个体小，着色不良，品质不佳，成熟期提前。干旱年份苹果含钙量低，易发生苦痘病等缺钙生理性病害。降水不均衡，久旱后遇骤雨或者连阴雨，苹果中的小国光、大国光等品种成熟前后在树上裂果严重。核果类、石榴和大枣中的这种裂果现象也很普遍。甜橙贮藏中的枯水现象与生长期的降雨密切相关。旱后遇骤雨，果实短期内骤然猛长，果皮组织变得疏松，枯水病发生就严重。但降水量过多，不但土壤中的水分直接影响果实的生长发育，而且对环境的光照、温度、湿度条件产生影响，这些因素对水果的产量、质量及贮藏性有不利影响，对有些水果如葡萄等，有时影响很大。

**4. 土壤** 土壤是果树赖以生存的基础，水分和矿物质基本上都是从土壤中获得。土壤的理化性状、营养状况、地下水位高低等必然会影响到果树的生长发育。果树种类不同，对土壤的要求和适应性有一定的差异。一般而言，大多数果树适宜于生长在土质疏松、酸碱适中、施肥适当、湿度合适的土壤中。在适生土壤生产的水果具有良好的质量和贮藏性。几种果树生长适宜的土壤 pH 值为：苹果 5.5～6.8，梨 5.6～6.2，葡萄 6.0～7.5，枣 5.2～8.0。

黏质土壤中栽培生产的果实，往往有成熟期推迟、着色较差的倾向。但是果实较硬，尚具有一定的耐贮性。在疏松的砂质轻壤土生产的果实，则有早熟的倾向，贮藏中易发生低温伤害，耐贮性较差。浅层砂地和酸性土壤中一般缺钙，生产的果实容易发生缺钙的生理病害，例如苹果的水心病、苦痘病和果肉粉绵病等。不仅这些生理病害本身制约了果实的贮藏性，而且缺钙果实对真菌病害的抵抗力也相应降低。

**5. 地理条件** 果树栽培地的纬度、地形、地势、海拔高度等地理条件与其生长发育的温度、光照强度、降水量、空气湿度是密切关联的。地理条件通过影响果树的生长发育条件而对果实生长产生影响，故它对果实的影响是间接的。实践证明，许多名特水果产区，首先在于该地区的自然生态条件适合于该种果树的生长发育。例如，新疆的葡萄，陕西渭北的苹果，四川的红橘、甜橙，浙江的温州蜜柑，福建的芦柑，河北的鸭梨，广东和台湾的香蕉等，无一例外地与栽培地区优越的地理和气候条件密切相关。

实践还表明，不论我国南方还是北方的果树产区，丘陵山地的生态条件如光照、昼夜温差、空气湿度、土壤排水性等均优于同纬度的平原地区，故丘陵山地生产的同种水果比平原的着色好，品质佳，耐贮藏。所以，充分利用丘陵山地发展果树生产，既有利于提高水果的产量、质量及贮藏性，又有利于改善生态环境，实在是利国利民之举。

## (四)栽培措施

果树栽培管理技术如施肥、灌溉、病虫害防治、整形修剪、疏花疏果等对果实的生长发育、质量状况及贮藏性有显著影响。采取适当的技术措施，水果生产才能达到高产、优质、耐贮藏的目的。这些措施包括：

**1. 合理施肥**　掌握好施用肥料种类、数量、施用时期和营养元素平衡，防止施肥过量或发生缺素症。实践证明，过多施用化肥，尤其是氮肥，或土壤中缺磷、钾肥，将会造成果实品质下降，风味变淡，含糖量降低，贮藏中易发生多种生理性病害。河北省石家庄果树研究所多年研究证明，鸭梨果实黑心病的发生与树体的钙素营养水平，特别是果实含钙量及氮、钙比有关，土壤中增施钙肥或果实生长期喷钙，可明显降低发病率。

**2. 合理灌溉**　土壤水分的供给对果树的生长、发育和果实的品质及贮藏性有重要影响。土壤水分不足，影响果实生长，产量下降；土壤水分过多，果实品质降低，耐贮性下降。用于贮藏尤其是长期贮藏的水果，采前 7 ~ 10 天一般不应灌水。

**3. 修剪和疏花疏果**　修剪和疏花疏果的目的是为了调节果树各部分的平衡生长，保证叶、果的适当比例，使果实能够获得足够的营养,进而保证果实有一定的大小和品质,因此这些栽培措施也会间接影响果实的贮藏性。

**4. 病虫害防治** 不但在生长季要注意防治,而且要搞好果园卫生。通过冬季清园,消灭越冬的病原体,以减少采前果园的病原菌对果实采后寿命的影响。此外,果实套袋以及采前预防性喷施允许使用的杀菌药剂,也是减轻采后病害而提高果实耐贮性的重要措施,值得大力推广。

## 二、贮藏环境因素

贮藏环境的温度、湿度以及气体成分(氧气、二氧化碳和乙烯)浓度是影响水果贮藏的重要因素,即人们通常所说的影响贮藏的三要素——温度、湿度和气体条件。

### (一)温 度

温度是水果贮藏的基础条件。温度对水果贮藏的影响表现在对呼吸、蒸腾、成熟衰老等多种生理作用及抑制微生物的生长繁殖等方面。在一定温度范围内,随着温度的下降,水果各种生理代谢强度降低,寿命延长。随着环境温度的下降,各种微生物生长繁殖减慢,水果腐烂减轻。因此,低温是各种水果贮藏和运输中普遍采用的技术措施。

**1. 果实冰点** 在讨论果实适宜贮藏温度之前,有必要先解释一下果实冰点的概念。果实冰点就是果实中的水分开始形成冰结晶(冻结)的温度。由于果实中含有糖分、有机酸等溶于水的物质,果实冰点均低于0℃(水的冰点)。不同水果因其可溶性固形物含量的不同,冰点温度也不相同,其最高冰点见表2-1。讨论果实的冰点,对于原产于寒温带的水果有较大意义。其实对多数北方水果来说,如苹果、梨、葡萄、核果类、猕猴桃等适宜贮藏温度也就是略高于其冰点的温度。对于原产于热带和亚热带的水果,因为绝大多数在接近0℃或10℃以下就已经产生冷害，所以讨论这些水果的冰点对其贮藏来说意义不大。

表2-1　不同水果最高冰点　（℃）

| 种类 | 冰点 | 种类 | 冰点 | 种类 | 冰点 |
|---|---|---|---|---|---|
| 苹果 | -1.5 | 柿子 | -2.1 | 龙眼 | — |
| 梨 | -1.5 | 甜瓜 | -1.1 | 芒果 | -0.9 |
| 美洲葡萄 | -1.2 | 鲜枣* | -4.8 | 菠萝 | -1.1 |
| 欧洲葡萄 | -2.1 | 石榴 | -3.0 | 番木瓜 | -0.9 |
| 桃、李 | -0.8 | 柑橘 | -1.0 | 番石榴 | — |
| 杏 | -1.0 | 柠檬 | -1.3 | 鲜无花果 | -2.4 |
| 猕猴桃 | -1.6 | 柚子 | -1.0 | 枇杷 | — |
| 樱桃 | -1.7 | 香蕉 | -0.7 | 椰子 | -0.9 |
| 草莓 | -0.7 | 荔枝 | — | | |

*鲜枣为全红果

**2. 确定果实适宜贮藏温度的原则**　能够保持水果最好耐贮性的温度，应该是使水果的生理活性降低到最低限度而又不会导致生理失调的温度水平。为了控制好贮藏适温，必须搞清楚贮藏水果所能忍受的最低温度。贮藏最适温度就是接近于不至发生低温冷害或冻害的最低温度。但在生产实践中，为了安全起见，最佳贮藏温度应稍稍高于这一温度。

另外，贮藏温度的稳定也很重要。冷库温度的波动一般不要超过贮藏适温的±1℃。波动过大，对于果实冷藏主要有三点不利影响：一是会刺激果实的呼吸强度加大；二是会加速果实蒸腾，引起果实干耗；三是果实表面容易形成“结露”，有利于霉菌的生长和果实腐烂的发展。对于气调库来说，贮藏温度的波动还会引起库内外压差的变化，影响库体的安全。

**3. 水果适宜贮藏温度**　原产于寒温带的苹果、梨、葡萄、核果类、猕猴桃等许多种水果的贮藏适温在－1℃～2℃，也就是略高于冰点的温度。而原产于热带和亚热带的水果，它们的生长发育是在较高的温度下进行的，故对低温比较敏感，应贮藏在较高的温度条件下。例如，香蕉的贮藏适温为11℃～13℃，10℃以下会导致冷害发生。柑橘类也不适于0℃贮藏，蕉柑和甜橙的贮藏适温分别为7℃～9℃和3℃～5℃。水果品种间的贮藏适温也有差异，但这种差异较之种类间的差异小得多。不同水果种类适宜冷藏条件见表2-2。表中所列温度及湿度只是该类水果的一个基本适宜范围，其不同品种的适宜温、湿度详见第七、第八章。

**表2-2　果品适宜冷藏条件分类**

| 贮藏温度（℃） | 相对湿度（%） | 水果种类或品种 |
|---|---|---|
| －1～0 | 90～95 | 多数苹果、梨（部分晚熟白梨品种、秋子梨、西洋梨品种）、葡萄、柿子、板栗等 |
| －0.5～0.5或0～1 | 90～95 | 苹果、梨（白梨、砂梨品种）、桃、油桃、李、杏、鲜枣、猕猴桃、草莓、樱桃、黑梅、杨梅、穗醋栗、刺梨、欧洲越橘等 |
| | 80～90 | 椰子、无花果等 |
| 1～5 | 85～95 | 低温敏感的苹果和梨（2℃～4℃）、甜橙（1℃～3℃）、龙眼、荔枝、枇杷、石榴（4℃～5℃）等 |
| | 80～85 | 哈密瓜（3℃～4℃）等 |
| 4～10 | 80～90 | 宽皮柑橘类、油橄榄、西瓜等 |
| 11～15 | 90～95 | 香蕉等 |
| | 85～90 | 芒果、鳄梨、杨桃、葡萄柚、柠檬、番木瓜、西番莲、菠萝、菠萝蜜等 |

## （二）湿　度

湿度对于果品贮藏的影响，主要与果实失重与病害有关。湿度过低，果实失水皱缩；湿度过大，温度高时，极易腐烂。不同种类水果对环境湿度要求不尽相同。如柑橘类果实（温州蜜柑、红橘等），环境湿度过大会促使呼吸增强。对于香蕉来说，相对湿度低于80%果实无呼吸跃变，不能正常后熟。对于大多数种类的水果而言，在低温库贮藏时，较适合的空气相对湿度一般为90%～95%。在常温库或者贮藏适温较高的水果，为了降低贮藏中的腐烂损失，湿度可适当低一些，相对湿度保持在80%～90%的范围较为有利。生产中应根据水果的特性、贮藏温度、是否用薄膜袋包装等来确定贮藏的湿度条件。

### （三）氧气和二氧化碳

在许多水果的贮藏中，通过降低氧气和增高二氧化碳，不但能有效地抑制水果的呼吸作用，延缓成熟衰老，而且对病原微生物的侵染危害也有一定的抑制效果，可以获得比单纯降温和调湿更佳的贮藏保鲜效果。苹果、猕猴桃、香蕉等是这方面的典型例子。

不同种类及不同品种水果对气体浓度的要求不同，有的甚至差别很大。例如，柑橘、菠萝、石榴、部分梨品种等对二氧化碳比较敏感，贮藏中二氧化碳应控制在1%以下。但由于普通气调贮藏很难将二氧化碳控制在如此低的水平，而且效果也不是十分明显，所以这些果实目前很少采用气调贮藏。对大部分适宜于气调贮藏的果实而言，将氧气和二氧化碳浓度分别控制在2%～5%和3%～5%较为适合。需要注意的是，一种水果会有不同的气体配比指标，总的原则是低氧、低二氧化碳，或高氧、高二氧化碳。一些水果适宜的气调贮藏条件及贮藏期见表2-3。表中所列贮藏条件只是该类水果的一个基本适宜范围，其具体品种的适宜贮藏条件详见第七、第八章。

表 2-3　果品气调贮藏条件及贮藏寿命

| 种　类 | 推荐温度（℃） | 相对湿度（%） | 推荐气体组合 | | 预期贮藏期 |
|---|---|---|---|---|---|
| | | | 氧　气（%） | 二氧化碳（%） | |
| 苹　果 | 0～1 | 90～95 | 2～3 | 2～5 | 8～10个月 |
| 鸭　梨 | 10～12→0 | 90～95 | 10～12 | ＜0.7 | 7～8个月 |
| 西洋梨 | －0.5～0 | 90～95 | 1.5～2.5 | 0～1.5 | 4～7个月 |
| 猕猴桃 | －0.5～0 | 90～95 | 2～3 | 3～5 | 6～8个月 |
| 桃 | 0 | 85～95 | 1～2 | 3～5 | 1～1.5个月 |
| 柿 | －1～0 | 85～90 | 2～5 | 3～8 | 3～4个月 |
| 鲜　枣 | 0 | 90～95 | 3～5 | ＜1 | 2～3(冬枣)个月 |
| 香　蕉 | 12～16 | 90～95 | 3～5 | 5～7 | 1～2个月 |

## (四)乙　烯

乙烯是一种促进果实成熟的植物激素类物质。果实成熟过程中色、香、味的形成和硬度的下降等与乙烯有着重要关系。随着果实的成熟,果实内部产生乙烯并释放出来,乙烯反过来增强果实呼吸作用,促进水果成熟、衰老。控制果实乙烯生成对水果贮藏尤其是呼吸跃变型水果的贮藏非常重要。可以说,果品贮藏的核心措施之一是控制果实乙烯释放和降低果实对乙烯的敏感程度,这也是现代气调贮藏的理论基础。当然,人们也对乙烯的这种促进果实成熟的特性进行有益的应用,如用于香蕉催熟和柑橘退绿等。

产生乙烯较多的水果一般为呼吸跃变型水果。但不同种类间,乙烯生成量差异很大(表 2-4)。其实,同类水果不同品种间乙烯释放量差异也较大。如富士苹果乙烯释放量远小于红星苹果等。非呼吸跃变型水果也产生乙烯,但量极微。对乙烯敏感的水果包括:香蕉(未熟的青香蕉)、猕猴桃、草莓、樱桃、西瓜等,极微量的乙烯便可促使这些水果成熟或变劣。因此,在贮藏这些水果时,严禁与容易产生乙烯的果实同库存放。当然,其他水果贮藏时也应尽量避免环境中产生过多的乙烯。

表 2-4 不同水果乙烯生成量分类

| 乙烯生成量(20℃)[微升/(千克·小时)] | 级 别 | 水 果 种 类 |
|---|---|---|
| <0.1 | 很低 | 樱桃、柠檬、柑橘、葡萄、鲜枣、草莓、石榴 |
| 0.1~1.0 | 低 | 柿子、菠萝等 |
| 1.0~10.0 | 一般 | 香蕉、无花果、番石榴、芒果、大蕉 |
| 10.0~100.0 | 高 | 苹果、杏、番木瓜、鳄梨、猕猴桃(成熟)、桃、梨、李子 |
| >100.0 | 很高 | 曼密苹果 |

资料来源:摘自《气调贮藏和气调库——水果保鲜技术》.张祉祐主编,1994

## 三、水果的易腐性(耐贮性)分类

不同种类和品种的水果在贮藏过程中其耐贮性不同。根据我国水果耐贮性的差异,在各类水果最适宜的冷藏条件下按贮藏的难易程度分为:极易腐烂、易腐烂、稍耐贮藏、较耐贮藏、耐贮藏和极耐贮藏等六类(表 2-5),使广大贮户对水果贮藏特性有一个比较清晰的了解。当然,这只是一个相对的概念。由于品种、生态栽培条件等不同,耐贮性可能有所差异,有时还比较大。

表 2-5 最适冷藏条件下水果的易腐性分类及贮藏期

| 易腐性 | 贮藏期 | 水果种类 |
|---|---|---|
| 极易腐烂 | 几天至十几天 | 草莓、杨梅、无花果、杏、黑莓、欧洲越橘、酸樱桃等 |
| 易腐烂 | 2周至1个月 | 梅、桃(早中熟品种)、李(早中熟品种)、甜樱桃、鳄梨、西瓜、番木瓜、芒果、枇杷、荔枝、菠萝、番石榴、杨桃、油桃、香蕉、宽皮橘类(1个月左右)等 |
| 稍耐贮藏 | 1~2个月 | 梨(早熟品种)、葡萄、桃(晚熟品种)、李(晚熟品种)、鲜枣、哈密瓜(中熟品种)、刺梨等 |
| 较耐贮藏 | 2~4个月 | 甜橙、柚类、梨(中早熟品种)、猕猴桃、哈密瓜(晚熟品种)、苹果(早中熟品种)、经二氧化硫防腐处理的葡萄、柿子、石榴等 |
| 耐贮藏 | 4~6个月 | 苹果(多数中晚熟、晚熟品种)和梨(多数中晚熟、晚熟品种)、柠檬等 |
| 极耐贮藏 | 6个月以上 | 苹果(极晚熟品种)、梨(部分晚熟品种)、坚果类等 |

从目前我国水果贮藏情况看,总体上人们总是一味强调果品的长贮藏期,而忽视贮藏后的质量。这是很不正确甚至是不科学的。因为有些种类和品种(特别是早熟品种)的水果,由于自身遗传特性等原因,不可能贮藏很长时间。就是延长了贮藏期,果实货架期必然很短,而且出库后品质急剧下降,腐烂损失严重。这些果品推向市场后,由于无法保持鲜度和品质,人们可能逐渐会丧失对这类水果的喜好和信任。就是耐贮种类和品种,也不能因为觉得其很耐贮,而忽视保持最佳的贮藏条件,过分延长贮藏时间。在保持适宜贮藏期限的前提下,必须留出一定的货架寿命,对这个问题应引起足够的重视。

# 第三章　品果采收及采后商品化处理

水果的采收和采后商品化处理是贮运保鲜整个系统工程中的一个重要环节。采收和采后商品化处理主要从以下两个方面对果品产生影响：一是影响品质及耐贮性。如适期采收、采后的分级挑选、合理包装、采后病虫害控制(第五章)、采后及时预冷、合理码垛等都会对果品的贮运产生一定的影响。二是影响商品性。在商品流通领域,要求大小规格一致,外观漂亮,包装精美适当,确保货架时间。这就要求果品采后要按照一定的标准进行分级、包装。有的果品为使外观漂亮和延长货架期,还须清洗、打蜡,以提高果实的商品性状。

## 一、适时采收

水果适时采收,就是根据水果本身的特点、运输距离、贮藏时间、贮运条件等,选择合适的成熟度进行采收。采收过早,不仅产品的大小、产量会受到影响,而且果实色泽、风味和品质较差;采收过晚,产品已经或者即将开始后熟衰老,不耐贮运。一般来说,对于远距离运输销售或长期贮藏的果实,采收成熟度应该掌握稍低一些;而就地销售的水果可以适当晚采。

### (一)水果不同成熟程度阶段

根据水果的不同成熟程度,可以分为以下几个阶段:

**1. 未熟期**　果实在母体上尚未达到可食用时应具有的足够风味的阶段,或者对于采收后有后熟过程的水果,即使进行追熟处理也达不到良好风味。

**2. 适熟期**　果实在母体上已经达到可食状态的阶段,或者具有后熟过程的水果，经追熟可以达到食用要求的风味、品质。

**3. 完熟期** 果实在母体上已经达到应具有的最佳食用风味、品质。

**4. 过熟期** 果实在母体上味道已经明显变淡，或者已经失去鲜食商品性。

一般而言，果实在母体上达到完熟时采收，其色泽、品质、风味最佳，但往往不耐贮藏。对呼吸跃变型水果，如苹果、梨等中长期贮藏的果实应适当早采(呼吸跃变前采收)。猕猴桃、香蕉等水果往往由于贮藏、运输的需要，在可食之前采收，通过后熟处理使之达到完熟。桃、李、杏等保鲜期短的果实应在完熟前(8～9成熟)采收。对于非呼吸跃变型水果，如葡萄等应在充分成熟的情况下适当晚采，但也不可过晚。

### (二)判断水果采收成熟度的方法

**1. 果实生长发育期** 栽种在同一地区的果树，其果实从生长到成熟都有一定的天数。对于特定的水果，可以计算从盛花(或落花)到成熟的天数的方法确定成熟度和采收日期。例如山东济南，金帅苹果4月20日前后落花，9月15日左右成熟，生长期为145天；红星苹果约147天；国光苹果为160天；青香蕉苹果约156天。这些天数是多年观察的平均值。由于各年气候和栽培管理以及土壤、耕作等条件不同，造成成熟度差异较大，所以根据生长期判断果实的采收期往往还要和其他方法结合使用，这样才比较可靠。

**2. 外观色泽、形态等** 果实成熟过程中，外观色泽、形态的变化是判断果实成熟度的重要标志之一。一般果实生长中首先在果皮上积累叶绿素，随着果实成熟度的提高，叶绿素逐渐分解，表现出绿色消退，逐渐呈现出该果实特有的色泽。如苹果、梨等底色开始退绿转黄，果面出现光泽；葡萄(深色品种)由绿转微红、半红、全红、紫红、紫黑等，果面蜡质形成；甜瓜成熟时果皮出现该品种固有皮色、花纹、条带和网纹。南方的荔枝在成熟时，果皮逐渐转红。

当果皮刚转为鲜红色、龟裂纹底线仍带金黄色、内果皮仍是白色时即为成熟;当内果皮转为红色时已进入过熟阶段,此时采收的荔枝不耐贮藏。

为了便于掌握果皮颜色尺度,提高采收果实的商品性,可由事先编有的一套从绿色到黄色、红色等变化的系列色卡,用感官比色法来确定其成熟度。

**3. 果实形状、大小** 不同种类的水果有其特定的形状和大小特征。如香蕉未成熟时,果实的横切面呈现多角形,随着发育和成熟度的提高,其横截面上的角逐渐变得圆滑。因此,香蕉横截面的形状可作为判断其成熟程度的一个指标。越是圆滑,则表示果实成熟度越高。

果实大小可以作为判断果实成熟度的参考依据之一。但同一品种果实的大小,因每年的肥水管理、修剪措施、留果数量等不同而有差异,因此应同时参考其他指标加以判断。

**4. 果实硬度** 当果实成熟时,由于果胶物质的变化,果实细胞壁胞间层溶解而变软。未成熟果实的果肉坚硬,而成熟的果实则较松软。因此,可以根据果实的硬度判断果实的成熟度。这种硬度的变化,可以用手指触压果实做出主观的估计,更精确的可以用果实硬度计测定。果实硬度计有不同的型号。因为同一个果实在不同型号的硬度计上不一定给出相同的数值,所以,在报告果实硬度数值时,必须说明所使用的是哪一种硬度计。

**5. 可溶性固形物(糖)、酸含量** 随着果实的成熟,果实中可溶性固形物和糖含量上升,而酸度逐渐下降,据此可以判断果实的成熟度。糖含量可以用化学方法直接测出。通常为了测定上的方便,可用总可溶性固形物含量来反映果实糖含量的高低。可溶性固形物的测定可取一两滴果汁直接使用手持式折光仪(又称糖度计)测得。测得的数值除糖之外,还包括酸、鞣酸等其他可溶于水的物质。通常把可溶性固形物与总酸量之比称为固酸比,把总含糖量与总酸量的比值称为糖酸比。用固酸比或糖酸比来判断果实的成熟度，往往比用单一的糖或酸含量更能客观地反映两者的关系。

**6. 淀粉含量** 果肉淀粉含量的多少，用0.5%～1%碘-碘化钾溶液处理果肉截面，根据截面染成蓝色的面积大小或深浅程度来判断。主要用于苹果、梨(秋子梨和西洋梨品种)等水果成熟度的判断。

**7. 果梗脱离的难易程度** 有些水果种类的果实在成熟时，果柄和果枝之间产生离层，稍一震动就脱落下来。在一些发达国家，采收用于加工果汁的柑橘时，用大功率鼓风机(50米/秒风速)进行机械化采收，就是利用了成熟时果梗易脱落的原理。

**8. 种子颜色变化** 种子尖端变褐到花籽，通常是判断梨成熟的标准。

除上述方法和指标外，还可以根据其他情况来判断，如果实发育有效积温、果实乙烯释放量、呼吸强度变化等。需要注意的是，由于生态、地理、栽培条件等的不同，单独一项指标很难做出科学的判断，在生产实践中往往需要多个指标综合考虑。不同水果采用的成熟度判断标准有所不同，具体指标及适用水果种类见表3-1。

**表3-1 不同水果成熟指标**

| 指标分类 | 具体指标 | 适宜水果种类 |
| --- | --- | --- |
| 生长发育指标 | 盛花(或落花)至成熟的天数 | 苹果、梨等 |
| | 开雌花至成熟的天数 | 甜瓜、西瓜等 |
| 外观形态指标 | 外观颜色 | 所有水果 |
| | 种子颜色 | 梨等 |
| | 产品大小 | 所有水果 |
| | 表层形态及结构 | 葡萄(果粉、蜡质增多，果皮增厚)、毛桃(绒毛稀少)、甜瓜(花纹、条带和网纹)、荔枝、芒果(皮花纹蜡层出现，皮孔微裂)，某些水果的光泽等 |

续表 3-1

| 指标分类 | 具体指标 | 适宜水果种类 |
|---|---|---|
| 外观形态指标 | 果实形状 | 香蕉(棱角变化)、芒果、枇杷、杨桃(果实饱满度)等 |
| | 比重 | 芒果、樱桃、西瓜等 |
| | 果梗脱离的难易程度 | 苹果、梨、某些瓜类等 |
| 嗅觉指标 | 香气形成 | 部分甜瓜品种 |
| 理化指标 | 硬度 | 苹果、梨、桃、李、杏等 |
| | 淀粉含量 | 苹果、梨(秋子梨、西洋梨品种)等 |
| | 可溶性固形物或糖含量 | 苹果、梨、葡萄、猕猴桃、樱桃、西瓜、甜瓜等 |
| | 酸含量,糖酸比或固酸比 | 苹果、柑橘、石榴、木瓜等 |
| | 果汁含量 | 柑橘类水果等 |
| | 鞣酸含量 | 柿子等 |
| | 呼吸强度及内部乙烯浓度 | 苹果、梨等 |

## 二、采后处理的一般程序

大规模的果品采后处理,一般需要专用的处理包装场所。从采收到销售,一般需要经过以下程序:

适期采收→短途运输→卸果→初选(剔除病虫伤烂果及杂质)→水池清洗(防腐杀菌处理)→喷淋漂洗→去除表面水分→分级(去除低等级果及过熟果,用于加工或上市销售)→涂蜡(根据需要)→干燥→分级(大小或重量,如有必要还需颜色分级)→贴商标→装箱包装→强制通风冷却→临时贮藏→冷链运输→果品批发市场(图 3-1)。有的果品(如香蕉等)还需要催熟处理。

以上环节在具体操作时会有所不同。比如,套袋的苹果、梨、

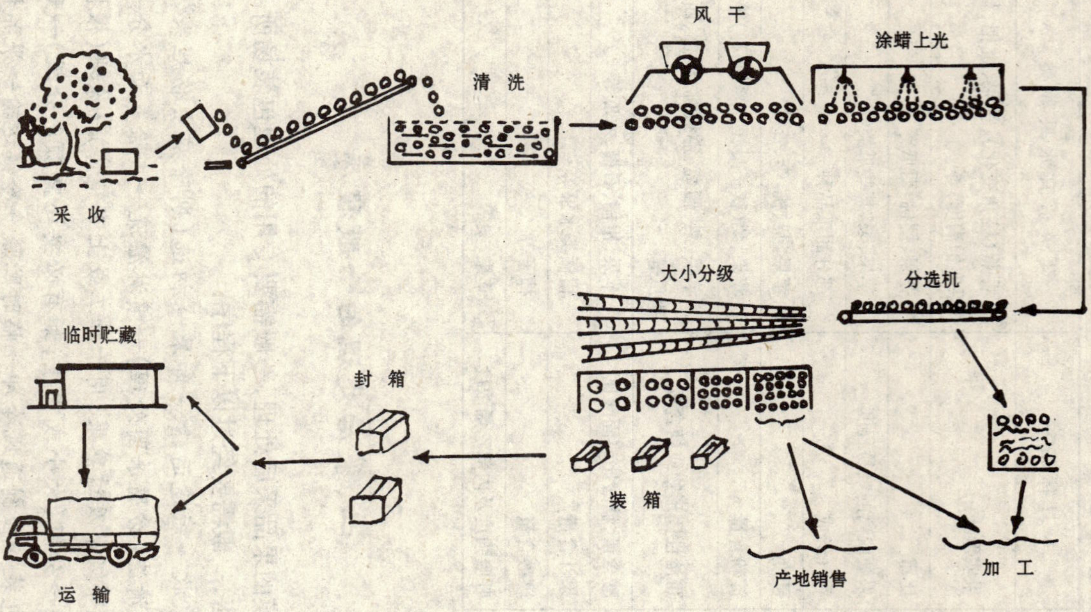


图 3-1　果品采后处理流程图

桃等，一般不需要清洗、消毒，可直接分级包装。涂蜡(可食蜡)的目的是为了美观漂亮，但更主要的是为了保持较长的货架期，一般常见于苹果、柑橘类、桃、李子等。采后处理一般在上市前进行。用于贮藏的果实，采后一般经过初选后直接包装(贮藏包装)入贮，贮后再进行其他处理。另外，对二氧化碳敏感的水果如富士苹果等，一般不能打蜡后贮藏(气调贮藏)，否则可能产生伤害。果品采后商品化处理的核心在于分级，其他环节较容易理解，在此就不多赘述。

## 三、果品的分级

### (一)分级的目的和意义

果实分级的主要目的，一是达到商品标准化，二是做到不同等级果实的合理利用，达到效益最大化。果实的大小和品质受外界自然和人为多种因素影响，不同果园，同一果园的不同树体，甚至同一株树不同枝条或同一枝条不同部位的果实，大小、色泽、形状等不可能完全一致。因此，果实只有通过分级才能按级定价，同时便于收贮、包装、流通和销售。果实大小及内在品质不同，其耐贮能力也不尽相同(比如果个过大耐藏性通常较差，贮期相应缩短)，通过分级贮藏，采取不同贮藏技术可有效减少果实贮藏损失。用于贮藏的果品应具有较高的质量和等级，这样才有贮藏价值。等外及残次果，一般用于及时销售或加工处理。此外，预先剔除受病虫害或受机械损伤的水果，可以减少贮运期间的损失。

果品大小、颜色分级是非强制性的，但是经过分级包装后，同样的果实比不分级价格高，总体效益更好。人们往往重视生产的数量，认为产量大，收入就高。其实，通过简单的分级包装，创造的效益与投入相比还是非常划算的。

## (二)分级标准

水果分级标准的主要项目,常根据果实种类、品种以及销售对象不同而不同,并且随着情况变化进行修订。

我国《标准化法》把标准分为国家标准、行业标准、地方标准和企业标准四种。国家标准是由国家标准化主管部门批准发布,在全国范围统一使用的标准;行业标准即专业标准或部标准,是在没有国家标准的情况下,由主管机构或专业标准化组织批准发布,并在某个行业范围内统一使用的标准;地方标准是在没有国家标准和行业标准的情况下,由地方有关部门制定、批准发布,并在本行政区域范围内统一使用的标准;企业标准是由企业制定发布,在该企业内统一执行的标准。我国是个水果生产大国,并已经加入世界贸易组织,除国内有关标准外,还需要了解世界其他组织和我国的相关标准体系,只有做到知己知彼,才能提高我国水果质量,扩大出口。目前,国内外已发布的水果产品和贮藏技术标准详见本章第四部分。

## (三)分级方法

水果的分级应先按外观品质分级,主要靠人的视觉对水果的外观品质级别进行感官判断。一般是在果形、新鲜度、色泽、品质、病虫害和机械伤等方面分出优劣级别,剔除一些达不到要求的伤害果以及成熟度过高或过低的次果。在此基础上,再根据水果的重量和大小进行分级。

分级的方法有人工分级和机械分级两种。对大小分级时,可借助分级板、分级环进行人工分级。分级板是在一块木板上按要求打上单孔或一系列不同直径的孔而成(图 3-2)。

机械分级是利用水果分级机进行的。根据分级原理不同分果个大小分级机、重量分级机和光电(颜色)分级机等。果个大小分级机有旋转式圆筒分级机(图 3-3)、分叉状杆式滚筒分级机(图

3-4)等。重量分级机包括机械重量分级机和电子重量分级机(计算机控制)。机械重量分级机是利用杠杆原理,在杠杆的一端装有盛果斗,盛果斗与杠杆间用铰链连结,杠杆的另一端上部由平衡重压住,下部有支撑导杆以保证水平状态,杠杆中间由铰链点支撑。当盛果斗内的果实重量超过平衡重时,杠杆倾斜,盛果斗翻倒,抛出果实。承载轻果的杠杆越过此平衡重的位置沿导杆继续前移,当遇到小于果实重量的平衡重时,杠杆才倾斜,盛果斗翻倒在新的位置抛出较轻的果实,由此,果实可按重量不同被分成若干等级。

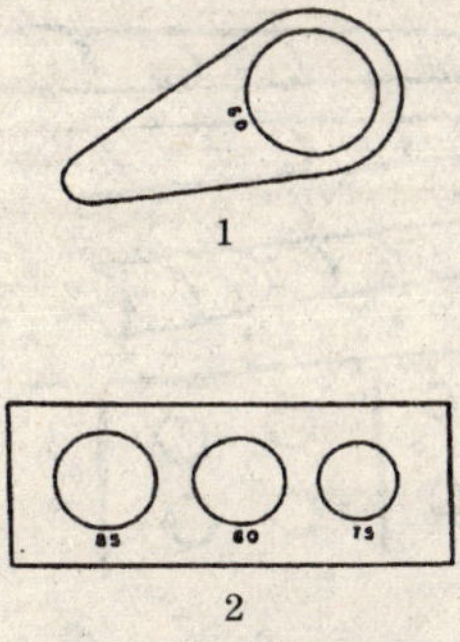


**图 3-2　人工分级板**

1. 手持式单孔分级板

2. 多尺寸分级板

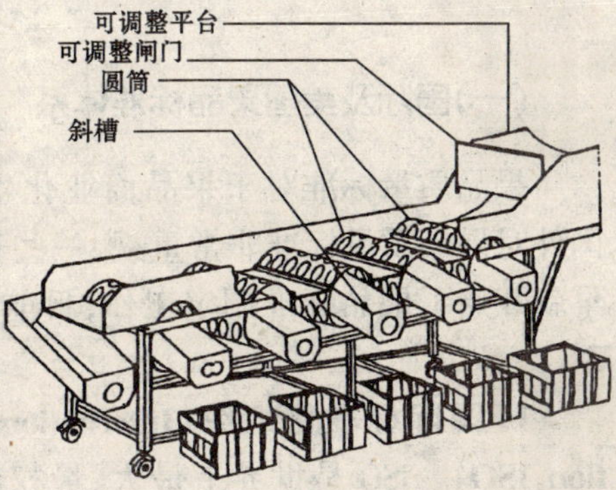


**图 3-3　旋转式圆筒分级机**

日本研制的光电分级机则是利用传感器综合测出水果的表面颜色、特定光的透光率以及水果的形状和大小,并与事先贮存在计算机中的优良水果的数据进行对比,推算出成熟度和糖分含量。

机械分级速度快、效率高、精确度高。分级机一般与清洗、打蜡、烘干、自动贴标机和包装机等装连配套,进行流水作业。需要注意的是,如果所选用的分级机类型不当或传送系统材质较差(较硬),或者是分级方法不当,对有些皮薄肉脆的水果容易造成机械伤,影响此后贮运过程中的品质保持。

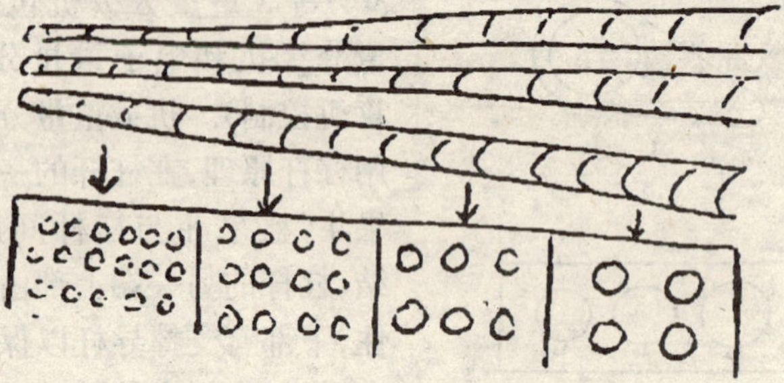

图 3-4 分叉状杆式滚筒分级机

## 四、果品标准和贮藏技术标准

### (一)国际及美国果品标准体系

果品质量标准对于果品商业化生产、贮运和销售意义重大。国外对果品质量标准非常重视,一些著名国际组织和发达国家很早就开始了果品标准制定工作,目前,其果品标准大多已形成体系。

**1. 国际标准化组织(International Standardization Organization,ISO)** ISO 是世界上最大、最权威的标准化机构,现已制定桃、梨、苹果、鲜食葡萄、杏、芒果、甜樱桃、酸樱桃、青香蕉、鲜菠萝、鳄梨、李子、草莓、欧洲越橘、蓝莓、柑橘类水果等 16 种果品的冷(贮)藏标准和《苹果气调贮藏标准》,以及苹果干、梨干、桃干、酸樱桃干、五针松仁、马哈利樱桃仁、腰果仁、去壳甜杏仁、甜樱桃干、桑椹干、带壳松子等 11 种干果和果干的规格(和测试方法)标准。

**2. 食品法典委员会(Codex Alimentarius Commission,CAC)** CAC 的食品法典虽然是推荐性的,但也是国际组织解决食品卫生国际贸易争端的重要参考依据,已制定菠萝、番木瓜、芒果、杨桃、荔枝、鳄梨、山竹果、香蕉、酸橙、柚、番石榴、墨西哥酸橙、葡萄柚、龙眼等 14 种热带水果的产品标准。

**3. 欧洲联盟(The European Union)** 到目前为止,欧洲联盟已对榛子、草莓、核桃、柑橘类水果、苹果、梨、杏、李、桃、油桃、鲜食葡萄、鳄梨、香蕉、猕猴桃和樱桃等 15 种果品制定了产品标准。

**4. 联合国欧洲经济委员会(United Nations Economic Commission for Europe, UN/ECE)** 已制定苹果、梨、杏、欧洲越橘、蓝莓、樱桃、柑橘类水果、鲜无花果、鲜食葡萄、桃、油桃、李子、树莓、草莓、食用甜板栗、鳄梨、芒果和猕猴桃等 18 种新鲜水果的产品标准,以及胡桃、胡桃仁、榛子、榛子仁、甜杏仁、梅干、完整海枣、阿月浑子、葡萄干、松子、梨干、无花果干、杏干、苹果干、腰果仁等 10 余种干果和果干的产品标准。

**5. 美国** 美国果品质量标准体系非常完善,已有苹果、梨、桃、葡萄、鲜食葡萄、李、梅、杏、葡萄柚、橘子、波斯酸橙、橘柚、柠檬、宽皮柑橘、菠萝、中华猕猴桃、鲜蔓越橘、蓝莓、露莓、黑莓、树莓、草莓、油桃、鳄梨、樱桃、薄壳山核桃、榛子、杏仁、英国胡桃、核桃、阿月浑子果、巴西坚果、青橄榄等 40 余种果品制定了等级标准,另有苹果、浆果、梨、树莓、穗醋栗、葡萄、鲜蔓越橘、鲜桃、红酸樱桃、甜樱桃、草莓等 10 余种果品制定了加工用果品质量标准。对有的果品,还为特定的生产区域制定了专门的标准。

### (二)中国果品标准制定情况

我国果品标准的制定工作始于 20 世纪七八十年代,现已取得可喜成绩,发布实施了一大批产品标准和贮藏技术标准。这些标准已在我国果品生产、销售和贮藏过程中,对规范果品质量和贮藏技术、促进果品质量升级发挥了积极作用。

**1. 国家标准** 产品标准包括红枣、香蕉、核桃、板栗、鲜梨、鲜苹果、鲜龙眼、鲜柑橘、鲜枇杷果、枸杞(枸杞子)等 10 种果品标准,贮藏技术标准包括苹果、柑橘、芒果、鲜食葡萄、杏等 5 种果品的冷(贮或储)藏标准,以及《水果和蔬菜　冷库中物理条件　定义和测量》和《水果和蔬菜　冷藏后的催熟》两个技术标准(详见附录一)。

**2. 农业行业标准**　包括玉环柚、苹果、梨、草莓、菠萝、鲜红江橙、鲜食葡萄、毛叶枣、红毛丹、腰果、槟榔干果、杨桃、木菠萝、椰子果、西番莲、芒果、荔枝、龙眼、青香蕉、番石榴、鲜桃、常山胡柚等20余种果品的农业行业标准,苹果、鲜梨、鲜桃、猕猴桃、柑橘、葡萄等6种果品的绿色食品农业行业标准,苹果、梨、桃、葡萄、草莓、猕猴桃、柑橘、杨桃、荔枝、龙眼、香蕉、芒果、菠萝等13种果品的无公害食品农业行业标准。

**3. 商业行业标准**　产品标准包括鲜菠萝、苹果、鲜桃、山楂、鲜荔枝等5种果品行业标准。贮藏技术标准包括梨、桃、红枣和板栗等4种果品冷(贮)藏标准。

**4. 其他标准**　如进出口商品检验行业标准和各省、市、自治区的地方标准。

## 五、果品包装

包装是使果品实现标准化和商品化,确保安全运输和贮藏的重要措施。要提高果品的市场竞争力,不仅要有水果本身的优良品质,而且还要有适宜的包装。曾经有一句话描述我国商品在国际市场上的状况,即“一等商品,二等包装,三等价格”,形象地反映了我国商品包装与先进国家之间的差距,也表明了包装在水果贮运、流通、贸易中的重要性。

### (一)包装的要求

对于水果产品的包装必须满足以下要求:

第一,轻便、坚固、耐用,有足够的机械强度,能承受一定的压力,以便在装卸、运输和堆放过程中能保护内装的产品。

第二,包装材料中不含有会转移到产品中,并对产品或人体有毒性的化学物质。

第三，内部平整、光滑，不会擦伤果实。

第四，具有一定保鲜作用。

第五，包装的设计便于收拾整理以及重复循环使用。

第六，大小适当，规格统一，外形整齐美观，便于搬运和堆放。

第七，价格低廉，取材方便。

### （二）包装的种类

根据使用目的不同，果品包装的类型可分为贮运包装和销售包装，外包装和内包装，产地包装和消费地包装等多种形式。习惯上以外包装和内包装分类的较多。

**1. 外包装**　果品的外包装种类很多。目前在我国有筐、木箱、瓦楞纸箱、泡沫保温箱、塑料周转箱等。

（1）筐　如柳条筐、荆条筐、竹筐等。具有可就地取材、价格低廉的优点，但规格不一，不牢固，易使水果在贮运过程中出现机械伤。

（2）木箱　木箱结构牢固，规格一致，能较长期地周转使用。但本身较重，并且耗用宝贵的木材资源。

（3）瓦楞纸箱　瓦楞纸箱是最常用的外包装之一。其性能可基本满足对果品包装的要求。瓦楞纸箱有以下优点：首先，可以工业化制造，品质有保证；其次，具有本身重量较轻、使用前可折叠平放、占空间小且便于运输；第三，具有缓冲性、隔热性以及较好的耐压强度，容易印刷，废旧品处理方便等。以上三点，说明其具备作为包装材料的最适条件。瓦楞纸箱从结构上分有单瓦楞、双瓦楞和三层瓦楞等几种，可根据不同果品对强度的不同要求加以选用。纸箱的缺点是抗压力较小，贮藏环境湿度大时容易吸潮变形。

（4）泡沫塑料箱　泡沫塑料箱是近几年出现的一种外包装形式。它是用聚苯乙烯树脂发泡数十倍而制成的。不但具有良好隔热性和缓冲性，而且重量轻、成本较低。与材料厚度相同的瓦楞纸箱相比，泡沫塑料箱的隔热性能为常用瓦楞纸箱的 2 倍。如果再考虑泡沫塑料箱气密性高的特性，其隔热性能比瓦楞纸箱更高。泡沫塑料箱主要用于水果的保温运输，也可用于贮藏。

(5)塑料周转箱　塑料周转箱码垛方便，不吸潮，能够重复使用，在冷藏尤其是气调贮藏中使用较多。

**2. 内包装**　相对于外包装而言，与果品直接接触的包装称为内包装。

(1)塑料薄膜袋包装　又称 MA 包装。可调节产品周围的环境气体组成。MA 包装通常限制了空气的移动，利用产品正常的呼吸作用来减少包装中的氧气含量，增加二氧化碳含量。使用塑料薄膜袋包装的另一个主要作用是可以减少果实水分损失。另外，还可防止病果的互相传染。目前，使用较多的有聚乙烯和无毒聚氯乙烯薄膜袋。

在实际使用当中，由于水果种类的不同，它们的呼吸强度和发热量也不同，而且在贮藏运输中环境条件(温度、湿度、气体组成等)和贮藏期各异，所以，目前还没有能适用于各种条件下的万能塑料薄膜包装袋。在实际选用时，要充分考虑水果的种类和贮运的环境条件而定。

(2)单果包装　用纸、塑料薄膜或泡沫网套包装单个果实，然后放入包装容器中，通常叫做单果包装。单果包装虽然比较费人工和材料，但也有它的优点。如可减少磕碰、挤压造成的损伤，减少果实的机械伤和病菌的传染和蔓延，还可起到保湿和一定的气调作用。不同水果由于其本身特性不同，采用的包装材质也不相同。柑橘一般采用塑料薄膜单果包装，苹果、梨等多用纸或泡沫网套单果包装，哈密瓜则用泡沫网套单果包装。

(3)小盒和塑料托盘包装　果实较小又容易腐烂的水果，如草莓、樱桃等，可采用小纸盒或小塑料盒包装，通常每盒装 0.25～2.5 千克。采用托盘(果托)包装可增大果实接触面积，减少腐烂。

**3. 填充物**　除了上述外包装和内包装外，包装箱内加进起缓冲作用的填充物也是一种不可缺少的辅助性包装。使用填充物的目的在于吸收振动冲击的能量，减轻外力对内容物的影响。使用的填充物要符合柔软、干燥、不吸水、无异味、无病虫等要求。如刨花、稻壳、纸条等。最近，随着高分子发泡材料的出现，泡沫填充物用得比较多，但是存在着使用后如何处理等环保问题。也许将来要重新考虑恢复使用上述天然材料作为包装的填充物。

## 六、预　冷

水果采后带有大量田间热，果实品温较高，呼吸旺盛，如不及时冷却，将会加速果实成熟、衰老，影响贮藏，严重时还会造成腐烂。预冷是将采收后水果的品温尽可能早和快地降到贮藏温度的操作过程。水果经过预冷后，在贮藏、运输等整个流通过程中，如果能始终保持在低温条件下，可以最大限度地保持水果原有的品质。在采后的各个流通环节都保持低温状态叫做冷链流通。预冷是冷链流通的第一环。

### (一)预冷的作用及要求

水果预冷有以下几个作用：第一，抑制水果的呼吸作用；第二，减缓水果后熟、衰老带来的质地和颜色变化；第三，减轻由于失水造成的萎蔫现象等。

水果采后预冷必须及时，否则效果不佳。比如苹果在20℃温度放1天，相当于在1℃温度下放10天。经过预冷的水果，一般在流通过程中不应再放回到常温中去，否则水果的品质可能会下降得更快。不同种类水果对预冷温度的要求不同，详见第七、第八章。

### (二)预冷的方法

预冷的方法主要有冰冷、水冷、风冷以及真空预冷等。冷却方法的选择要根据水果的温度、冷害敏感性和预期贮藏寿命而定。

**1. 冰冷法** 将大冰块破碎成小冰块,垫在和撒在水果的上下和四周,或用薄膜袋装冰与水果隔离,利用冰块的低温以及溶化时吸热,带走水果的热量。也可用塑料瓶装水冻结后置于包装内降温。加冰保鲜常采用泡沫箱包装。包装内加冰只可用于耐水和对低温不是很敏感的水果。冰冷法常见于荔枝等的运输保鲜(南果北运)。夏季水果如桃等北果南运使用的加冰车也是这个原理,只不过加冰的方式不同。

**2. 水冷法** 水冷法是将果实放入冷水中降温的方法。为了提高冷却效果,可以用制冷水或加冰的低温冷水处理。小规模生产可以用手工操作,较大规模处理时可使用冷水预冷设备。由于水的传热系数远比空气的传热系数大,所以冷却速度要比风冷法快,设备投资及运作费用也比风冷法低。按照水果与水的接触方式不同,分喷淋式、浸泡式、冲水式等。按操作方式不同,可分为连续式和分次式。连续式水冷是将水果放在传送带上,一边移动,一边用冷水喷淋或浸泡。传送带的速度可根据预冷出口处水果的温度情况进行无级调节。在大型水果采后处理场,用专用水预冷机冷却。为减少水资源浪费,可在冷却水中加入含氯的杀菌剂,循环使用。

**3. 风冷法** 风冷法又可分为库内预冷法和强制通风预冷法、压差通风预冷法。

(1)*库内预冷法* 是将装有水果的容器放在冷库内依靠冷风机(吊顶风机)吹出的冷风进行冷却的方法。该方法简单易行,但冷却速度较慢,一般需要 24 小时以上。对于一些传热差、呼吸热高的水果甚至需要数天才能降到要求的贮藏温度。库内预冷法仅适用于苹果、梨等不易变质耐贮藏的水果。目前,我国多数冷库没有专用的预冷设施,而是在冷库内利用风机预冷。预冷时应注意包装不宜过大,并应散放或打开包装,尤其是采用塑料薄膜袋包装的,应打开袋口进行降温。

(2)*强制通风预冷法* 是在库内预冷的基础上发展起来的一

项预冷技术。指在具有较大制冷能力和送风量的冷库或其他设施中,用冷风直接冷却装在容器中水果的方法。由于空气流动量增大,与库内预冷法相比,明显加大了水果的冷却速度,同时具有预冷后可以直接进入贮藏阶段的优点。强制通风预冷法看起来增加了冷风的强制对流,但冷风基本上是沿着容器(如瓦楞纸箱)的外表面流动,水果的传热方式以自然对流为主,一部分以强制对流的方式传热。所以该方法冷却速度虽然比库内预冷法快,但比压差预冷法慢。一般冷却时间需要12~24小时。

(3)*压差预冷法* 是在强制通风预冷方法基础上改进的一种预冷方法。用于压差预冷的水果包装容器通常使用规格一致的瓦楞纸箱,箱子两侧要有通气孔。预冷时,将箱子孔对孔堆叠排列,用抽风机或风扇强制性地抽吸或吹进冷空气。由于在箱子两端形成压力差,使冷空气有效地流经箱内,可以明显提高水果的预冷速度。压差预冷法与强制通风预冷法相比,改进之处在于在货堆的上方容易造成冷风短路的地方加了挡板,促使冷风通过指定路径流向果箱内,明显提高了通过被预冷物的有效风量,加快了预冷速度(图3-5)。该方法除了预冷速度快、冷却均匀之外,还有水果表面不易结露的优点。压差预冷法适用于大多数水果的预冷,预冷时间一般只需4~8小时。预冷时应注意之处为:第一,要将纸箱的通气孔呈一直线排列,以便减少冷风的流动阻力;第二,避免不同种类的水果混合预冷。

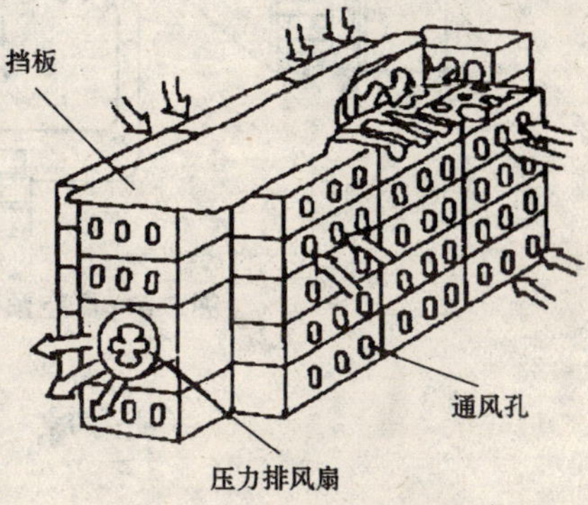

图3-5 压差通风冷却原理

**4. 真空预冷法** 在减压条件下,使水果的表面水分蒸发,通过水分蒸发带走蒸发潜热,降低水果温度,达到预冷的目的(图3-

6)。水的蒸发温度与环境大气压力有关。我们知道,在常压下水的沸点为100℃,如果气压降到1.2千帕时,水的沸点由100℃降到10℃,气压降到0.7千帕时,水的沸点降到2℃,即2℃时水就可以蒸发。这时每升水由液态变为气态时大约需要吸收2.5千焦的汽化热。因此,通过抽真空将预冷槽内的压力快速降下来,可在较短的时间内蒸发掉水果表面的水分,带走蒸发热,使得水果的温度降下来。真空预冷法在上述几种预冷法中降温速度最快,可在5~30分钟内使产品迅速冷却到1℃~3℃。一般比表面积大(即表面积与体积的比值)或果实较小的产品预冷效果较好。

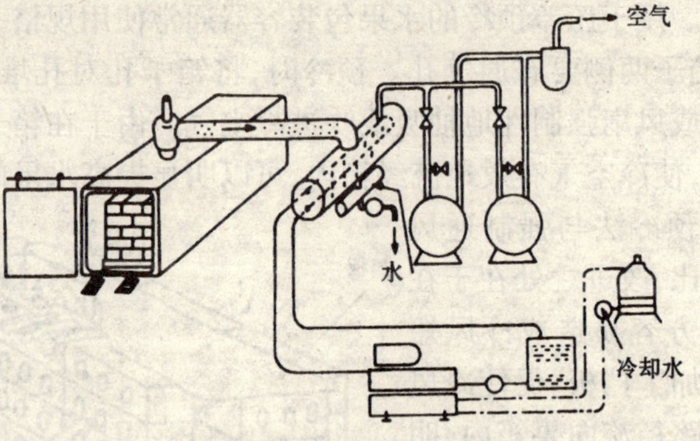


图3-6 真空预冷示意图

## 七、晾　晒

有些水果采收后,在干燥、通风的地方进行短期晾晒,使其表皮组织失掉部分水分,可以增强耐贮性。如新疆的哈密瓜,个大皮脆,含水量高,采摘、运输过程中瓜皮易受损伤,贮藏期间往往由皮而烂。贮前晒瓜,可使采摘、运输过程中造成的伤口得到愈合,使瓜皮适当失水而柔软,增强耐藏性。柑橘特别是宽皮橘类,贮前晾晒一段时间,使其失重3%~5%,可明显减轻枯水病的发生,果实腐烂率也明显下降。

## 八、入贮及码垛

果品经预冷后要尽快入贮。入贮时,合理的堆码方式会对果品的贮藏寿命产生良好的影响。总体原则是与墙壁、天花板及地面保持合理的距离,同时垛与垛间还应留有合理的空隙,以便冷风循环良好,使得果品冷却迅速而均匀。一般说,堆码时应注意以下事项:

第一,为保证库内空气流通和便于管理,货垛距墙壁应保持0.20~0.30米,距库顶0.50~0.60米,距冷风机不少于1.50米,垛间距离0.30~0.50米,库内通道宽1.20~1.80米,垛底垫木(石)高度0.10~0.15米。

第二,堆垛时要避免上面的产品对下面产品的挤压而造成包装及产品的损坏。另外要注意货垛稳固,不至发生意外倒塌。为了充分利用冷库空间及便于出入货,架贮或托盘码放是个不错的办法。

第三,不要将不同等级、不同批次、不同成熟度的产品混合堆放在一起,也不要将短期贮藏与长期贮藏的产品混合堆放在一起。对乙烯敏感性不同的产品也应分开放置。

# 第四章　果品的运输及销售

新鲜水果产品采收后，除少部分就地供应外，大量产品需要转运到人口集中的城区及贸易集散地销售。因此，运输在生产者与消费者之间起着桥梁的作用。采用什么样的工具运输，产品在运输、堆码及装卸过程中有什么要求等，本章将阐述这些内容。

## 一、运输方式及工具

可供选择的运输方式多种多样，如铁路、水路、公路及航空等。相应地，运输工具有火车、轮船、汽车及飞机等。实际运输过程中，选择何种运输方式及工具，应考虑产品的贮运特性、经济效益等多种因素。

### （一）铁路运输

铁路运输具有运量大、运价低、受季节变化的影响小和速度快、连续性强等优点。据资料介绍，铁路运输占我国园艺产品运输的30%左右。它的运价略高于水运干线，但大大低于公路及航空运输。限制铁路运输的不利因素是铁路造价高。目前，我国的铁路通车里程还有限，它不能像汽车运输那样可以实行门到门的运输。此外，修建铁路时消耗金属多，占地多，短途运输成本高。铁路最适合于大宗货物的长距离运输。铁路运输一般采用普通棚车、机械保温车（机保车）和加冰保温车（冰保车）等车厢。

**1. 普通棚车**　车厢内的温、湿度主要是通过通风、草帘、棉毯覆盖、炉温加热及夹冰等措施调节。虽然普通棚车运输的损失率有时高达40%～70%，但目前仍然是我国水果等园艺产品重要的运输工具。

**2. 机械保温车** 机保车采用机械制冷和加温，配有强制通风系统，因而能有效地控制车厢内的温度。机保车使用制冷机制冷，可以在车内获得与冷库系统相当的低温，并且可以在更广泛的范围内调节车内温度。由于在运输途中不用加冰，因此可加大装载量，可以加速货物送达，加速车辆运转。但与冰保车相比，机保车的造价高，维修复杂，还需要配备专业乘务员和维修运用段等缺点。在我国，机械保温车的数量相当有限，远远不能满足园艺产品运输的要求。

**3. 加冰保温车** 加冰车有多种型号，车厢内部都装有存放冰块的箱子，同时具有排水、通风循环及温度检测等设备。运输货物时，向用于存放冰块的箱内加冰或冰盐混合物，从而控制车内低温条件。加冰量或冰盐混合物的比例，主要根据货物对温度的要求而定。采用冰保车运输时，需在铁路沿线定点设加冰场所，使车厢能够及时得到冰的补充，从而维持较为稳定的低温。冰保车的缺点是，当使用冰盐混合物作为冷却媒体时，盐液对车体和线路腐蚀严重，车内温度不能灵活控制，同时沿线加冰盐也减慢了水果等园艺产品运送的速度。

### (二)公路运输

公路运输是我国最重要和最普通的短途运输方式。汽车运输的优点是投资少、机动灵活、货物送达速度快且不需要换装，即能做到门对门的运输。汽车运输还可以将货物送到目前尚无铁路的中小城镇、农村及偏远地区。汽车运输的这一优点是其他运输工具所不能替代的。但是汽车运输的成本高，载运量小，耗能大，劳动生产率低。同时，汽车运输的损失因道路条件和汽车性能不同差异很大。若道路条件好、汽车性能好，则可减少运输损失。汽车运输也有普通车和冷藏车运输两种方式。但目前我国冷藏车较少，不能满足果品运输的需求。

### (三)水路运输

我国幅员广大,江河纵横,海岸线长,沿江河湖海之滨多为新鲜水果、蔬菜盛产地,因此水路运输也是我国园艺产品运输的重要途径之一。水路运输的优点是载运量大,成本低,耗能少及投资低等。但水路运输也存在着不可避免的缺点。如水运的连续性差,速度慢且需要中转换装等。这样不仅延缓了货物的送达,还增加了运输中的损失。水运最适于承担运量大的货物长距离运输。大宗水果的国际贸易运输主要依靠远洋货轮。

### (四)航空运输

航空运输的最大特点是运行速度快。如航空运输比铁路运输快6~7倍,比水运快29倍。同时,航空运输还可跨越各种地形障碍。但是航空运输最大的弱点是运费昂贵,运量小,耗能高等。在我国,航空运输仅应用于特需果品的供应。

近年来,集装箱运输已发展成为一种新的运输方式。集装箱运输是将一批批小包装货物集中装在大型的箱中,形成一个整体,便于装卸和运输。冷藏集装箱是在集装箱的基础上,增加隔热层和制冷装置及加温设施而成,确保箱内温度能满足水果贮运所需的最适温度。冷藏集装箱的规格有载重20吨和40吨的。利用冷藏集装箱运输水果,通常是在产地装载产品、封箱,根据不同产品对温度的不同需要,设定箱内的温度环境,再利用多种运输方式如汽车、火车和轮船等,借助于机械化的集装箱装卸设备,进行长距离运输。冷藏集装箱运输能够维持包装箱内比较稳定的温度环境,从而保证产品质量,同时还能做到门对门服务,使产品能够完好无损地运送到目的地。

## 二、运输及装卸的要求

良好的运输效果除要求园艺产品本身具有较好的耐贮运性外，同时也要求有良好的运输环境条件。这些环境条件包括温度、湿度、气体成分、包装、振动要求、堆码与装卸等。

### (一)温 度

温度是运输过程中的重要环境条件之一。低温流通对保持水果新鲜度、品质及降低运输中的腐烂损耗十分重要。国外大都采用冷链运输，即水果从采收到上市一直处于低温状态。我国多数水果目前尚难以实现冷链流通。但随着冷库的普及，可以采取果实先预冷，预冷后采用普通保温车厢或普通货车用棉被等保温进行短期运输，也可达到良好的运输效果。如有条件，最好采用冷藏车(船)运输，尤其是夏季或热带地区产的易腐水果，如荔枝、草莓、樱桃、桃、李、杏等。对于秋冬季节收获的水果，运输时还应注意保温，特别是南果北运。推荐水果的运输温度根据水果种类、距离远近、时间长短、气候条件等而定。距离近、时间短，温度可以适当提高一些；反之，则应低一些。易腐水果一般要求运输温度与贮藏适宜温度相同，或是稍高于贮藏温度。新鲜水果在低温运输中的推荐温度见表4-1。

表4-1 新鲜水果在低温运输中的推荐温度 (℃)

| 水果种类 | 2~3天的运输条件 | | 5~6天的运输条件 | |
|---|---|---|---|---|
| | 最高装载温度 | 建议运输温度 | 最高装载温度 | 建议运输温度 |
| 西洋梨 | 5 | 0~5 | 3 | 0~3 |
| 葡 萄 | 8 | 0~8 | 6 | 0~6 |
| 桃、李 | 7 | 0~7 | 3 | 0~3 |

续表 4-1

| 水果种类 | 2~3天的运输条件 | | 5~6天的运输条件 | |
|---|---|---|---|---|
| | 最高装载温度 | 建议运输温度 | 最高装载温度 | 建议运输温度 |
| 杏 | 3 | 0~3 | 2 | 0~2 |
| 草莓 | 3 | -1~2 | 建议运输不超过3天 | |
| 樱桃 | 4 | 0~4 | 建议运输不超过3天 | |
| 板栗 | 20 | 0~20 | 20 | 0~20 |
| 香蕉(大蜜舍) | ≥12 | 12~13 | ≥12 | 12~13 |
| 香蕉(Lacatan) | ≥15 | 15~16 | ≥15 | 15~16 |
| 甜橙 | 10 | 2~10 | 10 | 4~10 |
| 柑和橘 | 8 | 2~8 | 8 | 2~8 |
| 柠檬 | 12~15 | 8~15 | 12~15 | 8~15 |
| 菠萝 | ≥10 | 10~11 | ≥10 | 10~11 |

### (二)湿　度

湿度对运输的影响相对较小。但是,长距离运输或是运输时间较长时,必须考虑湿度因素。果实出库后温度较低,有些包装物如纸箱极易吸潮变形,伤及果实。采用防水纸箱或包装内内衬塑料薄膜,可有效防止果实失水,同时也可防止纸箱吸潮。采用单果包纸或单果套塑料袋,或采用塑料泡沫保温箱包装,均可有效防止果实运输期间失水。

### (三)气体成分

国外对有些水果采用气调集装箱运输,但是成本很高。对于较耐二氧化碳的水果,可采用塑料薄膜袋包装运输,也能达到较好的效果。但是,对二氧化碳敏感的水果,应注意包装的通风。

### (四)包　装

水果的包装种类很多,目前在我国有筐、木箱、瓦楞纸箱、泡沫保温箱、塑料周转箱等。运输包装一般要求抗压性好,不易吸潮变形,容易堆码。近年来,纸箱、泡沫保温箱、塑料周转箱发展较快。塑料泡沫保温箱在易腐水果的运输中显示出良好的效果。

### (五)振　动

收获后的水果仍是一个活的有机体,不断地进行着旺盛的代谢活动。运输过程中剧烈的振动会对新鲜的水果产生机械伤。机械伤对新鲜水果会产生极为不利的影响。如机械伤促使水果产生伤乙烯,促进水果快速成熟;同时,机械伤口极易受病原微生物感染,造成新鲜水果腐烂。因此,在进行新鲜水果运输时,一定要尽可能减少振动。

不同的运输工具,不同的堆码及产品包装方式,在运输过程中造成的振动不一样。一般来说,铁路运输的振动强度小于公路运输,水路运输的振动强度又小于铁路运输。就公路运输而言,振动依不同的路况、不同的车辆性能等也有差别。我国幅员辽阔,各地道路状况差异很大,在进行产品运输时,一定要考虑这个因素并采取相应的措施,如在对产品包装及堆码时尽可能使产品稳固。

### (六)堆码方式

**1. 堆码注意事项**　果品运输时,堆码与装卸是必不可少并且非常重要的环节。在堆码前,要对运输工具如水路运输的船舱等进行清洗,必要时还应消毒杀菌,并应尽量避免与其他不同性质的货物混装。合理的堆码,除了应减少运输过程中的振动外,还应有利于保持产品内部良好的通风环境及车厢内部均衡的温度。

新鲜水果在运输工具中的堆码,应遵循以下原则:①货物间留有适当的间隙,以使车内空气能顺利流通;②每件货物都不能直接与车辆的底板和壁板相接触；③货物不能紧靠机械冷藏车的出风口或加冰冷藏车的冰箱挡板，以免导致低温伤害。就冷藏车运输而言，必须使车内温度保持均匀，同时保证每件货物都可以接触冷空气。就保温车运输而言，则应使货堆中部与产品周围的温度保持适中，应避免由于温度控制不好而导致货堆中心的呼吸热散发不出来，而周围的产品又可能产生冷害等情况。

**2. 堆码方法**　新鲜水果的装车方法属于留间隙的堆码法。按所留间隙的方式及程度不同，又可以分为以下几种。参见图 4-1。

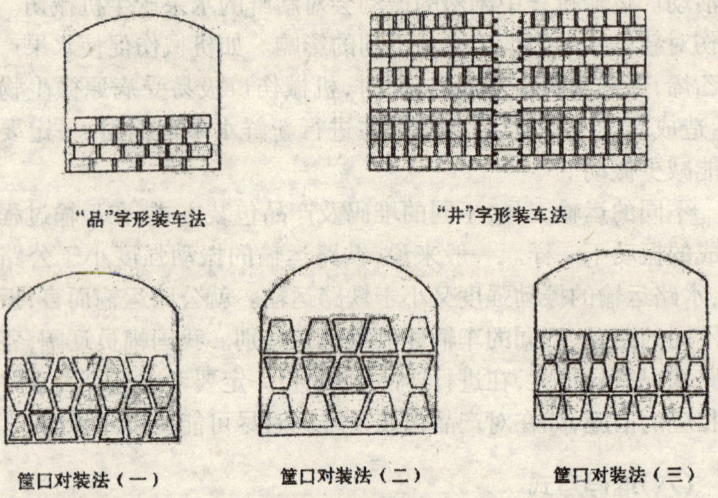


**图 4-1　水果运输码垛方法**

(1)“品”字形装车法　该法是奇数层与偶数层货件交错骑缝装载，装后呈现品字形状。适用于箱装货物。由于只能在货件的纵向形成通风道，因此，在高温季节要求冷却或通风，而在寒冷季节则要求加温。该法适于有强制循环装置的机械冷藏车。

(2)“井”字形装车法　“井”字形装车法灵活多样，各层货物纵横交错。实际装载时，根据车辆的有效装载尺寸以及货件的包装规格,具体确定纵向或横向的放置件数。“井”字形装车法可使空气在每个井字孔之间上下流通,基本能够保证空气畅通无阻。该法装载的货物较为牢靠,装载量也较大。

(3)筐口对装法　这种装载法主要用于用竹筐等包装件。竹筐在制作时,由于本身就留有孔隙,因此不必再留出专门的通风孔隙。筐口对装法有很多种方式。总体上说,筐口对装法能够保证货物间的空气流通。

当必须同时装载货件大小不一的纸箱时,堆码时应将大而重的纸箱置于车厢底层。此外,还应留有平行通道,以便空气在货堆间流通。

堆码完毕后,最后一排包装箱与车厢后门之间应用支撑架隔开,同时货堆还应加固绑牢,以免在运输过程中造成货件间的相对运动引起果实的振动。同时,还可避免货件间的运动影响货堆间的空气流通,以及产品运达目的地后,打开后门时,掉下的包装箱对工人可能造成的危险。因此,可以根据实际需要,通过安装一个简单的木制支架就可以解决这个问题。

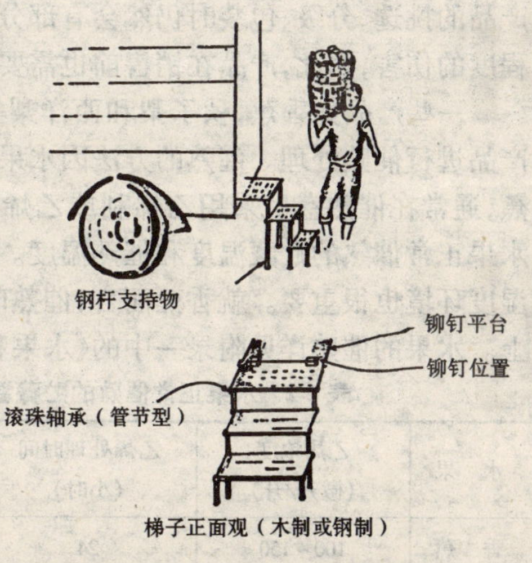

图 4-2　用于卸车的可折叠梯

## (七)卸　车

产品运达目的地后,首要工作是尽快卸车,然后通过批发商或直接上市交易。我国目前卸车方法大多以人工为主。无论是机械卸车还是人工卸车,都应避免粗放、野蛮的操作。可以通过制造一个可折叠的坚固的梯子来协助卸车(图 4-2)。当然,既简单又安全的卸车方法还是使用斜面。一定要使斜面足够宽并且牢固,能同时承受货物和装卸工人的重量。

## 三、销地贮藏及催熟

产品运达目的地后,由于天气、市场行情等多种原因,有时不能立即批发或上市交易。这时,就要对产品进行短期的销地贮藏。销地贮藏既可以保证产品质量,同时还可以减少损失。因此,一般除了在产地建造冷库外,在销地市场或物流中心附近也需要建造适当规模的冷库。销地贮藏时,产品的贮藏温度与产地贮藏的温度相同。

产品在运输过程中,尽管我们小心操作,轻装轻卸,但由于在产品的挑选、分级、包装时仍然会有部分产品不可避免地受到不同程度的伤害,因此,产品在销售前也需要进行挑选。

一些产品如香蕉、秋子梨和西洋梨等,在批发或零售前,要对产品进行催熟处理。催熟的方法因水果种类不同而有差别。如香蕉,通常在催熟室里采用乙烯利或乙烯催熟。表 4-2 列出了能使水果正常催熟的贮藏温度和催熟温度。催熟时,除控制好温度外,湿度环境也很重要。就香蕉而言,催熟时的湿度应保持在 90% 以上。水果的催熟详见附录一中的《水果和蔬菜　冷藏后的催熟》。

**表 4-2　水果正常催熟的贮藏温度和催熟温度**

| 水　果 | 乙烯浓度（微升/升） | 乙烯处理时间（小时） | 催熟温度（℃） | 贮藏温度（℃） |
|---|---|---|---|---|
| 香　蕉 | 100～150 | 24 | 15～18 | 13～14 |
| 猕猴桃 | 10～100 | 12～24 | 0～20 | 0～0.5 |
| 芒　果 | 100～150 | 12～24 | 20～22 | 13～14 |

## 四、果品展示

水果在市场上销售时，一定注意不要受阳光直射，应放置于阴凉通风的地方，必要时还应洒水增湿。在商场中销售的水果，可以通过制作一些特制的产品展示台或展示柜。展示的水果应充分体现该品种固有的特征，如色泽、大小、形状等。展台或展柜内的温度最好能够调节，以保持果品的新鲜度及延长展示时间。有些水果还需适当“整容”，如打蜡上光、采前贴字等。果品在展示台上放置时，应大小整齐，颜色搭配合理，满足人们的美感要求，增加吸引力。

# 第五章　果品采后病虫害及其防治

水果贮运期间发生的病害可分为侵染性病害和生理病害两大类。侵染性病害是指由于病原微生物侵入而引起果实腐烂变质的病害。此类病害具有传染性。因为水果的致病微生物主要为真菌,所以侵染性病害也叫真菌病害。生理病害是指由于果实发育期间营养失调、采前采后环境条件不当等因素造成的生理失调现象。此类病害不具有传染性。水果采后损失以病害为主,但虫害同样影响水果的食用价值和商品价值。因虫咬造成机械伤引起微生物病害也要注意。另外,有些害虫会严重影响水果出口。

控制水果采后的病虫害要遵循以下基本原则:一是生产期间就需要有良好的管理;二是采收及贮运过程要细心操作,防止机械伤;三是保持使用工具、包装及贮藏场所等的卫生;四是尽可能剔除损坏或腐烂的产品,减少对健康产品的污染。在此基础上结合其他处理措施来控制水果的病虫害。

## 一、侵染性病害

新鲜水果皮薄肉脆,水分含量大,果肉中含有丰富的营养成分,贮运过程中又极易引起机械损伤,容易造成腐烂。由病原微生物(病原菌)侵染引起的病害,是水果采后造成腐烂的主要原因。因此,熟悉造成水果腐烂的病害种类,了解病原菌的来源、侵入途径及影响发病的因素,掌握防治病害的基本方法,对于采后工作者是极为重要而必需的。

### (一)采后主要侵染性病害

水果的致病微生物主要为真菌,由细菌造成的病害较少。水果采后常见的病害有灰霉病、青霉病、绿霉病、褐腐病、炭疽病、轮纹病、蒂腐病、根霉病、软腐病、霜疫霉病、焦腐病、黑斑病、黑星病等。但不同种类水果采后真菌病害不尽相同。其症状描述及具体防治方法详见第七、第八章。部分果实真菌病害症状见彩图。

### (二)病原菌的传播来源与侵染

**1. 病原菌的传播来源** 一是来自果园。如秋冬季节果园树上或落地的枯枝、病叶、病果。也有很多病原菌是在土壤或肥料中越冬的。二是来自产后环节。如包装厂、贮藏库和使用的工具。在南方,由于贮藏库内温度不低于病原菌生长的最低温度,病原菌得以终年生存,并且,由于它们往往广泛分布在空气中,贮藏库的清洁、消毒只能减少含菌量,不易完全予以消灭。三是来自已发病的果实。

**2. 病原菌的侵染途径**

(1)*采前侵染* 许多水果在田间已被侵染。病原菌穿过果实的角质层或通过果实的自然孔口,如气孔、皮孔、花柱头及伤口(如虫伤、机械伤、自然裂伤等)侵入。通过果实的正常组织如皮孔、角质层等侵入的病菌,通常称为真寄生菌,具有潜伏侵染的特性。生长期间受到侵染的果实,由于果实组织抗性较强而不发病。收获后随着水果的成熟或衰老,组织抗性降低,病原菌得以大量繁殖,病果显示症状,引起腐烂。如多种水果的炭疽病,苹果、梨的轮纹病,葡萄的霜霉病等。

(2)*采收期间及采后侵染* 在采收、分级、包装、贮藏运输过程中造成的机械伤或采前已产生的伤口是贮藏病害病原菌的重要侵入点。通过果实的各种伤口侵入的病菌,通常称为伤部寄生菌或腐生菌,如青霉病、褐腐病等。当然,真寄生菌也可通过果实伤口侵染。水果的包装场所、贮藏库、催熟室及所使用的容器、工具等都可能是病原菌的越冬场所,采后的清洗、分级甚至防腐处理等都可能引起接触污染,导致病原菌的传播侵染。不良的贮藏环境引起的生理病害与果皮衰老，使果实的抗病力大大降低，病原菌也容易侵入。

(3)病原菌的侵染过程　病原菌的侵染一般分侵入前期、侵入期、扩展期(潜育期)及显症期(发病期)四期。

简单说，侵入前期是指病原菌从越冬越夏场所，如果园内枯枝病叶、腐烂果实以及不卫生的包装、贮藏场所等，传播到果实，至完成开始侵入前的准备。侵入期指从病原菌开始侵入到其与果实建立寄生关系。扩展期指从病原菌与果实建立寄生关系至发病。发病期，随着症状的发展，果实开始腐烂，病原菌在受害部位形成大量孢子，这些孢子又是再侵染的菌源。

## (三)影响发病的主要因素

**1. 田间侵染状况**　很多疾病是在田间感染的。如苹果、香蕉、番木瓜、芒果等的炭疽病，葡萄的白腐病，苹果的霉心病、轮纹病等。其发病程度取决于田间侵染情况。在田间已大量带菌，采后腐烂必然严重。一般老树、弱树及老果园果树的果实易发病。栽培管理不当、病虫害防治不及时的果园发病严重。此外，水果生长过程的环境气候条件也对采后发病有一定影响。夏季高温多雨地区或降水较多的年份，一般容易发病。

**2. 机械损伤**　采收、分级、包装、贮藏运输过程中造成的机械伤，是引起果实腐烂尤其是青霉病、绿霉病等腐生病的主要原因。避免或减少果实的机械伤，是减少腐烂损失的主要措施之一。

**3. 贮藏环境温湿度**　采后环境温湿度，特别是温度，是影响采后水果生理状态的主要因素，同样也是影响病原菌生理活动的重要因素。对耐低温的水果，可以采用接近冰点的低温来抑制病原菌。但是，原产热带、亚热带的大部分水果对低温十分敏感，不适当的低温容易造成冷害，反而大大失去对病原菌的抵抗力，使低温的运用受到限制，这也是热带、亚热带水果比温带水果贮运保鲜难度更大的原因之一。

**4. 水果自身的生理特性** 耐贮性和抗病性是水果的遗传特性之一,因水果种类和品种不同而有差异。一般成熟较晚、果皮较厚、组织愈伤能力较强的水果较抗病。仁果类如苹果、梨等相对较抗病,而浆果类和核果类如草莓、葡萄、桃、李、杏等易感病。同类水果不同品种间感病性差异很大。如苹果中的红星、红冠最易感病,金冠、元帅次之,小国光不易感病。

**5. 水果成熟度** 一般地说,水果成熟度低,组织幼嫩,易受病原菌侵入。但也有某些病原菌只侵入近成熟或已成熟的果实,或者即使侵入未熟果后却被抑制而呈潜伏状态,待水果成熟时才发病,炭疽病病原菌就是典型的例子。

### (四)采后贮运病害的综合防治措施

**1. 田间及采后处理环节预防与治理** 真菌病害要以预防为主,采取多种措施进行综合防治,这样才能达到防病治病的目的。

(1)*尽量减少和消灭菌源* 秋冬季节要及时将果园中的枯枝、烂叶、病果收集深埋或烧毁,包装、贮藏场所的病果、烂果也要妥善处理,并及时做好果园杀菌及包装、贮藏场所的消毒工作(包装、贮藏场所消毒药物及方法参考附录一中的《苹果冷藏技术》中的附录C)。

(2)*加强果园栽培管理,生产健康耐贮的果实* 施氮肥较多的果园生产出的果实,对真菌抗性弱,贮藏期间腐烂严重。含钙高的果实不但对生理病害有一定的抗性,也能增加对真菌的抵抗能力。灌水过多,尤其是采前灌水过多的果园的果实,一般不耐贮藏。如葡萄,若采前灌水,贮藏期间腐烂率大大增加。高温多雨的地区及年份,一般病害容易流行,在病害较重的地区或果园,要及时喷洒允许使用的杀菌剂。

(3)*防止机械损伤,挑出不良果* 在采收、分级、包装、贮藏运输过程中,防止各种机械损伤,及时将病、虫、伤、烂果挑出,是防止腐生病害(如青霉病等)的关键措施。大果及过熟果容易染病,在挑选分级时应及时选出，单独存放。

**2. 物理防治** 改善贮运环境条件，特别是控制好温湿度、气体成分等，可以有效控制病害的发生。另外，也可采用短时高温处理、辐照处理等物理方法杀灭病原菌。物理防治具有无公害、无污染的优点。

(1)低温贮运 采后快速预冷、低温贮运是减少果实腐烂最有效的措施。多数真菌病害在0℃左右的温度下不发生或发生非常缓慢。如采前感染了轮纹病的金冠苹果，在常温下几天最长十几天全部腐烂，但0℃下可安全贮藏几个月不发病。梨果贮温低于5℃时，腐烂大大降低。大多数北方水果只要采前病害不是很严重，在适宜温度下(一般为-1℃~1℃)均可安全贮藏或运输。少数病菌如葡萄灰霉病菌等，在0℃下仍可繁殖蔓延，在贮藏期一般施用杀菌防腐剂。南方多数水果由于贮温较高，温度对病害的影响有一定限度，还需一并采用其他防治措施(如化学防治等)。

(2)控制湿度 虽然高湿有利于病菌的生长繁殖，但保持贮藏环境相对较高的湿度对防止果实失水、维持产品的品质又很重要，这是一个矛盾的问题。不过只要保持适宜的低温，果面不形成结露，腐烂还是可以避免的。在高湿的情况下，如果温度波动较大时，产品表面形成结露，则促进病原菌的萌芽和侵入，使腐烂增多。因此，用于贮藏的水果，不宜在雨天或雨后采收。果实清洗消毒后，必须晾干方可包装入贮。贮藏期间要严格控制贮藏温度，以免温差较大而造成果实表面结露。

(3)气调贮藏 气调贮藏就是适当降低空气中氧气浓度和提高二氧化碳浓度，并保持适度低温，以达到保鲜防腐的目的。对于能忍受高二氧化碳的果品，含15%~20%二氧化碳的空气可用于控制运输过程中引起腐烂的病原微生物。樱桃、草莓、越橘、黑莓等均有利用高二氧化碳处理贮运保鲜的商业应用实例。

中国农科院果树研究所研究表明，当氧浓度为3%，二氧化碳浓度>10%，温度<10℃，或者温度<10℃，二氧化碳浓度>15%，均可完全抑制苹果霉心、炭疽、干腐、轮纹病的菌丝生长。青霉菌较耐二氧化碳，当温度<5℃，二氧化碳浓度>10%时，才可完全抑制其生长。另外，在二氧化碳浓度为10%～30%时可抑制甜瓜的腐烂，而氧气为0时，草莓软腐病的发病率也直线下降。一般来说，低氧与高二氧化碳对病菌的抑制需与环境温度、湿度相互配合才能收到良好的效果。

(4)采后热处理　采后使用热水或热空气对新鲜水果进行短时间处理，可以杀死或抑制果实表面或潜伏在表皮下的病原体。这种方法对于低温敏感的南方热带、亚热带水果如芒果、番木瓜等效果较好。热处理配合其他防治方法，如在热水中加入防腐剂，效果更好。热处理的条件见表5-1。

**表5-1　水果热处理条件**

| 产　品 | 控制病害 | 温度(℃) | 处理方式 | 时间(分钟) | 可能伤害 |
|---|---|---|---|---|---|
| 葡萄柚 | 疫霉病 | 48 | 热水 | 3 | |
| 柠　檬 | 青霉病、疫霉病 | 52 | 热水 | 5～10 | |
| 芒　果 | 炭疽病 | 52 | 热水 | 5 | 无法控制蒂腐 |
| 荔　枝 | 霜疫霉病 | 52 | 热水 | 2 | |
| 甜　橙 | 蒂腐病 | 53 | 热水 | 5 | 退绿差 |
| 番木瓜 | 霉菌类 | 48 | 热水 | 20 | |
| 桃 | 褐腐病、根霉病 | 52 | 热水 | 2.5 | 伤害果皮 |
| 樱　桃 | 褐腐病 | 52 | 热水 | 2 | |
| 苹　果 | 炭疽病、青霉病 | 45 | 热汽 | 15 | 变质 |
| 桃 | 褐腐病、根霉病 | 54 | 热汽 | 15 | |
| 草　莓 | 灰霉病、根霉病 | 43 | 热汽 | 30 | |

(5)辐射处理　辐射处理主要有γ射线、X射线、紫外线以及

高压电场产生的臭氧等处理方式。辐射处理可杀死水果深处的病原菌和害虫，避免农药残留，工序操作较简便。但辐射处理的成本较高，安全、使用剂量等问题还未能很好地解决。

**3. 化学防治** 化学防治主要是采用化学药剂对水果进行熏蒸、喷洒或浸泡等防腐处理，直接杀死或者是抑制病原菌的繁殖。浆果类如葡萄、草莓等一般采用熏蒸方式，苹果、梨、柑橘、芒果、荔枝等采用浸果效果更好。但浸果较为麻烦，大批量处理须有专用设备。采后喷洒，药液分布不够均匀。采前喷洒适合多种水果。采前药剂防治可大大减少采后病害，进而减少采后防治可能造成的污染。化学药剂防腐处理多用于简易贮藏或是贮藏温度较高的热带、亚热带水果，以弥补低温不足造成的影响。笔者认为，只要物理防治方法能够控制腐烂的发生，则尽量不用化学药剂防腐。

化学药剂使用注意事项：①绝对不可使用违禁药剂。②使用浓度应使其残留保持在许可的范围之内。③采后防腐处理的时间越早越好。如柑橘必须在果实采摘后 24 小时内处理，最长不超过 48 小时。④用于出口的水果，使用的防腐剂应满足国际市场对产品质量标准的要求(或出口目的国的要求)。用于水果防腐保鲜的化学药剂，主要是一些广谱、高效、低毒的防腐、杀菌剂。其中，除二氧化硫及某些亚硫酸盐外，大都属于农药类。国内外常用的水果防腐剂、消毒剂种类及用法见表 5-2。

**表 5-2 国内外果蔬防腐剂、消毒剂的种类、性能及使用方法**

(黄建坤，1987)

| 药 名 | 剂 型 | 剂 量 | 使用方法 | 口服毒性(半致死量，毫克/千克) | 允许残留($\times 10^{-6}$) | 备 注 |
|---|---|---|---|---|---|---|
| 次氯酸 | 盐 | 700～5000 毫克/升有效氯 | 喷、洗 | — | — | 洗果及场地消毒 |
| 甲 醛 | 40%水剂 | 3～6 毫升/米$^2$ | 喷、熏蒸 | — | — | 场地及仓库的消毒 |

续表 5-2

| 药　名 | 剂　型 | 剂　量 | 使用方法 | 口服毒性（半致死量，毫克/千克） | 允许残留（$\times 10^{-6}$） | 备　注 |
|---|---|---|---|---|---|---|
| OPP，SOPP | 盐 | 0.2%～2% | 浸、洗 | 2480 | 10 | 洗果及包装材料消毒 |
| 联　苯 | 结晶盐 | 2% | 药纸熏蒸 | 3280 | 70～110 | 包装材料消毒 |
| 二氧化硫（$SO_2$） | 液、气 | 1% | 熏蒸20分钟，每周1次 | — | — | 处理葡萄，1985 年美国宣布 6 种剂型停用 |
| 氯硝胺 | 悬浮剂 | 900～1200 毫克/升 | 喷、浸 | 1500～4000 | 10～20 | 处理桃根霉、丛梗孢霉 |
| 仲丁胺 | 液 | 1%～2% 25～200 毫克/升 | 洗、浸、喷、熏蒸 | 350～380 | 20～30 | 柑橘青霉、绿霉、蒂腐、炭疽病 |
| 克菌丹 | 可湿性粉剂 | 1200～1500 毫克/升 | 洗、浸、喷 | 9000 | 25～100 | 药效中等 |
| 噻菌灵（特克多，TBZ） | 可湿性粉剂，悬浮剂 | 500～1000 毫克/升 | 浸、喷、烟熏 | 3100 | 2～10 | 连续用药青霉、绿霉易产生抗性 |
| 苯菌灵<br>苯莱特<br>硫菌灵<br>多菌灵 |  | 500～1000 毫克/升 | 浸、喷 | 10000 | 5～10<br>1～10 | 四种药有交互抗性反应，欧共体因苯莱特的安全问题提出停用意见 |
| 双胍盐 | 盐 | 1000 毫克/升 | 浸、喷 | 230～260 | 0.1～5 | 对白地霉、酸腐病有特效，因致癌，美国已停用 |
| 抑霉唑 | 可湿性粉剂、结晶盐 | 500～1000 毫克/升 | 浸、喷 | 320 | 5～10 | 对抗苯并咪唑的青霉、绿霉有效 |

**续表 5-2**

| 药 名 | 剂 型 | 剂 量 | 使用方法 | 口服毒性(半致死量,毫克/千克) | 允许残留($\times10^{-6}$) | 备 注 |
|---|---|---|---|---|---|---|
| 乙 醛 | 液 | 0.25%~0.3% | 熏 蒸 | — | — | 处理果类0.5~120分钟 |
| 硼 砂 | 盐 | 3%~4% | 浸、洗2~4分钟 | — | 8 | 用于防治柑橘青霉、绿霉病,由于安全性问题停用 |
| 异菌脲(扑海因) | 可湿性粉剂、悬浮剂 | 500~1000毫克/升 | 浸、喷 | 3500 | 2~10 | 在英联邦,不仅用于水果,还用于叶菜采后处理 |
| 瑞毒霉(甲霜灵) | 可湿性粉剂 | 600~1000倍 | 浸、喷 | 666 | | 对疫霉特效 |
| 乙磷铝 | 可湿性粉剂 | 0.1%~0.2% | 浸、喷 | 5800 | | 对疫霉特效 |
| 2,4-D | 液 盐 | 100~250毫克/升 | 混其他防腐剂浸果 | 620 | 5 | 使果蒂、叶片不产生离层,浓度超过此范围产生药害 |
| 咪鲜胺(施保克) | 25%乳油 | 250~500毫克/升(柑橘)<br>500~1000毫克/升(芒果) | 浸1~2分钟 | 1600 | | 用于防治柑橘青霉、绿霉、炭疽、蒂腐病和芒果炭疽病害等 |
| 咪鲜胺锰铬络合物(施保功) | 50%施保功可湿性粉剂 | 250~500毫克/升(柑橘)<br>500~1000毫克/升(芒果) | 浸1~2分钟 | 2700 | | 同施保克 |

注:1. 表中各种防腐剂若与涂料或果蜡混用时要增加用药量; 2. 咪鲜胺、咪鲜胺锰铬络合物为笔者所加

一些植物生长调节剂可提高果实的抗病性，减少果实腐烂。如 2,4-D 用于柑橘贮藏，对控制蒂腐病及黑腐病有一定效果。另外，从动植物中提取的一些物质，如从昆虫甲壳中提取的壳聚糖、一些植物中的精油等都具有一定的防腐保鲜作用。这些物质来自于大自然，无化学药物残留，无毒害，但目前应用很有限。

**4. 生物防治法**　环境及果实表面存在有天然抗菌源，利用拮抗微生物产生抗菌素，直接作用于病原菌，使病原菌活力降低，以减少病害发生。类似于人们常用的抗生素类药物。

## 二、生理病害

果实生理病害是由于不良因素引起果实生理代谢紊乱而产生的。如果实发育期间营养失调及采前采后环境条件不当等，都可能造成果实生理病害。与侵染性病害不同，生理病害是由非生物因素诱发的病害，故而也称为非侵染性病害。此类病害不具有传染性。其症状因病害类型不同而异。大多表现为果面凹陷、发暗变色，果肉褐变、异味，后熟异常或不能后熟，果皮或果实水浸状等。

### (一)生理病害的类型、症状及发病因素

**1. 低温伤害**

(1)冷害　果实冷害是指在果实组织冰点(水果冰点均低于0℃。不同水果冰点不同，具体请看第二章的表 2-1)以上的不适低温造成的伤害。

原产于热带和亚热带的水果，一般对低温比较敏感，多数水果在低于 11℃～12℃，高于 0℃的温度下就会发生生理失调。例如，香蕉的贮藏适温为 11℃～13℃，10℃以下会导致冷害发生；柑橘类也不适于 0℃贮藏，蕉柑和甜橙的贮藏适温分别为 7℃～9℃和 3℃～5℃等。而产于北方的少数水果，如某些苹果和梨品种，对

0℃左右的低温或是急剧降温也很敏感。有些国家或地区生产的旭、橘苹、红玉等苹果,在-1℃~0℃贮藏会引起生理失调而产生低温伤害,如果肉褐变等。这些品种适宜贮藏温度为2℃~4℃。鸭梨对急剧降温非常敏感。另外,石榴、哈密瓜贮藏温度也不宜过低。

不同水果冷害症状有所不同。归纳表现为:果面凹陷、变色,果心、果肉褐变,异味,风味变淡,不能正常后熟,产生腐烂等症状。产生冷害的果实转移到高温处后,冷害症状更为明显。当然,产生冷害的程度与低温持续的时间及低温的程度有关。一些水果的冷害临界温度及冷害症状见表5-3。防止果实低温伤害最有效的办法是控制适宜的贮藏温度。

**表5-3 一些水果的冷害症状**

| 种类 | 冷害临界温度(℃) | 冷害症状 | 种类 | 冷害临界温度(℃) | 冷害症状 |
|---|---|---|---|---|---|
| 香蕉 | 11~12 | 果皮出现褐色条纹,延迟成熟甚至不能成熟,中心胎座变硬 | 菠萝 | 6~10 | 果皮变褐或呈暗灰状,果肉水浸状,风味不正常 |
| 荔枝 | 0~3 | 果皮褐变,内果皮水浸状 | 鳄梨 | 5~12 | 果皮出现凹陷斑,果肉和维管束褐变 |
| 龙眼 | 2 | 果皮褐变,内果皮水浸状 | 番木瓜 | 7 | 果皮出现凹陷斑,果肉水浸状 |
| 芒果 | 5~12 | 果皮变褐,不能正常后熟,味淡 | 桃 | 0~2 | 果皮水浸状,果心褐变,果肉味淡 |
| 柠檬 | 10 | 果皮出现凹陷斑,外心皮壁褐变 | 哈密瓜 | 2~3 | 果皮出现水浸状褐色斑块,表皮腐烂 |

注:哈密瓜为中早熟品种

(2)冻害　冻害是指在低于果实冰点温度以下,果实组织冻结而变成透明或半透明状。理论上所有水果均可发生冻害。但是,由于南方热带、亚热带水果贮藏温度多数在0℃以上,只要管理得当，一般不会发生冻害，所以冻害主要针对北方水果。不同水果抗冻能力不同。桃、李、杏等一旦产生冻害，多不能复原。而有些水果如苹果、部分梨等，若受冻时温度不是很低，持续时间不是太长，经过缓慢升温，一般可复原。但果实冻结后不能翻动，更不可时冻时化，否则不能复原，回温后变褐和发软，继而腐烂。

**2. 高温伤害** 水果贮运温度过低会产生低温伤害。同样，高温也会引起各种不良反应。如香蕉，环境温度高于28℃果皮不能转黄，呈现青皮熟。

**3. 湿度失调** 贮藏环境湿度过低，会引起多数水果失水皱缩，有些还会发生明显的生理病变。如荔枝等湿度过低会促使果皮褐变等。香蕉在相对湿度低于80%时，果实无呼吸跃变，不能正常后熟，果皮失水严重，失去鲜亮的光泽。同样，湿度过高也会诱发生理病害。如柑橘的枯水病在相对湿度达90%以上发病严重，葡萄在采后贮藏过程中若湿度饱和，有些品种如晚红、秋黑等容易产生裂果等。

**4. 气体伤害** 气体伤害类型较多。生产实践中，主要有二氧化碳伤害、低氧伤害、乙烯伤害以及二氧化硫、氨气造成的伤害等。

(1)二氧化碳($CO_2$)伤害 水果采用气调贮藏时，若气调库或塑料薄膜袋(大帐)中二氧化碳浓度过高，均可能产生伤害，尤其是对二氧化碳敏感的水果。不同水果种类和品种产生伤害的阈值大不相同。草莓、樱桃、龙眼、部分苹果品种等对二氧化碳忍耐力较强，而柑橘、梨、富士苹果、鲜枣等对二氧化碳较为敏感。二氧化碳伤害常见的症状：①果皮变暗或褐变、凹陷；②果肉、果心褐变，果肉硬(苹果、软肉梨等)或极易软化(鲜枣等)；③异味或风味变淡；④不能正常后熟或不能后熟，常见于软肉梨、猕猴桃、香蕉等。部分水果二氧化碳伤害症状见彩图。

(2)低氧($O_2$)伤害 气调贮藏中，低氧伤害往往与高二氧化碳伤害相伴而生，二者症状不易区分。国外苹果、梨等气调贮藏目前多采用低氧、低二氧化碳贮藏或低氧处理后再常规气调贮藏。我国苹果多数采用高二氧化碳贮藏，尤其是薄膜袋或大帐贮藏（苹果双变气调贮藏），因此二氧化碳伤害较为常见。

(3)乙烯（$C_2H_4$）伤害　乙烯主要是促进果实呼吸，加速果实衰老。乙烯作为果实催熟剂，若使用不当会造成果皮变暗变褐，失去光泽，出现斑块、软化腐烂等病状。如香蕉等。

(4)二氧化硫（$SO_2$）伤害　二氧化硫常用于库房消毒以及葡萄等水果的防腐保鲜。若使用剂量过大，会使果实漂白变色进而褐变，产生异味（硫味）。葡萄果实伤口和果蒂部位首先表现出该症状，然后扩大到整个果粒，严重时整个果穗，包括穗梗和果柄均被漂白。其他水果是通过皮孔侵入，皮孔周围果皮及果肉漂白、坏死、失水干缩。二氧化硫一般只用于葡萄等的防腐保鲜和荔枝、龙眼等果皮护色处理。多数水果对其极为敏感，应谨慎使用。

(5)氨（$NH_3$）害　使用氨制冷系统的库房，库房内若氨液发生泄漏，则会产生伤害。其症状主要为果皮变色和产生坏死斑。如葡萄发生氨害后，果皮变成蓝色或浅蓝色，之后果皮、梗柄褐变。

**5. 衰老**　衰老是果实生理变化的过程，所有水果随着贮藏时间的延长均会产生衰老现象。如果贮藏温度偏高，则会加速衰老。其症状主要为：①果皮开裂（苹果等），容易剥离（如丰水梨等）；②果肉变软、变绵、变沙；③果肉纤维素和木质素增多，品质劣变；④严重衰老时果肉褐变，呼吸降低或停止；⑤果皮变暗或褐变。苹果虎皮病和梨的黑皮病等可能就是衰老的一种表现，因为采用抑制果实衰老的方法如气调或乙烯抑制剂（1-MCP），在同样的贮藏期内可以抑制（气调贮藏）甚至消除（1-MCP 处理）苹果虎皮病或是梨的黑皮病。只要适时采收，及时预冷，保持合理的贮藏条件，贮期适当，衰老就不会成为问题。

**6. 采前因素不当造成或容易诱发的伤害**

(1)营养失调产生的伤害　引起果实营养失调的因素是多方面的，营养失调对果实的影响也是多方面的。过多施用化肥尤其是氮肥，或土壤中缺磷、钾肥，修剪不当，灌水过多，都会造成果实品质下降，风味变淡，含糖量降低，贮藏中易发生多种生理病害。施氮肥过多，果实中钙素营养不足，果实易衰老，苹果易产生虎皮病、苦痘病等，梨果则易得黑心病等。河北省石家庄果树研究所多年研究证明，鸭梨果实黑心病的发生与树体的钙素营养水平，特别是果实含钙量及氮、钙比有关，土壤中增施钙肥或果实生长期喷钙，可明显降低发病率。刘杏访等(1996)研究表明，生长后期(8月下旬)大量灌水的鸭梨，其果实黑心率比对照高30%～40%。

另外，果实生长发育期间气候异常，如温度过高或过低，降雨过多或是过于干旱，光照不足等，都会直接或间接影响树体的营养平衡，引起多种生理病害。如苹果虎皮病、苦痘病，梨的黑心病等。

(2)*采收成熟度不当造成的伤害*　用于贮藏尤其是长期贮藏的果实，采收过早或过晚，贮藏期间都会出现一些生理病害。如苹果采收过早，易发生虎皮病，采收过晚又容易产生水心病等。采收过晚，软肉梨易软化、衰老、腐烂，脆肉梨对二氧化碳敏感程度增强，黑心、黑皮等生理病害和腐烂率明显增加。

### (二)生理病害病因分析与控制

对于果实生理病害的控制，要根据情况分别对待。采后因贮运条件不当引起的生理病害，如低温伤害、气体伤害、湿度不当等，果实一旦产生病状，多数不可恢复，主要是加强贮藏管理，以预防为主。采前因子不当造成或容易诱发的生理病害，病因较为复杂，有直接因素，但多数为间接影响，只要栽培管理措施得当，尤其是做到平衡施肥、合理灌溉、合理修剪等，一般不会引起大范围的生理病害。生理病害都有明显的症状，如皮色、果肉颜色、硬度的变化等。只要经常检查，采后不当因素造成的病害一般可以避免。检查的方法，归纳起来主要是：一看、二闻、三解剖。

**一看**　主要是看果实的表皮形状及颜色。例如，果皮变暗、褐变或漂白，不能正常转色(香蕉、鲜枣等)或凹陷等。产生的原因主要有以下几种：一是贮运温度过低；二是气调贮藏氧气浓度过低或二氧化碳浓度过高；三是催熟时乙烯浓度控制不当或果实衰老（果皮发暗，苹果等的果皮开裂）；四是二氧化硫防腐剂使用不当（葡萄防腐剂使用量过大或袋内湿度过大）或不该使用。根据上述情况结合贮藏或处理的方式不难判断出发病的原因。苹果等采用气调贮藏时，如温度过低，还容易诱发二氧化碳伤害和低氧伤害。

**二闻** 气调贮藏，尤其是塑料小包装或大帐等，袋内氧气浓度过低或二氧化碳浓度过高，打开包装后有乙醇气味及"碳酸汽味"等。有些水果若贮藏温度较高，容易衰老，并释放出或浓或淡的果香味。至于二氧化硫伤害和氨害，气味比较特殊，容易判断。

**三解剖** 上述症状不明显或怀疑有生理病害时，可切开果实观察果肉颜色判断。如果心、果肉褐变，果肉水浸状，果肉纤维增多、异味、味淡，果肉硬（苹果、软肉梨等）或极易软化（鲜枣等），不能正常后熟或不能后熟等，产生的原因主要是贮运温度过低，或气调贮藏氧气浓度过低或二氧化碳浓度过高。另外，贮期过长，也会出现上述部分症状，如果肉变软、变绵、变沙，纤维、木质增多，品质劣变、果肉褐变等。可根据贮藏或处理的方式做出判断，提出解决的方法。

采前因子不当等造成或容易诱发的生理病害，如苹果虎皮病、苦痘病，梨黑心病、黑皮病等，病因较为复杂，有直接因素，但多数为间接影响。采后防治须与采前防治相结合才能达到较好的效果。采前主要是平衡施肥、合理灌溉、合理修剪、适时采摘等，采后可用药剂进行处理。采前采后用氯化钙处理可在一定程度上防止苹果苦痘病、梨黑心病的发生。采后用气调贮藏或结合化学药剂处理（DPA 或 1-MCP 等）可防治苹果虎皮病、黑皮病等。一些植物生长调节剂如 2,4-D 等，用于柑橘贮藏，可抑制果蒂产生离层，保持底部青绿饱满、不脱落。再如，柑橘采前或采后采用赤霉素处理，可减少贮藏期间枯水病的发生。

## 三、采后害虫及虫害防治

相对于病害来讲，虫害对采后水果的影响相对较小。但对于一些特定的水果，如板栗等，虫害对果实的影响还是很大的。虫害除影响水果的食用价值和商品价值外，还会因虫咬伤引起微生物病害。有些害虫会严重影响水果进出口贸易，如桃小食心虫、苹果小食心虫、柑橘大实蝇、柑橘小实蝇、地中海实蝇等，都是我国对外的检疫对象。另外，害虫的扩散会危害其他地区植物的正常生长。虫害防治的重点在采前。但害虫潜入果实，不易被发现，采后会继续为害。水果采后防治虫害的方法主要有以下几种。

### （一）低温处理

低温处理可用于控制一些害虫。目前主要用于控制果蝇等害虫。要求在0℃以下处理 10 天，或 1.7℃以下处理 14 天，因此这种处理适用于那些能够忍受长期低温贮藏的水果，如苹果、梨、葡萄、猕猴桃及柿子。对于冷藏处理前已包装的产品，处理时必须遮盖包装的通风孔，防止害虫的扩散。有些国家如美国，要求进口荔枝必须在 1.38℃以下连续处理 14 天以上，目的是杀死荔枝蒂蛀虫。但这样的低温可能会对荔枝产生冷害。

### （二）热水浸泡或热空气处理

热水浸泡或热空气处理可直接用于控制采后的害虫。热空气处理一直作为地中海实蝇的检疫处理方式。如芒果，根据果实大小，采用 46.4℃温度处理 65～90 分钟，可有效控制墨西哥果蝇。香蕉在 52℃热水浸泡 20 分钟，可控制柑橘小实蝇和地中海实蝇。果实热处理后不能立即进行其他处理。经热处理后的新鲜产品，应使用冷水喷淋或强制冷空气冷却，使产品在完成热处理后尽快恢复到它们的适宜温度。

### (三)药剂熏蒸处理

一般常用二硫化碳或溴甲烷或等在密闭的环境中进行熏蒸处理。如板栗贮藏期间的主要害虫为栗实象鼻虫(栗实象甲)等。被害栗果易霉烂变质,影响贮藏。防治方法可采用二硫化碳或溴甲烷在库房或塑料帐内密封熏蒸。二硫化碳用量20克/米$^3$,熏蒸20小时;溴甲烷用量40~60克/米$^3$,处理时间为3.5~10小时。

### (四)天然杀虫剂

一些植物可做天然的杀虫剂用于水果的贮运。如将木薯的叶片做包装材料衬垫于包装盒或袋中,可以保护采后产品免受虫害。一般认为,是叶片中释放出对昆虫有毒害作用的氰化物。另外,还有生物防治方法。

# 第六章　果品贮藏方式及其管理

前五章主要从水果采后生理、采前采后因素对贮藏的影响及采后分级、包装、病虫害控制、运输与销售等方面，介绍了果品贮运及采后处理的基本原理、措施和方法等（主要是软件方面）。本章主要从工程领域（硬件方面），也就是在果实采后至消费过程中，尽可能设计一个利用物理的方法（如通风降温、机械制冷、调节环境气体成分等）来保持果品质量。这个物理的方法其核心是降低贮藏环境的温度。根据降温方式不同，果品贮藏可分为依靠自然冷源贮藏和人工制冷贮藏两类。依靠自然冷源贮藏，方式多种多样，大致可概括为简易贮藏、土窑洞贮藏、通风库贮藏等形式。人工制冷贮藏主要包括机械冷藏和气调库贮藏。

## 一、自然冷源贮藏

随着我国经济的不断发展，近年来，沿海发达地区和果树主产区为满足果品贮藏保鲜的需要，修建了不少机械冷库及现代化气调库，使果品贮藏保鲜事业有了一个很大的发展，这也是我国今后果品贮藏的主要发展方向。但是，我国目前经济发展很不平衡，对于一些经济较为落后的边远果区，水果产量不能形成一定规模的地方，由于依靠自然冷源的贮藏方式投资少、成本低、节省能源、便于管理，在果品贮藏尤其是短期贮藏中仍将发挥着重要的作用。但应该注意到，依靠自然冷源贮藏仅适合晚熟耐贮的水果（或坚果）种类和品种。如9月中下旬以后成熟的苹果、梨、柿子、葡萄、哈密瓜、板栗等。成熟越晚，外界气温越低，贮藏效果越好。9月中旬以前尤其是夏季成熟的水果，如桃、李、杏、樱桃、草莓及多数南方水果等，因无自然冷源可以利用，只宜采用机械冷藏或气调贮藏等方式。

## (一)简易贮藏

长期以来,广大果农根据当地地质地貌、气候特点和果品特性创造出多种多样的简易贮藏方式,如沟藏、窖藏、堆藏、沙藏、缸藏、冰藏、冻藏(柿子、部分秋子梨品种等)等。这些贮藏场所虽然形式各异,但其贮藏技术核心大同小异。即入贮初期加强通风换气,尽可能利用晚秋和初冬夜间自然低温冷源降低果实温度,控制腐烂;入冬后采取保温措施防止冻伤果实(冻藏除外);贮藏过程中采用喷水、薄膜或稻草覆盖以保湿度。此类方法的优点是投资少,操作简便;缺点是可贮藏的种类和品种较少,贮藏期较短,仅可用于短期或中短期贮藏。在管理得当的情况下,晚熟耐贮水果种类和品种一般可贮至翌年2~3月份。这里以沟藏为例加以说明。

沟藏在秋冬季气温较低但又不十分寒冷的地区效果较好,如山东、河北、河南、辽宁等地。常用于苹果、梨等果品贮藏。其结构和使用、管理介绍如下。

**1. 结构** 选择交通运输方便、地势平坦、比较干燥、地下水位低的背阴处挖沟。沟的方向一般要求是东西向。寒冷地区为减少冬季寒风影响,以南北长为宜。沟的深度根据各地气候条件而定。寒冷地区宜深,过浅果实易受冻,暖和地区宜浅,要求果实在冻土层以下贮藏。这样果实既免受冻,又能得到适宜的低温。一般地沟深度以80~100厘米为宜,宽度为1~1.5米。贮藏量大时,用增加长度来解决。为了便于管理,也不宜过长。沟挖好后,制作一片大于沟长和宽各20厘米、厚10厘米的稻草帘,以备保温用。

**2. 贮藏管理** 在果品入贮前1周内,将挖好的沟进行预冷。方法是夜间揭帘,使沟内温度降低,白天把草帘盖严。常用沟藏法有装袋沟藏法和普通加沙沟藏法。欲贮藏的水果必须完好,无大面积碰伤,无病虫害。

装袋沟藏法适用于苹果等水果。苹果贮藏选用0.05毫米厚聚乙烯或无毒聚氯乙烯保鲜袋(对二氧化碳敏感的品种如富士苹果,需采用打孔袋贮藏),每袋容量以 15~20 千克为宜。挑选后装袋放于阴凉处,经过 1~2 天夜晚冷凉,于早晨封袋入沟贮藏。如在早晨采收时可随时装袋,立即贮藏。普通加沙沟藏法,贮藏前先在沟底铺一层 6~10 厘米厚的细沙,沙子的水分要适中,不能过湿,以保证果品贮藏期的适宜湿度。沟内果品堆积高度一般为 60~70 厘米。每隔 2~3 米长用秸秆或木板隔开,以利通风。

贮藏前期为充分利用当地夜晚低温,白天将沟盖严,防止沟内气温回升,夜晚敞开草帘,使沟内继续降温。当沟内温度降至 -2℃时,用塑料布将果品盖上,即可将地沟用土完全封严。随着气温逐渐降低,覆盖物也要逐渐加厚,直到盖足为止。覆盖物有秸秆、土等。有鼠害的地方,要在预冷和贮藏期加强防鼠。雨雪比较多的地区,还要做好排水工作。

沟藏法因受地域和季节的影响,贮藏期较短。到春季气温回升时,沟内温度也会逐渐回升,当温度超过 10℃时,须停止贮藏立即出沟销售,否则果品腐烂率将会上升。沟藏的贮藏期一般为 4~5 个月。

## (二)土窑洞贮藏

利用土窑洞贮藏水果(主要是苹果、梨),是我国陕西、山西等西北部地区传统的贮藏方法之一。根据窑型不同,土窑洞可分为大平窑、主副窑、子母窑、地下式砖窑、双窑以及利用窑洞原理改造的防空地道等多种形式。虽然形式不一,但设计原理都是在结构上使其通风合理,尽量充分利用高原自然低温尤其是夜间低温冷源降低窑温和果实温度,利用深厚的黄土层积蓄足够冷源,保持并稳定窑温,延长果实贮藏寿命。这里主要介绍大平窑的结构设计和管理,其他类型可参考。

**1. 土窑洞结构** 大平窑是在居住窑洞的基础上改造的。即把向阳、短小、无通气孔和窑门结构的住房式窑洞,改造成为窑口向北(阴坡)、缓坡向下、深入地下、加长窑(30米以上)、窑身后部设通气孔、窑门设缓冲带的自然通风库。而且由一般靠崖打洞发展成平地打洞和防空地道等地下窑洞,以及带侧窑(子母窑)的“非”字形和梳子形窑洞、机械冷风窑洞等。有的由一般土窑洞发展为砖窑洞,如陕西关中一带砖砌的地下窑洞。其结构示意图见图6-1。经过改进的大平窑主要由窑门、窑身和通气孔三部分组成。

(1)窑门　为有利于冷空气进入和不受阳光直射,窑门应向北或西北。窑门宽1~1.4米,高约3米,进深4~6米。门设两道,一道为铁网栅栏门,供通风防鼠用,一道为保温门。

(2)窑身　宽2.5~3米,高约3米,进深30~50米。窑身顶部呈拱形。为有利于外界冷空气的导入和窑内热空气的排出,窑身顶部由窑口向内缓慢降低,比降为0.5%~1.0%。窑顶的最高点在窑门外侧,窑底和窑顶倾斜平行。为使窑内温度保持稳定和窑洞的坚固,要求顶部土层厚度不小于5米。

(3)通气孔　设于窑身后部。下口内径1.0~1.2米,上口内径0.8~1.0米,高约15米。通气孔高度(从窑的顶部算起)为窑身长度的1/3~1/2。如通气孔不便加高,或者是直径不够,可在通气孔处安装直径30~50厘米的轴流风机。利用轴流风机强制排风可大大加快通风降温速度,提高贮藏效果。

**2. 土窑洞的管理**　由于窑洞依靠自然冷源降温,能否及时、充分并最大限度地利用外界自然低温是窑洞贮藏成败的关键。

(1)秋季管理　果实入贮前后,应充分利用晚间低温和寒流影响,在外界温度低于窑温时打开窑门和通气孔(装有轴流风机的,可打开风机强制通风),充分通风换气,以利于迅速降低窑温和窑内土温,直到窑温降到-1℃~0℃为止。裸果贮藏时,贮藏过程中注意经常在地面洒水以增加湿度;采用塑料袋、帐贮藏时,贮藏期间不用增湿。地面洒水除保湿外,由于水分蒸发,还有助于降温。

(2)冬季管理　当窑温降到0℃~1℃时,应尽量保温。以不

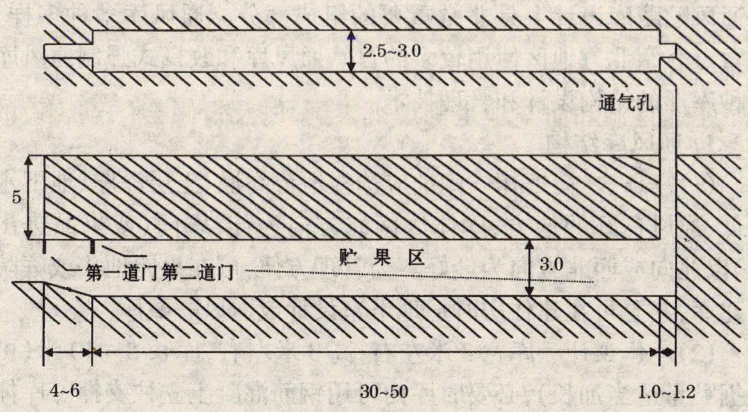


**图 6-1 大平窖结构示意图** （单位:米）

冻、不升温为原则,适当通风换气,使窖内土层更多地积蓄冷量。但外界冷空气经过门道进窖后应不低于 -2℃。为防止靠近窖门的果实受冻,应予覆盖,并利用门上方的气孔进行小循环,继续排热。冬季窖内温度保持在 -1℃ ~ 0℃的时间越长、窖内低温土层越厚,窖温越稳定,春季回温越慢。

(3)春季管理　管理方法与秋季相同。但必须严格控制窖门和通气孔。不通风时一律关闭,以延长保冷时间。此时窖温变化主要是受土温的影响。有条件的地方,可在窖内积雪或冰,对保持窖内低温有明显作用。

(4)果品出窖后管理　应及时将窖内外打扫干净,封闭门窗和通气孔,尽量减少外部高温对窖内的影响。

土窑洞和下面介绍的通风库,依靠自然冷源通风降温,发挥作用的时期仅限于秋末至初春,一般可用于中短期贮藏使用。中长期贮藏的果品,应采用机械冷藏库或气调库贮藏。

## (三)通风库贮藏

依靠自然低温调节果库温度的半地下式或地下通风贮藏库,是我国华北北部、东北等水果主产区重要的贮藏场所。通风系统在通风贮藏库设计上是非常重要的组成部分。通风库多种多样，现重点介绍北方地区使用较多的自然通风库和改良式强制通风库两种库形的结构设计和管理技术。

**1. 通风库结构**

(1)库址、库向选择　库址应选择地势高燥、土层深厚、地下水位低、通风良好的地方，库体以南北方向为佳，库门(或果品进出口)以北向或西北方向为最好。为管理方便，可在果园地头或庭院内建库，甚至可在建住房时把地下室设计成通风贮藏库。

(2)库体设计　库宽3米左右，高3米左右，库长5~10米(可根据贮量适当加长)，必要时库内可用钢筋混凝土立柱支撑。库体以半地下(或2/3地下)或全地下较为科学。地下式适合北方庭院和冬季严寒地区，半地下式是华北和辽宁等地普遍采用的一种类型。库壁以砖或石头砌成，库顶可做成拱形或平顶，库内地面铺一层新砖或铺一层沙，另外，地面设渗水井或渗水槽。库体顶部及其他裸露部分，可用土或炉灰渣做保温层。保温层厚度应在50~80厘米或更厚一些。

①半地下自然通风库　小型库通常在库四角设进风口(导气筒)，大型库在库两侧设两排进风口。进风口下部直通入库底，上部应高出库顶地面10~20厘米。在库顶中部设出风口。出风口高出库顶地面0.8~1.0米(高度越高，通风效果越好)，依靠自然循环进行通风(图6-2)。进出风口的数量和截面大小，根据库体大小而定。库体越大，进出风口的数量越多，截面越大。一般1万~1.5万千克(库容50~75米$^3$)小库，可设直径为30厘米左右的进风口4个，库顶中上部设长、宽各50~60厘米的出风口1个。进出风口均设防鼠铁筛网或活动盖板。库门设在靠北一侧。为进出方便，库门进出通道可做成斜坡或阶梯形。在辽西地区，也有的把出风口(略高于地面)兼作通风库入口，靠梯子出入果窖。

②改良式(半地下)强制通风库　普通通风库设计大都利用进出风口的高差产生的气压差进行自然通风，通风效率较低，在实际

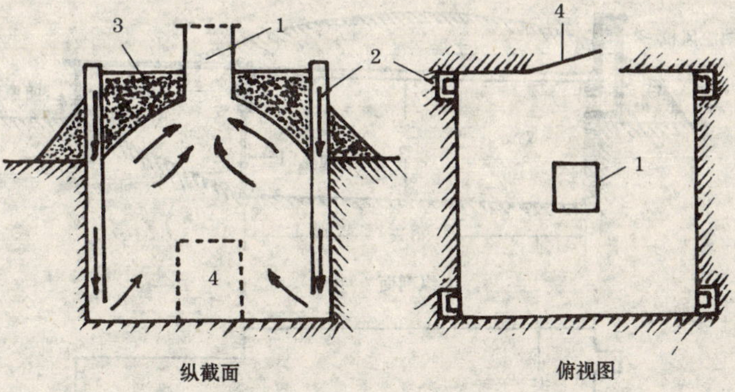


**图 6-2　小型自然通风库(半地下)示意图**

1. 出风口　2. 进风口　3. 保温层　4. 库门

应用中往往出现入贮初期降温慢、时间长,果品采后不能及时入库,贮藏中期值寒冬季节,由于进出风口较多,保温差,容易冻伤果实,造成很高的腐烂损耗。改良式强制通风库是在原有半地下式通风库的基础上加厚保温层,只保留 1～2 个排风口(安装轴流风机),以门作为进风口,将自然通风方式改成轴流风机强制排风,充分及时地利用自然冷源,使通风库中的果品更快地降至适宜的温度,贮藏效果大大提高。据中国农业科学院果树研究所观察测定,改良式强制通风库库温降至 0℃的时间,比普通通风库提前 25 天。翌年 3 月中旬气温回升,改良库库温升至 0℃以上的日期较普通通风库延迟 10～15 天,直到"五一"库温仍可稳定在 5℃左右。

该型库以库门作为进风口,设两道门,一道为铁筛网通风门兼起防鼠作用,一道为防盗门或保温门(在通风门外侧)。库门入口处修成斜坡道或阶梯形,便于进出和管理。在库门对面墙壁上部设排风口,安装轴流风机。注意风机外侧必须有安全防护罩,以防工作时风叶伤人。此类型库如设计成全地下夹套库,利用夹套通风、蓄冷甚至蓄冰,库温更稳定,贮藏效果更好,但投资有所增加。见图 6-3。

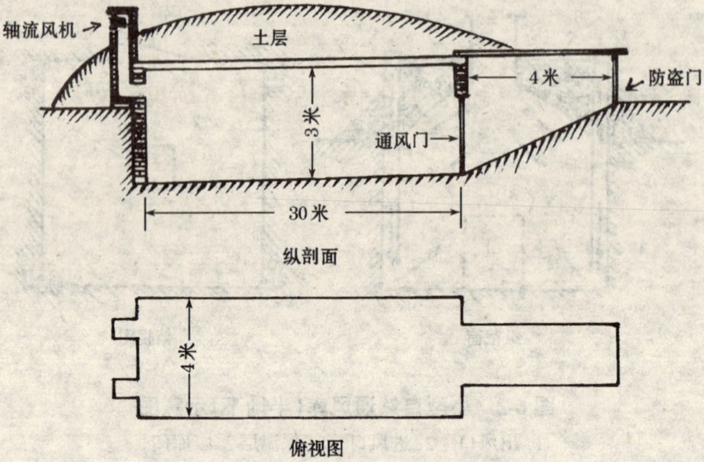


**图 6-3　改良式(半地下)强制通风库示意图**

**2. 通风控制系统**　采用空气自然压差通风,进出风口的数量、面积大小及进出风口的高差是影响库内通风降温效果的关键。使用轴流风机强制排风换气,降温速度快,能充分利用春秋夜间短暂而有效的冷源是该库最大的优点。风机的大小以每小时排风量为库容积的 10~15 倍为宜。另外,轴流风机可与电子温度控制仪配套使用,根据库内外温度变化,自动控制风机的运转来调控库温,管理使用十分方便。

**3. 通风库的管理**

第一,充分利用自然冷源来控制和调节库温。凡库内温度高于库外温度时,打开库门和风机(自然通风库打开进出风口、库门)进行通风降温。当库内温度降至 -2℃~0℃时,即可停止通风降温。

第二,每次通风降温停止后,应及时关闭库门及通风口,防止库内外冷热空气交换。

第三,采收后入贮的果实,应先在库外经一夜预冷,第二天早晨日出前再入库(自然通风库贮藏,需在库外阴凉处存放至立冬前后入库)，或早晨采收，采后立即入库。通风库在北方主要用于晚熟苹果和晚熟品种梨的贮藏。苹果最好采用塑料薄膜袋贮藏，这样贮藏效果会大大提高。具体做法见第七章苹果一节。

第四，当库外气温低于 - 5℃进行通风降温时，靠近通风口的果箱(筐)要用席子、草帘或麻袋加以遮盖，以防水果被冻伤。贮藏期间库内温度保持在 - 1℃ ~ 0℃。裸果贮藏，应根据需要及时洒水加湿。

第五，春季气温回升时，只有在库外温度低于库内 2℃以下时才可通风，否则应关闭所有通风口。

第六，随着气温的继续回升，果品应及时出售。果品出库后，应及时将库内外打扫干净，封闭门窗、通气孔，尽量减少外部高温对库内的影响。

## 二、人工制冷贮藏

### (一)机械冷库贮藏

机械冷藏是当今世界上应用最为广泛的果品贮藏方式。它与土窑洞和通风库等靠自然冷源的贮藏方式相比，不但可以满足不同果品对温度的不同需要，并且受外界环境温度的影响较小，可以全年使用，果品贮藏时间也大大延长。冷库贮藏需要有良好隔热、防潮效能的库房和机械制冷设备。根据不同果品对不同贮藏温度的要求，通过电能带动制冷机械设备的运转(人工制冷)达到控制库内温度的目的。现代化的冷库已实现温、湿度自动化精确控制和果品入贮、管理机械化、规范化操作。近 20 年来，随着果品产量的不断提高和冷藏技术的推广，冷库建设发展迅速。在有些地区，如河北鸭梨产区、辽宁葡萄产区、山东沿海一带以及大城市周边等地，机械冷藏已成为果品贮藏的主要方式。但应当看到，从全国范围来讲，果品冷藏占我国果品生产总量的比重依然较低。

**1. 冷库的类型及其构成**

(1)冷库的类型

①按照库容的大小分　冷库大致可分为:大型冷库(1万吨以上),大中型冷库(0.5万~1万吨),中小型冷库(0.1万~0.5万吨),小型冷库(0.1万吨以下)。在我国,用于果品贮藏的冷库多为0.5万吨以下的中小型和小型库。近年来,由个体户投资兴建的冷藏库多数为0.1万吨以下的小型冷库。其中,数十吨的微型冷库所占比例不小。

②按照产品对贮藏温度的要求不同分　冷库可分为高温库(0℃左右)和低温库(-18℃以下)两类。用于新鲜果品贮藏的冷库为高温库。低温库用做速冻果蔬和肉制品的低温冻藏。

③按照库体建筑形式分　可分为土建式冷库(砖混结构)和装配组合式冷库,随后予以详述。

(2)冷库的构成　冷库由具有保温防潮功能的库房和机械制冷系统两大部分组成。现代化的冷库还具有温、湿度自动检测和控制系统。果品贮藏冷库的构成见图6-4。

**2. 冷库结构和设计**　果品冷藏库与普通储藏库的主要不同之处是在四周墙体及库顶、地面内侧必须有保温隔热层和防潮层(防止隔热层受潮,以免降低隔热效果),其目的是减少库内外之间的热量传递,减少有温差存在的相邻库房之间的热传导等。这里重点介绍冷库建筑面积的相关计算、选址和隔热层、防潮层的结构设计等。

(1)冷库建筑面积的确定　冷库所需建筑面积的大小,需要根据贮藏产品的数量及库内的码垛形式来确定。在已知贮藏量的情况下,可以根据下列公式计算出冷库建筑面积(该计算方法同样适用于装配组合式冷库)。

$$F=\frac{G}{\eta\gamma H}$$

式中　$F$——冷库建筑面积(米$^2$)(不包括穿堂面积)

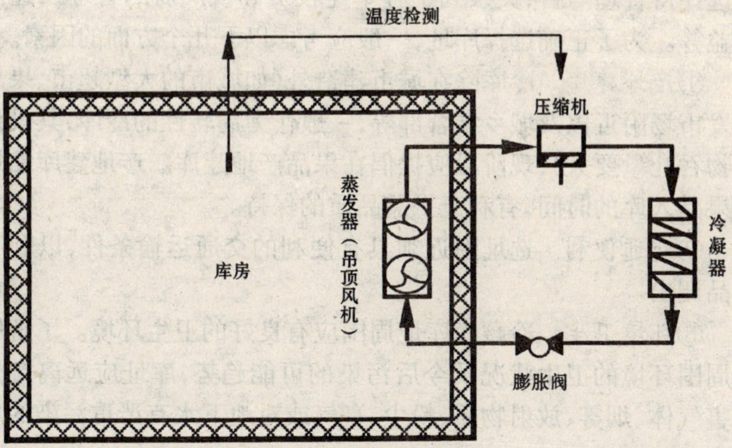


**图 6-4　果品冷藏库示意图**

$G$——库容量(吨)

$H$——有效堆货高度(米)[$H$ = 冷库净高度(米) - 0.1 米(垫木高度) - 0.5 米(货垛距库顶距离)]

$\eta$——有效堆货面积利用系数(大型冷库为 0.75,中型冷库为 0.73,小型冷库为 0.70)

$\gamma$——果品平均单位容重(吨/米$^3$)(箱装鲜果通常为0.30~0.34 吨/米$^3$)

例如:拟建一座库容量为 100 吨的果品单层小型冷库,库净高 4.0 米。已知 $\eta = 0.70$, $\gamma = 0.34$,垫木高度 0.1 米,货垛距库顶距离 0.5 米。根据上述公式可计算出该库的建筑面积($F$)。

$$F = \frac{G}{\eta\gamma H} = \frac{100}{0.7 \times 0.34 \times (4 - 0.1 - 0.5)} = 124 \text{ 米}^2$$

果品贮藏库通常采用单层建筑。虽然同样容量的库房增加高度(一般净高 2.5~5 米)比增加建筑面积更经济,但高度较高需要增加必要的设备来配合操作,如叉车等。

(2)库址的选择　砖混结构(土建)的冷藏库是永久性建筑,库址选择得合理与否,关系到工程基建投资和投产后的管理及经济效益等。为了正确选择库址,一般应考虑以下几个方面的因素。

①产地建库　冷库除在城市建造外(如城市的大型超市、果品批发市场附近以及城乡结合部等,一般作为周转性的冷库,其设计货物吞吐量要大),现阶段应提倡在果品产地建库。产地建库缩短了果品入库的时间,有利于果品品质的保持。

②交通便利　选址附近须具有便利的交通运输条件,以利于果品调出。

③环境卫生　冷藏库库址周围应有良好的卫生环境。了解库址周围环境的卫生状况及今后污染的可能趋势,库址应远离产生有害气体、烟雾、放射物质、粉尘、臭气或对地下水有严重污染的厂矿企业。

④地形地质　选址时应对地形、地质情况如洪水位、地下水位等进行调查或必要的勘测分析,以防产生沉降、塌陷、水淹等事故。

⑤电力供应　冷藏库需要有可靠、稳定的电源。应力求缩短新建高压输电线路至电源接点的距离。多数制冷设备需要 380 伏的工业用电。

(3)隔热层及隔热材料　果品冷藏库要求维持恒定的温度,多数果品贮藏温度在 $-1℃\sim13℃$ 的范围。夏季冷藏库是"内冷外热",冬季则是"内热外冷",为了维持要求的温度,冷库四周墙壁、顶棚及地面必须进行隔热处理,即设置隔热层。隔热层的厚度、材料选择、施工技术等,对冷藏库维护结构的质量及保温效果均有一定影响。

①冷库隔热层的基本要求　要有足够的厚度,使透入冷库的热量符合允许的限度;整个冷库的隔热层不应间断,以防产生"冷桥";要求有足够的防潮能力;不易燃烧,或者有防火设施;能防止虫、鼠类的侵害。

②常用隔热材料　常用隔热材料隔热性能见表 6-1。

**表 6-1　冷库常用隔热材料特性**

| 材料名称 | 容重(γ)<br>(千克/米³) | 导热系数(λ)<br>[千卡/(米·小时·开氏度)] |
|---|---|---|
| 聚苯乙烯泡沫塑料 | 20~50 | 0.025~0.04 |
| 聚氨酯泡沫塑料 | 40~50 | 0.02~0.025 |
| 聚氯乙烯泡沫塑料 | 45 | 0.037 |
| 稻　壳 | 135~160 | 0.07~0.08 |
| 软木板 | 150~250 | 0.045~0.06 |
| 沥青渣棉毡 | <120 | 0.04 |
| 沥青玻璃棉毡 | ≤80 | 0.035 |
| 矿渣棉 | 150 | 0.04 |
| 加气混凝土 | 400 | 0.08 |
| 泡沫混凝土 | <400 | 0.13 |
| 膨胀珍珠岩 | <80 | 0.04 |
| 膨胀珍珠岩 | 81~150 | 0.04~0.05 |
| 膨胀珍珠岩 | 150~250 | 0.05~0.065 |
| 沥青膨胀珍珠岩块 | 300 | 0.07 |
| 沥青膨胀珍珠岩现场铺压 | 160 | 0.05 |
| 炉　渣 | <800 | 0.15~0.20 |

聚苯乙烯泡沫塑料:它是用颗粒状聚苯乙烯树脂为基料加发泡剂(丁烷或戊烷),并用水蒸气加热形成具有无数微小气孔的发泡小球,在常压下进行热化,然后在模具中进行加热,便融合成硬质泡沫塑料板。在制造过程中加入阻燃剂、自熄增效剂、抗氧化剂和紫外线吸收剂等。其特点是质轻,导热系数小,隔热性能好。

聚氨酯泡沫塑料:是近年来使用较多的一种新型隔热保温材

料。它的优点是容重和导热系数非常小,而且强度高,吸水率低,耐低温,抗酸碱,且抗压强度高,可在常温下现场发泡后喷涂或浇灌成型。它是用聚醚树酯与多元异氰酸脂在催化剂、稳定剂、发泡剂等作用下,经发泡反应而制得闭孔型泡沫塑料。

软木板:它是一种优良的隔热材料。具有抗压强度高、无毒、容重小、导热系数小、富有弹性和不易腐烂等优点。缺点是会被鼠咬虫蛀,价格较高。

稻壳:是稻谷的外皮,又称砻糠。价格便宜,取材方便,具有较好的绝热性能。在小型冷库或为节省资金的情况下可以选用。但必须干燥,愈干愈好。

膨胀珍珠岩:珍珠岩是一种酸性的玻璃质熔岩,因具有珍珠球形裂纹而得名。珍珠岩经高温焙烧体积膨胀 8~30 倍而成膨胀珍珠岩,化学成分主要是二氧化硅和三氧化二铝。它具有容重小、无毒、无刺激、不霉烂、不燃烧、抗冻性好、资源丰富、价格低和施工方便、安全等优点。

稻壳、膨胀珍珠岩在过去冷库建设中主要用于冷库阁楼、外墙、内墙隔热层。炉渣用做冷库地坪隔热材料。近年来,随着化学工业的发展,苯板和聚氨酯等泡沫塑料由于具有隔热性能好、相对密度小、吸水率低、容易施工等优点,目前采用较多。采用这两种材料保温,在库内外温差小于 40℃的地区,一般外墙和地坪保温层 10 厘米厚、内墙 5 厘米厚、库顶 15 厘米厚即可达到良好的保温效果,但保温材料要达到一定密度(苯板不低于18~20 千克/米$^3$,聚氨酯不低于 35~40 千克/米$^3$)。另外,在铺贴各类泡沫塑料(如苯板)及其他块状隔热材料时,应尽量整块铺贴,采用分层错缝的办法,尽量减少“冷桥”现象。

(4)防潮层及防潮材料　由于冷库内外空气中存在水蒸气分压差,空气中的水蒸气不断由高温侧向低温侧渗透,水气通过围护结构进入隔热材料中的空隙,将使隔热材料受潮而破坏隔热性能,增大导热系数。隔汽防潮层处理不当,不管采用哪种隔热材料和多大厚度,都难以取得良好的隔热效果。水蒸气长期渗透的最终结果,是导致围护结构的破坏,严重时使整个冷藏库报废。因此,在冷库建筑的设计施工中,对围护结构的隔汽防潮层应给予足够的重视。通常在隔热层的外侧或内外两侧铺贴隔汽防潮层。常用的隔汽防潮材料有沥青、油毡和塑料薄膜等。塑料薄膜一般采用0.1毫米厚的抗老化的大棚塑料膜即可。其施工简便,费用低廉。沥青、油毡一般采用"一毡二油"或"二毡三油"的铺贴方法。

南方地区的冷库,室外气温长年高于库温或与库温差异不是太大,因此应在外墙隔热层高温一侧设隔汽防潮层;而在北方寒冷地区建库,应在它的隔热层的两侧均设隔汽防潮层,一般可在外侧做二毡三油,在内侧再做一毡二油(也可在隔热层两面各铺贴一层塑料薄膜)。在做外墙隔汽防潮层时应与地面、两侧隔汽防潮层搭接。

(5)墙体隔热处理　冷藏库的外墙由围护墙(承重墙)、隔汽防潮层、隔热层、内保护层或内衬墙组成(图6-5)。围护墙体大部分是用砖砌成。当然也可采用其他建筑材料。隔汽材料可用塑料薄膜等。外墙厚度一般为240毫米或370毫米。冷藏库的内墙(非承重墙)厚度一般为240毫米。在同温库内或相邻两个贮藏间的温差小于4℃时,内墙可以不用做保温层。如相邻两库温差较大时,则需按热流方向在热侧设防潮层。

(6)地坪隔热处理　冷库地坪一般由钢筋混凝土承重结构层、隔热层、防潮层(采用炉渣隔热时应避免炉渣对防潮隔汽层的损坏)组成(图6-6)。

(7)库顶隔热处理　冷藏库顶部的外围结构,除了避免日晒和防止风沙雨雾对库内的侵袭外,还起着隔热和稳定墙体的作用。库顶隔热措施有两种:一种是在冷库屋面层上直接敷设隔热层。隔热层做在库顶上面的称外隔热,反贴在库顶内侧的称内隔热。隔热材料一般用轻质的块状材料,如软木、聚苯板、聚氨酯喷涂等。另一种是设阁楼层(图6-7),将隔热材料敷设在阁楼层内。隔热材料一般用膨胀珍珠岩或稻壳等松散保温材料。

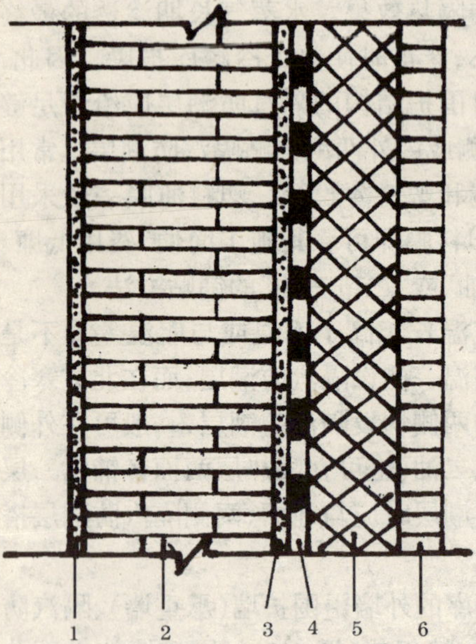


**图 6-5　冷库外墙隔热处理**

1,3. 20 毫米水泥砂浆抹面　2. 承重墙
4. 一毡二油防潮层　5. 隔热层　6. 内衬墙

(8)保温门的制作　冷库保温门可自行制作,也可购买专业公司生产的。自行制作成本较低,一般的做法是在两层木板间加放 100 毫米厚的聚苯乙烯泡沫板,或用聚氨酯发泡浇注。为了坚固结实和预防吸潮,库门可用镀锌铁皮包裹。保温门大小可根据需要来定。一般宽度不低于 1 米,高度为 2 米左右即可。

**3. 拼装式冷藏库**　拼装式冷藏库也叫组装式冷藏库或移动式冷藏库。拼装式冷藏库从几吨一直到万吨规格齐全,用户可根据自己的需要向厂家定购,并由厂家负责安装调试(厂家根据用户要求的规格配备制冷设备)。

拼装式冷藏库库体由金属构架和彩镀夹心板拼装而成,建库时只需将材料运至现场装配即可。彩镀夹心板的两个层面采用不到 1 毫米厚的涂塑镀锌钢板或铝合金板,两层之间为保温隔热材料。隔热材料为热导率很小的硬质聚氨酯泡沫塑料或聚苯乙烯泡沫塑料。

拼装式冷藏库具有气密、隔热性能好、施工方便、建筑工期短、轻巧美观、坚固耐用、可拆卸异地组装和维护简单等优点。目前在同等气密、隔热效果的前提下,还没有可与彩镀夹心板相媲美的围护结构材料。其惟一的缺点是价格有些高。随着冷藏库和气调库

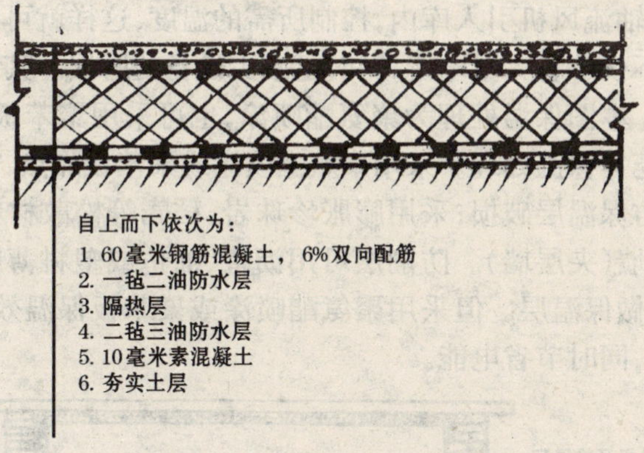


**图 6-6　冷库地坪隔热处理**

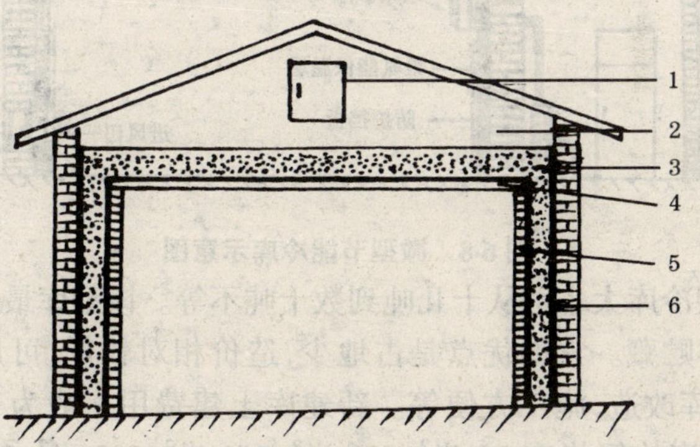


**图 6-7　阁楼式冷库隔热处理**

1. 通风孔　2. 空气层　3. 隔热层　4. 顶板　5. 内墙　6. 防潮层

需求的增多及保温材料市场竞争的加剧，相信拼装式冷藏库造价会逐渐下降。

**4. 微型节能冷库**　微型节能冷库是在我国当前一家一户生产体制下产生的贮藏方式。该型库设计简单，投资少，见效快，深受广大果农欢迎。近年来，经过国内众多科研单位的积极推广，微型节能冷库获得快速发展，在一些地区已形成规模。

微型节能冷库，当外界温度达到 0℃以下时就可以把库外自然冷源用轴流风机引入库内，控制所需的温度，这样就可以关掉制冷设备，不仅节省大量电费，同时也减少设备的磨损。其设计思路见图 6-8。本图保温处理为聚氨酯喷涂，也可采用聚苯板、膨胀珍珠岩、稻壳等保温处理。采用聚氨酯喷涂或聚苯板隔热，需要做保护层，以防保温层破损；采用膨胀珍珠岩、稻壳等松散材料时通常采用双层墙（夹层墙）。防潮层可用沥青、油毡或塑料薄膜。地面可用炉渣做保温层。但采用聚氨酯喷涂或聚苯板保温效果好，冷库降温快，同时节省电能。

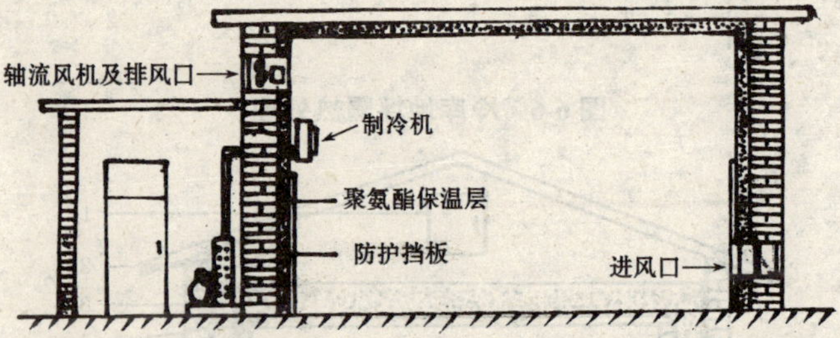


图 6-8　微型节能冷库示意图

微型冷库大小可从十几吨到数十吨不等。该型库最适宜果农家庭保鲜贮藏。它的优点是占地少，造价相对较低，可用闲置旧房、旧仓库改造，施工方便等。新建库土建费用一般为 500～800 元/米$^2$。库的规格有 80 米$^3$、120 米$^3$、150 米$^3$、200 米$^3$、500 米$^3$ 不等，根据需要而定。市场上常见的制冷设备型号选择可参考表 6-2。当然选用压缩机时必须考虑冷库的保温结构。同容积的库，保温效果好的所需压缩机功率（制冷能力）比保温差的可略低一些。

表 6-2　微型（小型）保鲜库设备选型配套表　（仅供参考）

| 设备型号 | 冷库规格（吨/米$^3$） | | | | |
|---|---|---|---|---|---|
| | 15/80 | 25/120 | 30/150 | 40/200 | 100/500 |
| 大连半封闭机组 | LCU42FJ | LCU52FJ | LCU62FJ | LCU72FJ | MCF150PJ |

续表 6-2

| 设备型号 | 冷库规格(吨/米$^3$) | | | | |
|---|---|---|---|---|---|
| | 15/80 | 25/120 | 30/150 | 40/200 | 100/500 |
| 沈阳半封闭机组 | S43 | S53 | S83 | S102 | S152 |
| 泰州全封闭机组 | GMT40 | GMT50 | GMT64 | GMT80 | GMT200 |

**5. 制冷设备的类型及选择** 根据压缩机和电动机连接的方式不同,以氟利昂为制冷剂的压缩机分开启式、半封闭式、全封闭式。氨压缩机均为开启式,氟压缩机三种形式都有。目前我国水果保鲜库使用的制冷设备,主要是这三种类型的压缩机组。

(1)开启式制冷压缩机 我国新系列开启式制冷压缩机,按气缸直径(单位为毫米)分为50、70、100、125、170五种基本系列。有些厂家根据这种系列的基本形式和结构特点设计制造总体结构相似、气缸直径为250毫米的大型多缸制冷压缩机,称其为250系列产品。开启式压缩机没有密封机壳,电动机和压缩机均暴露在外面空气中,压缩机的曲轴通过轴封装置伸出机体外面,通过联轴器与电机连接。这类压缩机靠轴封进行密封防止制冷剂泄漏。

大中型冷库较多采用氨制冷机组。同类型号的制冷压缩机,选用氨制冷剂的比选用氟利昂制冷剂的产冷量大一些,而且氨制冷剂价格比氟利昂制冷剂便宜很多。但是氨制冷剂具有毒性,而且能燃烧爆炸,泄漏后对人体有害,库内泄漏会对果实造成伤害。因此,对所有设备、部件和管件等气密性要求很高。

氟利昂是无毒无味的制冷剂,但泄漏量在空气中超过30%时(体积浓度)会引起人窒息休克。氟利昂的渗透性很强,容易从微小不严密处泄漏,所以对所有设备部件和管道连接处密封要求很高;但比氨制冷剂要安全很多。

(2)半封闭式制冷压缩机 半封闭式制冷压缩机的机体是和电动机外壳连成一体的。电动机转子直接装在曲轴的悬臂部位,不需轴封，也不需联轴器。因此，半封闭的结构紧凑，密封性能好，吸入的制冷剂通过电动机起到冷却线圈绕组的作用，从而提高了电动机的工作效率。机器所配用的润滑油泵，必须正反转均可正常供油，故一般用内齿轮型油泵。这类制冷压缩机只适用于以氟利昂为制冷剂的制冷系统。

半封闭式压缩机过去用于小型冷库。随着我国经济的发展，中小型冷库已大部分选用该机型。有的地区大型冷库也采用了半封闭式压缩机。以前，半封闭压缩机型号比较单一，我国从 20 世纪 90 年代就大量引进外资和技术生产及进口先进制冷压缩机，现有几家中外合资和引进外资、技术生产先进制冷设备的厂家，都可以生产分级容量控制的组合机组。

(3)全封闭式压缩机组　压缩机与电机直接连接，并一起装在一个焊接的密封壳体内。一般低压回气进入壳体后，先冷却内置电机，而后才被压缩。全封闭式压缩机组对电机绝缘材料耐腐蚀的要求很高。全封闭式压缩机的密封性能最好，结构更为紧凑，适用于以氟利昂为制冷剂的小型制冷系统。其价格相对较低，目前小型冷库(微型)的制冷设备大多选用此种压缩机组。

**6. 冷库贮藏管理**

(1)贮前准备　贮藏前做好库房的清扫、消毒(消毒方法见附录一中的“苹果冷藏技术 - 附录 C”)、灭鼠工作，对制冷系统性能进行检查等，并在入库前开机制冷，库温降至 0℃或适宜温度，待果实入贮。

(2)入库及码垛　果品采后应及时入库降温。贮藏包装应保证空气流通。码垛时货件之间应留有一定缝隙，垛与垛，垛与墙壁、库顶均应留有一定空间，以利于通风降温。货位码垛要求详见附录一中的“苹果冷藏技术”4.2.4 部分。货垛堆码要牢固、整齐，货垛间隙走向应与库内气流循环方向一致。

每个贮藏间原则上只能贮藏同一品种的水果。如果是两个或两个以上具有相似的耐藏特性和成熟度的品种，也可同贮在一个库间。但是,无香气的品种最好不与香气浓郁的品种混贮。

(3)中期管理　果品贮藏过程中应保持库温的稳定,变化幅度不能超过±1℃。入库初期,每天至少检测2次库温与库内相对湿度,尔后每天检测1次。直接读数或用仪器记录。在线检测要做好数据备份。库内温度的测定要有代表性,每个库房至少选3个测温点。测温仪器每个贮季至少校验1次,误差不得大于±0.5℃。库内冷点(即库内空气温度的最低点)不得低于最佳贮藏温度的下限。

多数果品水分含量大,贮藏中易失水皱皮,要求贮藏环境湿度达到90%左右。因而,库内应采用地面洒水、挂湿草帘或增设加湿器等方式增加湿度。如果采用塑料薄膜包装贮藏,库内一般不用加湿。

果品贮藏期间,库内二氧化碳浓度较高或有浓郁的果香时,应通风换气,排除过多的二氧化碳和乙烯等有害气体。通风选择在清晨气温最低时进行。也可在靠近风机的位置(回风处)放置熟石灰和乙烯脱除剂。

定期对果实外观色泽、果肉颜色、硬度、口感风味进行测评,发现问题及时处理。

(4)出库　水果出库时,若温差过大,果面易结露,影响水果品质。若出库后立即上市销售,可逐渐将库内温度提高至室外常温。如果贮前未进行分级,则根据种类、品种和品质按相应的感官标准和质量标准进行分级。

**7. 主要贮藏指标的测定**

(1)果肉硬度的测定

①目的　果肉硬度大小是判断果实成熟度和衡量果实品质、贮藏性状的重要指标之一。随着果实的成熟和贮藏期的延长,果肉硬度逐渐下降,因此可通过测定果肉硬度的大小来确定果实适宜采收期和贮藏期。如鸭梨和酥梨鲜果的硬度要求,一般不低于4.0~5.5千克/厘米$^2$。

果肉硬度(P)指水果单位表面积(S)所承受的测力弹簧的压力(N),即 P = N ÷ S,法定计量单位为帕(Pa)。过去习惯用千克/厘米$^2$ 或磅/厘米$^2$ 表示,其换算关系为 1 千克/厘米$^2$ ≈ 2.2 磅/厘米$^2$ ≈ $10^5$ 帕。果肉硬度的测定是一种物理方法,检测速度快,易于操作。

②常用类型　目前,国内常用的果肉硬度计有两种。一种是长筒式硬度计,又叫泰勒硬度计;另一种是圆盘式硬度计。不同厂家及类型的硬度计测定的数值有时差异会较大,所以测定的数值要标明所用仪器类型。

③测定方法　至少取 10 个果实,在果实胴部对应两面用小刀或削皮器薄薄削去面积直径为 1.2 厘米左右的果皮。削皮器去皮厚度和面积(均可调)大小均匀一致,速度快,使用极为方便。其原理及外形与木工所用刨子类似,可用有机玻璃板自行制作。

用泰勒硬度计(HP-30 型)测定时,将硬度计游套复原,测头垂直对准削皮处果肉,均匀用力推压至测头刻度线为止,使弹簧复原,读出游套停留位置的刻度,即为果肉硬度,单位为磅/厘米$^2$。

圆盘式硬度计在使用时,先按下复位按钮,使指针复原,然后转动表盘,使指针与刻度线"2"重合(GY-1 型)即可测定(有些硬度计需回到零处)。右手握硬度计,使硬度计垂直于被测水果表面,在均匀力的作用下将测头压入水果内,此时指针开始旋转,当压到测头刻线处时(压入 10 毫米)停止,此时指针指的刻度即为所测得硬度值。测量完毕后,按动复位按钮,使指针回到"2"处。测定结束后,用清水清洗仪器上残留的果汁,用纱布擦净并晾干后保存。

(2)可溶性固形物的测定

①目的　水果中可溶性固形物主要包括糖、有机酸等。可溶性固形物的含量高低,直接反映了果实品质及成熟度,是判断适宜采收期和耐贮性的一个重要指标。如用于贮藏的葡萄采收时,一般要求浆果可溶性固形物含量不低于 15% ~ 16%。水果可溶性固形物含量的测定方法比较简便,一般用手持折光仪测定。此仪

器是根据不同浓度含糖溶液具有不同的折射率这一原理设计制作而成。

②操作方法　第一步,掀开进光棱镜,用柔软绒布或纱布将折射棱镜擦拭干净。第二步,用小刀切取一小块果肉,挤出果汁数滴于折光棱镜上,迅速合上棱镜盖。第三步,将折光仪对向光源或明亮处,旋动目镜调焦手轮,使视野内分界线清晰可见为止,分界线所对应的标线数值即为可溶性固形物含量(%)。第四步,测试结束后,用清水冲洗棱镜,晾干后存放。

③注意事项　连续使用仪器测定不同试样时,在每次测完后,应用清水冲洗,再用干燥的擦镜纸或脱脂棉擦干,等镜面干燥后方可继续进行。同一果实不同部位果肉可溶性固形物含量不一致,如哈密瓜瓜心含糖量较高,而皮下果肉含糖量较低,测量时应取同一部位果肉进行对比。折光仪一般以温度20℃为标准设计而成,在低于20℃温度下使用,所测数值偏高,高于20℃温度下使用,所测数值偏低,应根据仪器所附带的温度修正表进行修正。测试时,如果先用蒸馏水调零(具体调零方法见仪器说明书),且所测果实温度与蒸馏水温度一致,则测定值为准确数字,不用修正。

(3)贮藏环境温度的测定　温度是果品贮藏最重要的环境因素之一。低温是一切鲜活农产品贮藏的基础条件。果品采后仍是有生命的活体,环境温度越低,果实呼吸强度越低,新陈代谢越弱,贮期越长;但低于一定温度,果实将会产生冻害或冷害。对于多数北方水果来讲,贮藏温度越接近果实冰点温度贮藏效果越好。因此,温度的测量对于果品贮藏至关重要。有些贮户的设备、库房与别人一样,所贮果品也来自同一产地,但贮藏效果就是不如他人,问题可能就出在对温度的测定和管理上。温度计的种类较多,正确选择和使用测量仪表,对保证果品贮藏质量和进行设备性能测试等都具有重要意义。目前常用的温度计主要有以下几种。

①膨胀式温度计

玻璃温度计：主要有酒精温度计(毛细管内为红色液体)和水银温度计(毛细管内为银白色液体)两种。水银温度计的测量范围是-30℃~550℃,酒精温度计的应用范围是-100℃~70℃。果品最佳贮藏温度一般在-2℃~15℃,因此可选择测量范围为-30℃~30℃或-10℃~50℃等温度计。水银温度计的灵敏度和精确度要高于酒精温度计,应用较为广泛。水银温度计有普通水银温度计和标准水银温度计两类。标准水银温度计价格较高,一般用于精确的测量和校正温度计之用。普通水银温度计精度也有高低之分,果品贮藏库最好选用0.1℃或0.2℃分度值的高精度水银温度计。但这种温度计在一般玻璃仪器商店不多见,需要到较大的玻璃仪器商店才能买到。石油化工部门较为常用。

玻璃温度计每年至少校正1次。校正方法有两种:一种是将温度计浸入装有干净的融化状冰(冰水混合)的保温瓶中,此时的温度应接近0℃;另一种是用标准温度计校正。

测温时,一般每个库房至少应选3个以上有代表性的测温点。测点多少视库房大小而定。读数时,应避免温度计的水银球受到外部热源如人体、照明光源等的影响。读数要快、准。

双金属片温度计：双金属片温度计也叫自记温度计(有的型号是温、湿度一体的),可以用来连续记录库内温度变化。有周记温度计和日记温度计两种。生产上一般选择周记的即可。该仪器记录和适用范围为-35℃~45℃,精度为±1℃。生产中使用较多的是上海气象仪器厂生产的产品。

压力式温度计：压力式温度计由测温管、毛细管、螺管、指针等部分组成。当温度变化时,测温管中介质应力相应变化,由毛细管传递压力,造成螺管伸缩而使指针运动。可用于远距离测量,但其精度较差。

②电阻温度计　目前,冷库常用的电子数显温度仪或计算机温度自动控制仪多数为电阻温度计。一般应用铂或铜做探头(感

应头),由于温度变化,其电阻值也相应变化,可以单独测一点温度,也可多点测定。电阻温度计灵敏度高,反应快,可用于远距离记录和自动控制。为保证电子温度计的准确性,应每月校正1次。校正方法同玻璃温度计。

③半导体温度计　感应元件是用半导体材料制成的,可以测量被测物体的一点或表面温度。它的优点是灵敏度高,体积小,携带和使用方便;缺点是精度稍差。

(4)贮藏环境湿度的测定　鲜果含水量高,贮藏时要求具有较高并且相对稳定的环境湿度。环境湿度过低,果实很快失水、皱缩;相反,湿度过高,果实表面结露而易引起腐烂。因此,要经常测定库内相对湿度。测量相对湿度的仪器主要有干湿球湿度表、毛发湿度计(自记湿度计或自记温湿度计)和电子湿度表。前两种只能放在库内测量,电子湿度表可用于远距离记录和自动控制。上述湿度测量仪的使用详见附录一中的《水果和蔬菜　冷库中物理条件　定义和测量》3.4部分。

## (二)气调贮藏

气调贮藏是在传统的冷藏保鲜基础上发展起来的现代化保鲜技术,被认为是当今储存水果效果最好的贮藏方式。商业气调贮藏在国外已有60多年的历史,发达国家的多种水果如苹果、西洋梨、猕猴桃等的长期贮藏,主要采用气调贮藏。我国气调贮藏始于20世纪70年代。30年来,经过引进、消化和吸收国外先进技术和设备,加上我国科研人员的不断研究和探索,气调贮藏技术得到迅速发展,现已具备了自行设计和建造各种气调库和气调设备的能力。近10多年来,水果主产区兴建了一大批规模不等的气调库,果品气调贮藏的比例在不断增加,这对于提高果品贮藏质量和效益、促进我国果品出口发挥了良好的作用。但应看到,我国果品气调贮藏所占的比例仍然很低(苹果、梨气调贮藏也不到其总产量的1%),与发达国家相比,气调贮藏技术总体上还比较落后,尚需不断地完善和提高。

**1. 气调贮藏的原理及优点**

(1)气调贮藏的原理　鲜果采后仍是一个有生命的活体,在贮藏过程中仍然进行着正常的以呼吸作用为主导的新陈代谢活动,主要表现为果实消耗氧气,同时释放出一定量的二氧化碳和热量。在环境气体成分中,二氧化碳和由果实释放出的乙烯对果实的呼吸作用具有重大影响。

正常的空气中,含氧气 21%,二氧化碳 0.03%,其余为氮气和一些微量气体。适当降低贮藏环境中氧气的浓度和适当提高二氧化碳浓度,可以抑制果实的呼吸作用,从而延缓果实的成熟、衰老,达到延长果实贮藏期的目的。较低的温度和低氧、高二氧化碳,能够抑制果实乙烯的合成和削弱乙烯对果实成熟衰老的促进作用,减轻或避免某些生理病害的发生。另外,环境中一定浓度的低氧、高二氧化碳具有抑制真菌病害的发生和扩展的作用。

(2)气调贮藏的优点

①贮藏时间长　气调贮藏综合了低温(冷藏)和调节贮藏环境气体成分两方面的技术,极大程度地抑制了水果的呼吸作用,延缓了果实新陈代谢的速率,使得果品贮藏期得以较大程度地延长。以往认为不耐贮藏的元帅系苹果、金冠等,采用气调贮藏,可以做到周年供应;鸭梨、黄县长把梨、库尔勒香梨等采用气调贮藏可储存 8~9 个月,甚至更长;气调库贮藏猕猴桃比冷藏贮期延长 2~3 个月;冬枣、赞皇大枣气调贮藏比冷藏延长贮期 1 个月以上等。

②保鲜效果好　多数中晚熟苹果及鸭梨、黄县长把梨、库尔勒香梨等水果经长期贮藏(如 6~8 个月,甚至更长)后,仍然色泽艳丽,果柄青绿,风味纯正,外观丰满,与刚采收时相差无几。以苹果为例,气调贮藏后果肉硬度、可滴定酸等指标明显高于同期冷藏的果实。

③贮藏损耗低　气调贮藏尤其是气调库贮藏,严格控制库内温、湿度及氧和二氧化碳等气体成分,有效地抑制了果实的呼吸作

用、蒸腾作用和微生物的危害，贮藏期间因失水、腐烂等造成的损耗大大降低。据河南生物研究所对猕猴桃的观察，在贮藏期相同的条件下，普通冷藏的损耗高达15%～20%，而气调贮藏总损失不足4%。河北省某气调库鸭梨贮藏8～10个月，失水率仅为0.1%。

④货架期长　经气调贮藏后的水果，由于长期处于低氧和较高二氧化碳作用之下，在解除气调状态后，仍有一段很长时间的"滞后效应"。据陕西省在苹果上的试验表明，一般认为在保持相同质量的前提下，气调贮藏的货架期是冷藏的2～3倍。也就是说，在相同贮藏时间的条件下，气调贮藏的果实出库后比单纯冷藏具有更长的"寿命"，便于果实长途运输和外销。

⑤"绿色"贮藏　在果品气调贮藏过程中，由于低温、低氧和相对较高的二氧化碳的相互作用，基本可以抑制侵染性病害的发生，基本不用化学药物进行防腐处理。

最后需要指出的是，气调贮藏尤其是气调库贮藏，是一种高投入、高产出的贮藏方式。由于其贮藏成本相对较高，目前国内主要用于出口水果以及贮藏效益较高的果品。另外，气调贮藏对于水果采前管理和果品质量要求相对较高。因此，至于采用何种贮藏方式，应根据当地经济发展水平和市场状况来定。

**2. 气调贮藏的类型**

(1)人工气调贮藏　人工气调贮藏，简称CA贮藏。指在相对密闭的环境中(如气调库房等)和冷藏的基础上，人工降低氧浓度、增大二氧化碳浓度至适宜组分配比，并精确控制库内氧和二氧化碳浓度以及温、湿度的贮藏方式。正因为如此，所以贮藏时间长、效果好，但成本相对较高。

(2)自发气调贮藏　自发气调贮藏也称简易气调或限气贮藏，简称MA贮藏。指在相对密闭的环境中(如塑料薄膜袋、帐等密封方式)，依靠果实自然呼吸作用和塑料薄膜具有的一定程度的透气性，自发调节薄膜袋内氧和二氧化碳浓度的气调贮藏方式。MA

贮藏方法简单，成本低，除了具有调节气体浓度的作用，还可以保持环境较高湿度，减少果实失重；但由于密闭环境中氧和二氧化碳的浓度较难控制在理想的比例，因而贮藏效果不如CA贮藏。但是，只要运用得当，MA贮藏效果要好于普通冷藏。

为了最大程度地延长果品贮藏期和提高果品贮后质量，减少贮藏过程中某些生理病害，近20多年来，国外在传统气调技术的基础上，研究开发了快速气调贮藏、低氧(L.O)、超低氧(U.L.O)气调贮藏、低乙烯气调贮藏及高二氧化碳处理等新技术。我国科研人员研究开发了节能气调贮藏(TDCA)，即双相变动气调贮藏技术。

**3. 气调库贮藏** 气调库贮藏是在冷藏的基础上，根据水果品种特性，在相对密闭的库房中人工调整氧和二氧化碳浓度(分压)配比，即降低氧气浓度，适当提高二氧化碳浓度，并使之稳定在一定浓度范围之内的一种贮藏方法。气调库既具有"冷藏"功能，还具有"调气"功能，保鲜效果和保鲜期比冷藏库更好、更长。现在发达国家对苹果、梨(主要是洋梨)、猕猴桃等的长期贮藏主要采用气调库贮藏。目前我国商业气调库贮藏的水果主要有苹果、梨、猕猴桃、冬枣等，其他水果用气调库贮藏的比例较小。

(1)气调库的特点 气调库是在传统冷藏库的基础上发展起来的。从表面上看，它貌似冷藏库，但在建筑结构和使用管理上与冷藏库有着很大区别。主要表现在：

①气密性 气密性是气调库在建筑要求上区别于冷藏库的一个最主要特点。气调库除要求围护结构保温隔热、防潮，减少与外界的冷热交换外，还要求库体墙壁四周、库门及所有进出管线连接处严格密封，尽可能减少库内外的气体交换。只有这样，才能人为调节库内气体成分，减少或避免外界气体对库内气体成分的干扰。

②安全性 由于气调库对围护结构气密性要求较严，故在降温、调气过程中，随着库内温度、压力的变化，会使围护结构的两侧产生压差，从而会破坏气密层，甚至使围护结构发生胀裂或塌陷。

为了平衡和减小库内外压差，气调库必须设有安全阀和调气袋。

③快进整出　水果进入气调状态的时间越短越好，否则影响贮藏效果。因此，气调库贮藏要求水果入库速度快，以便尽快装满、封门和调气。贮藏过程中尽可能减少开门次数。频繁开门，不仅影响贮藏效果、增加运行成本，还会降低库门的气密性。水果出库时，为保证水果的货架期，最好一次出完或在短期内分批出完。

④满库贮藏　除留出必要的通风、检查通道外，库内水果应尽量高堆满装。这是因为：一方面，库内水果越多，库内孔隙相对越少，空气也越少，加之水果的呼吸作用，水果进入气调状态的时间就越短；另一方面，库容积利用系数大，制冷、调气运行成本可相应降低。

(2)气调库的结构设计及建造

①类型及结构组成　按气调方式，可分为充气式和循环式；按冷却方式，可分为内冷式和外冷式；按建筑结构，可分为砌筑式（土建）和彩镀夹心板装配式。

充气式是指利用制氮机将产生的氮气持续冲入气调库内，并辅之以其他调节方式，使库内氧气和二氧化碳达到预定指标。循环式是指将气调库内的空气引入一种燃烧装置，将空气中的氧气燃烧消耗，燃烧后的气体组成包括氮气、二氧化碳和水蒸气等，这些气体经冷却后再充入库内；当二氧化碳超过预定指标时，开启二氧化碳脱除系统。这样，二者相互配合，使库内氧气和二氧化碳达到预定指标。燃烧制氮降氧需要消耗大量燃料和冷却水，操作麻烦，目前已很少使用。现已有新型高效的循环式制氮降氧设备。与充气式相比，循环式降氧速度更快。

内冷式是将冷却系统（蒸发器）置于气调库内部，一般设在库房一端的上方。这种冷却方式降温迅速，库内温度均匀，效果好，我国大多数气调库均为此类型。外冷式即夹套式气调库，一般是在原冷藏库内加装一层导热性好的金属气密结构，仍用原有的降温设施，吹出的冷风直接吹到金属气密结构层上，利用密封库壁使库内降温，气调则在这层气密结构内进行。这种方式降温效果较差。

砌筑式气调库的建筑结构基本上与普通冷藏库相同，用传统的建筑保温材料砌筑而成，或者将冷藏库改造而成。在库体的内表面增加一层气密层，直接敷设在围护结构上。这种砌筑式气调库投资合理，但施工周期长。彩镀夹心保温板由于是工厂化生产的库体材料，在施工现场只需进行简单的拼装，建设周期短，投资比砌筑式略高，而气密层施工较砌筑式方便可靠。

一座完整的气调库由库体结构、气调、制冷和加湿系统构成（图 6-9）。

气调库应由取得一定资质的专业设计单位进行设计。1 000 吨以上的大中型气调库包括气调间、预冷间、常温穿堂、技术走廊、整理间、制冷和气调机房及控制室、变配电间、泵房及月台等。此外，还有办公室、库房、质检室、道路、围墙等辅助设施。

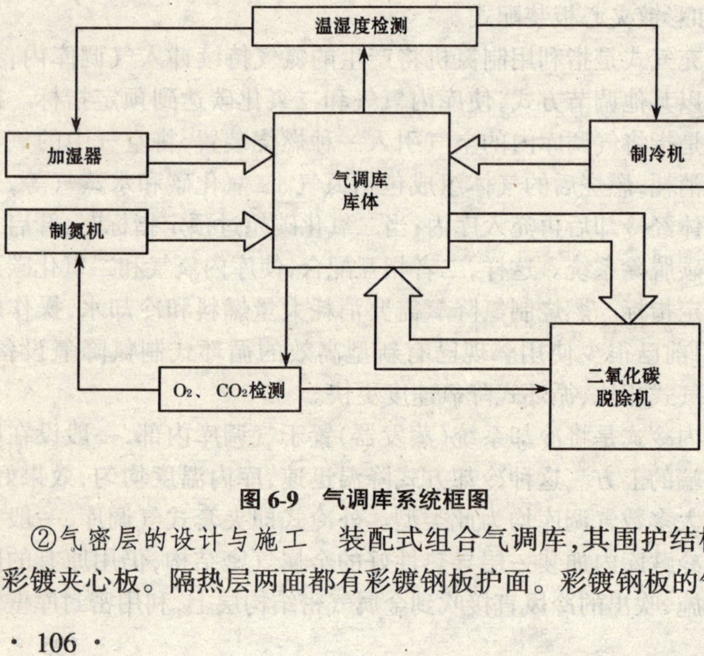


**图 6-9　气调库系统框图**

②气密层的设计与施工　装配式组合气调库，其围护结构采用彩镀夹心板。隔热层两面都有彩镀钢板护面。彩镀钢板的气密

性和防潮隔气性都很好。只要在其建好的围护墙面上将各板面间的接缝处做好密封，就能保证整个围护结构具有良好的气密性。

对于砌筑式气调库，其防潮隔气层通常做在隔热层的热侧，即围护结构最外层，墙体的内侧面上。如果用这层兼做密封用，或用其他气密材料兼做防潮隔气层，这样做当需要检查或修复气密层时，就得拆除隔热层。假设用设置在库内表面上的气密层兼做防潮隔热汽层，取消隔热层热侧的防潮汽层，则会出现水蒸气渗透，在隔热层与气密层之间形成凝结区，使隔热层受潮。因此，砌筑式气调库围护结构的密封层必须单独做，而且必须在围护结构所有表面都干燥后才能施工。

上述两种气调库地坪的密封层的做法是一样的。地坪隔热层上下两面均设置防潮隔汽层，并在里面单独做气密层。地坪的下沉会破坏气密性，因此地坪的施工必须严格按设计要求进行。管道穿墙处的密封也是气密施工应重点注意的地方，需用聚氨酯填缝，并两面涂密封胶。

③气调库门　库门是气调库容易发生气体泄漏之处。为保证库门与库体之间的密封，可以将库门的气密条做成充气式的。这种方式密封性好，但使用较麻烦。通常是在冷库门的基础上加一扣紧装置，封门时，用此装置紧紧地将门扣在门框上，借密封条将门缝封死。在门下落扣紧的过程中，门下端的密封条与地面压紧而密封。

气调库门上都设有观察窗，可以打开，当库内出现问题时便于工作人员入库检查。其外框为金属构件，中间镶有双层玻璃或中空双层玻璃。若用双层玻璃，夹层内应放干燥剂或抽空，以防结露。

④密封标准、试验方法、安全装置及注意事项　为保证气调库内气体成分调节速度快，波动幅度小，提高贮藏质量，降低成本，就必须保证库体有良好的气密性。GB50274-98《制冷机、空气分离设备安装工程施工及检验规范》中，有关组合（气调）冷库一节中规

定:“气调冷库在库体安装后,应进行库体气密性试验。试验应符合下列要求:启动鼓风机,当库内压力达到 100Pa(帕)[(10mm$H_2O$柱(毫米水柱)]后停机,并开始计时,当试验到 10 分钟时库内压力应大于 50Pa(5mm$H_2O$ 柱)”,即半压降时间为 10 分钟。砌筑式土建库的密封试验也应按此标准执行。

实际上,这是一个比较低的标准,随着我国气调技术朝低氧和超低氧方向发展,对气密性的要求也会相应的提高。国外文献报道,对低氧库,试验压力为 20mm$H_2O$ 柱,半压降时间为 20 分钟;对于超低氧库,试验压力为 30mm$H_2O$ 柱,半压降时间为 30 分钟。这就要求气调库的设计和施工做很大改进。

气调库在库体进行密封性试验时,应注意以下问题:①试验前将库门打开,使库内外空气充分交换,时间不应少于 24 小时。②要测试的库房及相邻的库房在测试前及试验中,应尽量保持温度的恒定。为避免外界气温的变化对库内温度的影响,应选择外界气温变化最小的时刻(一般都选在清晨)进行测试。③当库内压力达到测试压力时初始库内压力可能会在短时间内下降较快,这可能是由于鼓入空气较热被迅速冷却所致,所以鼓入空气压力应比试验压力高 2~3mm$H_2O$ 柱,等到库温稳定后,库压降至试验压力时再进行测试。④库内压力值应每隔 1 分钟记录 1 次,读数应准确到 0.5mm$H_2O$ 柱,并绘制库内压力随时间变化的曲线。

按上述国标要求进行密封试验,一面 100 米$^2$ 的库墙将会均匀承受总压力为 1 吨的侧向力。如果库内温度因化霜等原因提高 2℃,这个力将会提高到 7.3 吨!有的气调库由于初始降温太快,库内外的气体得不到及时地交换,库内由于负压太高,使库体在大气压力作用下被压塌。为避免这种情况发生,每间库房都配装一个气压平衡袋(简称气调袋),它的体积约等于库房容积的0.5%~0.8%。当库内温度升高,库气膨胀,库气将流入气调袋;库内温度降低,库气收缩,库气将从气调袋流入库内。气调袋用质地柔软不透气又不易老化的材料制成,应能承受 14mm$H_2O$ 柱以上的密封压力试验。另外，每间库房还应安装1台气压平衡安全阀（简称平衡阀），在库内外压差大于200Pa时，库内外的气体通过平衡阀发生交换，以防止库体结构遭到破坏。平衡阀分干式和水封式两种，直接与库内相通。在一般情况下，由气调袋起调解作用，只有当气调袋容量不足以调节库内温度变化时，平衡阀才起作用。采用水封式平衡阀时，须经常检查水位高度，以防水分蒸发后，水封的压差减小。

⑤制冷设备　现代的气调库设计，希望将库内温度波动控制在±0.5℃范围内，为此，除要求围护结构有较大的热阻以减小外界的影响外，库内蒸发器的设计也应采用大面积低温差的冷风机方案。蒸发温度与库温的温差控制在5℃范围内，以减小蒸发器的结霜量。冷风机蒸发器结构设计采用较大间距的翅片（6毫米）布置，以利于水冲霜和降低冲霜频率。用电冲霜会增加气调库的温度波动。蒸发器的风机最好采用双速风机或多个轴流风机可以独立控制的方式。在冷却阶段，开始风量大一些冷却速度快，等库温降到设计值时减小风量，这样可以节能并减少水果的干耗。冲霜的水温应控制在25℃左右。为进行冲水融霜，需要设置专用的融霜用淋水装置。为保证库房内的气密性，在接水盘放水管的后部需设置一段水封。

气调库整个制冷系统的设计，可以根据不同的情况，采用大机组的集中供冷或单间库房小机组单独供冷，后者具有较大的灵活性。目前，有的厂家采用乙二醇的冷水机组，不但可提高温度的控制精度，还大大简化了制冷管路结构。

为使气调过程中制冷机能够经济运行，气调库围护结构的隔热层应比一般高温库厚一些。

⑥加湿设备　由于气调库内果品的贮藏期长，充入的氮气又很干燥，所以果品水分蒸发较多。为降低贮藏环境与果品间的水蒸气分压差，抑制水分蒸发，保持气调库中较高相对湿度（90%～95%），减少干耗，一般气调库都要设置加湿器。加湿器分超声波

加湿器和离心式加湿器两种。

超声波加湿器利用高频振荡电流作用在换能头上,产生高频振荡波,使水雾化。为防止换能头结垢,最好使用经过处理的软化水。离心式加湿器利用高速旋转的叶轮将水流打成水雾,对水质的要求不高,但容易产生水滴,使加湿效果降低。

⑦其他要求和设施　气调库不同于一般冷藏库,要求每个气调间的气体成分稳定,因而库房间门不能经常打开,所存果品必须是快进整出。各气调间的大小应根据市场的销售情况进行设计,各单间库不宜过大。对于主要用于出租给农户的气调库,更应考虑适用性和灵活性。

技术走廊一般设在常温穿堂或整理间的上部,放置各种气调设备,是气调库特有的建筑形式。在走廊上,操作管理人员可通过各库的观察窗了解库内果品的贮藏和设备运转情况,也是制冷、气调、水电等管道和阀门安装、调试、操作、维修的场所。由于气调库内是与大气环境下完全不同的气体成分,在气调过程中,若必须人员入库,应配带氧气发生器;在果品出库时,也应先打开库门,待库内氧气回升后,才可入库作业。

(3)气调设备的选用和安装调试

①制氮降氧设备　利用制氮机产生的95%~98%纯度的氮气,置换(稀释)气调库中的气体,降低库内氧气浓度;在小型气调库内,也可以用于排除过量的二氧化碳、乙烯或其他气体。

目前,气调库使用的制氮机分为碳分子筛物理吸附式和中空纤维膜分离式两种,都以空气为原料。前者利用双塔中的碳分子筛对氧、氮分子的不同的吸附速率,通过加压吸附氧,减压解析氧,不断地在双塔中变压切换制氮;后者是利用高分子材料制成的中空纤维膜,具有结构简单、容易操作、制氮速度快、无易损运动部件、体积小、重量轻、噪音低等一系列优点,是一种新型高效的制氮设备。

常见的中空纤维膜制氮机由配套的空气压缩机、储气罐、膜制氮机三部分组成(图 6-10)。

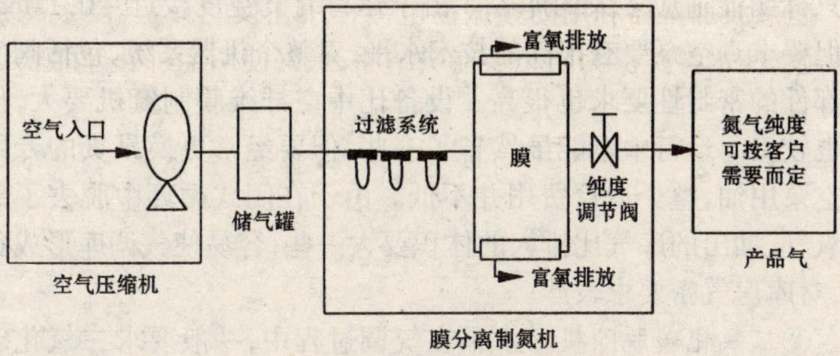


**图 6-10　中空纤维膜制氮系统**

制氮机的核心部件是中空纤维膜组。它由上万根乃至数十万根直径在 50~500 微米的中空纤维并列成束，两端浸固环氧树脂，形成膜滤芯，放入一外壳内。当压缩空气通过空心纤维时，由于氧、水蒸气透过膜的速率快，形成富氧排到大气中，而大部分氮气由于透过膜的速率慢，而留在膜内，形成较高纯度的产品气。其纯度可利用纯度控制阀调节。纯度越高，流量越小。空气压缩机的供气压力一般在 1.0~1.2Mpa(兆帕)，含油量低于 $5\times10^{-6}$。制氮机本身有三级过滤系统。经过过滤后的压缩空气，要求含油量低于 $0.01\times10^{-6}$，灰尘颗粒小于 0.01 微米。

一座气调库选用多大的制氮机，首先要考虑满足库中最大的气调间的降氧要求，即在果品进库后 1~3 天的时间内达到气调参数的要求，同时也要兼顾全库的间数和总容量。

目前，制氮机向气调间充氮一般采取开式置换(充气稀释)方式，将 95%~97% 纯度的氮气从气调间的上部进气口打入，被置换的气体从与进气口呈对角线布置的排气口排到大气中。整个过程是一个不断稀释的动态过程，库内的氧含量呈自然对数级下降，直至降至规定的指标。

还有一种称为脱氧制氮的降氧设备。它的原理与分子筛制氮类似。所不同的是利用真空脱附和闭式循环，本身不配大空压机，节省电能。此种设备不像前两种设备有明确的产氮气量的指标，而只标明能适应多大的库容。由于运行时真空度接近 - 0.1Mpa，不但要求真空泵要有很高的技术水平，对整个机器系统，包括阀门等部件的密封性要求也很高。设备比中空纤维膜制氮机要大，价格也较贵。运行中电能虽然省了一些，但要经常更换昂贵的专用真空泵用油，整个运行费用并不低。由于在闭式循环中脱去了部分氧气，抽出的库气比排入的体积要大一些，容易使气调库形成负压，对库房气密要求较严。

②二氧化碳脱除机　水果在气调过程中，一般要求二氧化碳的浓度控制在1% ~ 5%的范围内。水果的呼吸作用将提高库内二氧化碳的浓度(浓度过高会导致水果中毒，并产生一系列不良症状，最终腐烂变质)，这时必须使用二氧化碳脱除机(又称洗涤器)将库内多余的二氧化碳脱除掉，达到气调参数要求的最佳范围。

现在国内外生产的二氧化碳脱除机，均采用活性炭作为吸附剂。活性炭以木质果壳或煤为原料，经干馏炭化、活化等工艺，形成非常发达的微孔。含高二氧化碳的库气用风机抽入活性炭罐内吸附，经过数分钟吸附饱和后，用空气脱附再生。如此循环使用，将脱附的二氧化碳气体送入大气中。现代的二氧化碳脱除机，用可编程序控制器 PLC 对吸附和再生进行自动控制。如果脱除机有两个活性炭罐，可使二者的吸附和再生交替进行。活性炭吸附二氧化碳的量是温度的函数，并与二氧化碳的浓度呈正比。通常以0℃，3%的二氧化碳浓度为标准，用其在24小时内的吸附量作为主要经济技术指标。

二氧化碳脱除机的选型，必须满足整个气调库脱除的要求。在气调库为0℃ ~ 2℃温度条件下，多数水果二氧化碳的释放量为3 ~ 10毫克/(千克·小时)，一座1000吨规格的气调库24小时二氧化碳释放量为72 ~ 240千克，可按最大二氧化碳释放量来选择机型。

二氧化碳脱除机一般采用电控气动三通阀来控制活性炭罐程

序的切换，需要配用小型空气压缩机做气动源，机上装有保护及运行定时控制装置，并装有计算机控制接口，可对整个气调库的各气调间实现自动连续巡回脱除作业。为此，跟制冷调节站相似，气调库也安装有气调调节站。调节站分为进气和回气两个自动或手动阀门组。自动阀门采用电控气动阀来控制二氧化碳脱除机的进、回气，手动阀用来控制制氮机的进、排气。

大中型气调库的输送管道较长，一般采用 UPVC 塑料管粘接，口径在 70～110 毫米之间。安装二氧化碳脱除机时，输气管道应向气调库倾斜 1°～3°角，以防冷凝水流回脱除机，污染活性炭，降低性能，甚至失效。脱除机在长期的工作过程中，气动阀要运作几十万次，压缩空气应保证是清洁的。

在一些小型库和试验装置中，也有用熟石灰等化学方法脱除二氧化碳的，这些脱除剂是不能再生的。

③乙烯脱除装置　乙烯是果品本身新陈代谢的产物。外部环境中，烟囱排放的烟雾，汽车尾气，某些工厂的废气中，也含有一定数量的乙烯。它是一种能促进水果呼吸、加快成熟衰老的植物激素。对乙烯非常敏感的果品，如猕猴桃、香蕉等，必须把贮藏环境中的乙烯浓度脱至阈值以下，一般需降到 0.02 微升/升（0.02ppm）以下的水平。苹果、梨等采用低乙烯气调贮藏（1 微升/升以下），贮藏效果会大大提高。对乙烯不敏感的果品，气调贮藏不必安装乙烯脱除装置。

脱除乙烯的方法：常用高锰酸钾作为强氧化剂，以氧化铝、分子筛等多孔性材料做载体，制成一次性使用的复合材料，放入库内、包装箱或闭路循环系统中将乙烯脱除。

随着气调技术的发展，近年来又研制出基于高温催化原理的高效除乙烯装置。乙烯在 250℃的高温下与催化剂的作用下能生成二氧化碳和水。氧化反应是在一个从外到里能形成 15℃→250℃温度梯度的电热装置内进行的。它能使除乙烯装置的进、出口温度不高于 15℃，而装置中心的氧化温度可达 250℃。同样，这种新型乙烯脱除装置一般也采用闭环系统。

④自动控制设备　气调库在整个贮藏期内都必须精确测量和控制各间库的气体成分。如果测出某间库房氧超标，就应开启制氮机，充氮降氧，直到氧含量达到工艺参数设定值。如果二氧化碳超标，就应打开这间库的出回气阀门，开启二氧化碳脱除机脱除二氧化碳，直至库内二氧化碳达到设定值。为了提高气调库运行管理的自动化程度，目前国内外气调设备生产企业都设计制造出相应的自动控制设备，使上述工作大部分实现了自动化。用1台计算机可控制30～100间气调间。每间气调间都可以按果品的品种设定各自的气调参数，并进行自动巡回检测。每间库每天至少要采样检测6次以上。由于采用较大容量的采样泵，气样的输送距离可达200米。有的企业还开发出计算机专用软件，对于超过设定值的气调间，自动开启调节站的出回气阀门和脱除机，定时或定量地进行二氧化碳脱除。也可利用显示器监控整个气调工艺流程，用鼠标进行控制，所有设定和实时测定的氧、二氧化碳、温度、湿度等数据都具有显示储存、查询、报警、打印等功能。数据采集可以按配置设备的要求进行，也可按照设定的周期进行，查询功能可按用户的要求按一定时间间隔刷新，为整个气调库的安全经济运行提供了可靠的科学依据。

(4)气体成分测定

①氧、二氧化碳的测定

奥氏气体分析仪：奥氏气体分析仪是一种玻璃仪器。其原理是利用化学方法，即利用氢氧化钠溶液吸收二氧化碳，以焦性没食子酸吸收氧，从而测出它们的含量。奥氏气体分析仪原理可靠，精度较高，方法简单，便于维修，价格较低，其他仪器如氧和二氧化碳快速测定仪，也要用奥氏气体分析仪进行校正。此仪器缺点是测定速度较慢，尤其是在测定样品较多时，如测定塑料薄膜帐、袋内气体成分时，工作量较大。另外，该仪器体积相对“较大”，组件易碎，携带不太方便，使用环境温度要在15℃以上。奥氏气体分析仪使用方法见仪器说明或其他有关果品贮藏书刊,本书就不作叙述。沈阳市玻璃仪器厂、天津玻璃仪器厂等均有生产。

氧电极氧气测试仪:氧电极的工作原理是基于极谱电极原理。由一定浓度电解质溶液中的电流-电压曲线证实,在-0.5~-0.8V(伏)范围内,电流与氧的浓度呈正比。氧电极传感器以铂为阴极(氧检定极),阳极为铅或银,聚四氟乙烯薄膜将阴极端与电解质隔开。氧的渗透量与薄膜内外的气体分压呈正比。此传感器亦称氧电池,是一种电化学扩散限制型金属电池。这种传感器制成的氧气测试仪,分辨率高达0.1%,测试精度为0.2%。仪器出厂前用含氧量为4%左右的高精度标准气样进行标准校对,使用中用空气进行标准校对(21.0%)。传感器的使用寿命在2年以上。

红外二氧化碳测试仪:由于二氧化碳分子的高度对称性,在两种拉伸振动间产生耦合作用,结果使得拉伸振动在特定波长上可发生强烈的红外吸收。当一定强度的红外光通过一定浓度的待测混合气体时,入射强度与透过后的剩余强度差与二氧化碳浓度有一定关系。基于此原理制成二氧化碳传感器称为二氧化碳红外传感器。用这种传感器生产的二氧化碳测试仪,分辨率可达0.1%,测试精度可达0.2%,出厂时用标准二氧化碳浓度气体进行标校,使用时用空气进行标校(空气中含二氧化碳为300ppm),这时仪器的输出显示应调整为0。传感器的使用寿命为10年。

天津森罗公司的测试仪采用进口的氧和二氧化碳传感器,一次采气可同时测量氧和二氧化碳。自带充电电池和采气泵,一次充电可连续采气、测量2小时以上,数码管或液晶显示,重量不超过6千克,深受用户的欢迎。

另外,中国科学院上海冶金所研制、上海嘉定生产的CYESⅡ型氧和二氧化碳气体测定仪,体积小,重量轻,便于携带,使用也较为方便,缺点是该仪器传感器使用寿命为1年,1年之后氧电极要补充电解液,热导池检测器需重新标定,较为麻烦。

②乙烯的测定　乙烯浓度的测量要求达到0.01微升/升，只能选择性能良好的气相色谱仪，并与温控器、载气源、辅助气源、信号放大器、积分器及记录仪合成一个分析系统时才能完成气体分析，并得到直观的图像数据。气相色谱用的检测器多达几十种，使用气相色谱仪测定乙烯含量常采用氢焰离子化检测器。气样用注射器采集并注入色谱仪中的气化室中。所得到的色谱图必须和已知的纯样品的色谱图相比较后才能得到精确的结果。气相色谱仪是一种精密的分析仪器，应由专业人员操作。

(5)气调贮藏指标的确定　气调库和气调设备是气调的硬件，气调工艺参数则属于软件，没有可靠的参数是不可能达到气调的预期效果的，严重的还会使果品品质下降，甚至烂果，造成严重的经济损失。各种果品气调贮藏要求的温度、湿度以及氧、二氧化碳、乙烯的浓度各不相同。为获得最佳的数据，农、林、商、贸等科研部门、大专院校及气调贮藏单位都进行了大量的研究。由于果品品种繁多，产地各异，每一品种都需要用几种气调参数试验贮存。在长期的气调贮存过程中进行比较、筛选，工作量很大。为此，国内外厂商研制出了各种形式的气调试验设备。这种设备可大可小，可土可洋，应本着科学适用的原则选用。下面介绍一种国产CPY-600型气调配气试验装置(图6-11)。

该仪器采用热流式传感技术跟踪控制气体流量，核心控制采用DCS数据采集控制系统来实施。主要技术参数如下：配气出口流量(单组分)为600毫升/分钟；配气出口压力为0.05兆帕；配气出口氮气浓度为80%～95%，氧气为1%～15%，二氧化碳为1%～5%。

**4. 气调库贮藏管理**　气调库不仅在贮藏条件、库房结构和设备配置等方面不同于普通果品冷藏库，而且对运行管理的要求也要严格得多。不单表现在贮藏阶段，而且涉及到果品采后处理的全过程。运行管理的任一环节如果出现差错，都会影响气调贮藏的整体优势和最终效果。运行管理工作的优劣直接关系到果品的

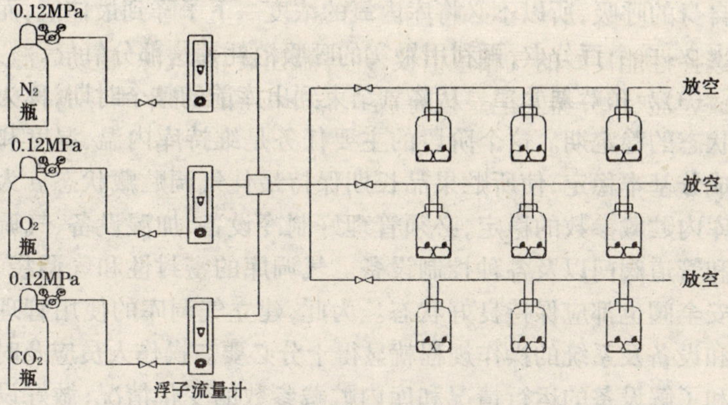


**图 6-11 CPY-600 型气调配气试验装置**

贮藏质量，还关系到库房建筑结构和人身安全。

(1)适时采摘 与普通冷藏、简易贮藏相比，气调贮藏对果品适宜采收期要求更为严格。这是因为气调贮藏一般作为果品的长期贮藏。过早采摘，果实成熟度偏低，品质差，易失水，贮藏过程中易发生生理病害；采摘过晚，品质风味虽好，但不适合长期贮藏。果品的最佳采摘期，可以通过色泽、硬度、含糖量、含酸量及淀粉含量等指标进行综合评定。有条件的还可以测定果品乙烯释放量，作为判断果实成熟度的指标。

(2)及时入库 受果品收获期集中的限制，入库时工作量很大，必须做好周密的计划和安排，做到采收后及时入库。入库前先进行空库降温。在气调间进行空库降温和入库后的预冷降温时，应注意保持库内外的压力平衡，不能封库降温，只能关门降温。尤其是入库后的降温，一定要等果实温度和库温达到并基本稳定在贮藏温度时才能封库。如果在降温时就急于封库，会在围护结构两侧产生压差，对库体结构安全造成威胁。

当库内温度基本稳定后，应迅速封库降氧，进行调气作业。一般来讲，气调间的降氧速度越快越好。考虑到在降氧的同时也应使二氧化碳的浓度升到最佳指标，而二氧化碳浓度的增加要靠果实自身的呼吸，所以不必将库内氧的浓度一下子降到最佳值，而应高出 2～3 个百分点，再利用果实的呼吸消耗掉这部分氧气。

(3)*加强贮期管理*　从降氧结束到出库前的整个时期，称为气调状态的稳定期。这个阶段的主要任务是维持库内温、湿度和气体成分基本稳定，使所贮果品长期保持最佳气调贮藏状态。为维持库内贮藏参数的稳定，必须管理好制冷设备、加湿设备、气调设备和管道阀门以及各种控制设备。气调库的密封性和气调袋、平衡安全阀也都应保持良好状态。为此，建立气调库的使用管理制度和设备及系统的操作规程就显得十分必要。操作人员应及时检查和了解设备的运行情况和库内贮藏参数的变化情况，做好设备的运转记录和温湿度、气体成分的记录，绘成图表，这样可以直观地了解库内贮藏参数的变化情况，及时发现和纠正设备的各种异常状态。制冷机、各种配套的空气压缩机的润滑油、各种过滤器、阀门管道的密封部位，电动机的启动和保护装置、传感器、仪表及各水封部位都是应重点检查的地方。各种易损易耗的零部件应按设备使用说明书的规定，定期检查更换。

果品从入库到出库，始终做好整个贮藏期果品的质量监测也是非常重要的。每间气调库(间)都应有样品果箱，放在库门观察窗能看见和伸手可拿到的地方。一般半个月抽样检查 1 次。包括果实外观颜色、果肉颜色、硬度、含水量等主要指标。在每年春季库外气温上升时，果品也到了气调贮藏的后期，抽样检查的时间间隔应适当缩短。由于观察窗处的隔热效果较差，样品果的贮藏质量比库内大批果品的质量稍差，样品没有问题，库内大批果品一般就不会有问题。需要特别指出，整个贮期必须严格监视果品的冻害及果实黑皮、褐心等生理病害的发生。

(4)*贮后的管理*　包括果品出库、分级挑选包装、发运以及货架期的质量监测。

气调间里的果实在出库前 1 天应解除气密状态，停止气调设备的运行。采取自然换气的方法，使气调间的气体恢复到接近大气成分，但仍要维持气调间的温、湿度，操作人员才能入库作业。

由于果品入库时时间比较紧迫，来不及仔细挑选分级，出库时则必须严格地挑选分级，将伤、残、病、次果挑出，分级包装发运。

(5)气调库及设备的年检大修　气调库及设备经一个贮季后，必须进行年检大修，管理人员应制定出详细的检修计划。气密破损的部位在修复后应重新进行气密性试验。各种机器设备、管道阀门、控制仪器仪表、电气部件等均应按说明书的要求进行年检大修。经试运转后，应恢复到原有的性能，为下一贮季做好准备。

**5. 塑料薄膜密封气调贮藏**　塑料薄膜作为果品包装材料，始于20世纪60年代。由于塑料薄膜包装具有保湿、调气(自发气调)等作用，使用方便，成本低廉，保鲜效果明显，因而被广泛应用于果品贮运保鲜。塑料薄膜包装可在冷库内使用，也可在普通库房中使用；不仅可用于贮藏，也可用于运输中的保鲜。在我国，塑料薄膜贮藏经过20多年的研究和推广，在苹果、部分梨品种、葡萄、柑橘、香蕉、桃、板栗等果品中，已成为提高果品贮藏质量和实现长期贮藏的关键措施之一。由于其使用范围广，投资小，见效快，适合我国国情，在今后的一定时期内仍将发挥重要作用。

(1)薄膜的种类　可应用于果品保鲜的薄膜种类较多。目前，广泛应用的薄膜材料有低密度聚乙烯(LDPE)、高密度聚乙烯(HDPE)、聚氯乙烯(PVC)、聚丙烯(PP)、聚乙烯醇(PVA)等。上述薄膜与硅橡胶膜粘合可制成硅窗气调袋(帐)。此外，作为伸缩性膜，还有丁二烯、乙酸乙烯酯等。低密度聚乙烯和无毒聚氯乙烯在我国果品贮藏中使用较多，二者各有特点。前者价格便宜，但透湿性和韧性稍差；后者透湿性和韧性好，但价格稍高。近年来，一些专业单位根据不同种类果品对薄膜透湿性和透气性的不同要求，开发了适于不同种类果品的专用保鲜膜。

(2)包装或贮藏形式

①薄膜单果包装　主要用于柑橘类等水果的贮运，也可用于对二氧化碳较为敏感的苹果(如富士等)、梨等。多选用0.01～

0.015毫米厚的聚乙烯薄膜。其作用主要有二:一是保湿,以防果实失水皱缩;二是隔绝腐烂果的传染。同时具有一定的气调作用。

②*薄膜袋包装贮藏* 薄膜袋包装贮藏是塑料薄膜在果品贮藏中应用最为广泛的形式,多数水果均可采用。塑料袋贮藏水果的技术关键,一是防止因温度变化造成袋内结露甚至是积水,二是根据水果的特性选择适宜规格型号(如薄膜厚度、装量等,销售或生产单位一般会提供使用方法和建议)的袋子。袋子过薄,装量少,可能起不到足够的气调保鲜作用;袋子过厚,装量过多,可能造成二氧化碳伤害。为防止因温度变化造成袋内结露、积水,应在水果冷却至适宜贮温后再装袋扎口;或者是敞开袋口进行预冷,至适宜贮温后扎口。

目前,采用的薄膜袋类型主要有低密度聚乙烯和聚氯乙烯两种。另外,由聚乙烯薄膜与硅橡胶膜粘合制成的硅窗气调袋在山东等地也广泛使用。薄膜厚度一般在0.03~0.06毫米,装量(规格)1~30千克/袋。依据水果对二氧化碳的忍耐力,在使用薄膜袋时,可选用密封、挽口或打孔等形式。例如,对于较耐二氧化碳的水果,如苹果、猕猴桃、桃、李等,在冷库内采用薄膜袋贮藏,只要薄膜厚度和装量适宜,一般均可采用扎口形式;对二氧化碳敏感的水果,如富士苹果、鲜枣、部分梨品种等,为防止产生二氧化碳伤害,一般采用挽口或打孔形式贮藏。

薄膜袋贮藏水果,袋内气体成分的变化随着水果的种类、袋的厚度、装量大小以及环境温度的不同而变化,使用时应加以注意。有条件的贮户,最好能配备测量氧和二氧化碳浓度的仪器。另外,袋生产工艺由于其配方不同,薄膜透气性也可能不同,用户应选择具有良好信誉企业的产品。

③*塑料大帐贮藏* 塑料大帐贮藏根据气调方式不同,分为自发调节和人工调节两种形式。前者类似一个大塑料袋,将果品密封在用塑料薄膜制成的塑料大帐中,利用果实自身呼吸自发调节帐内气体成分。当帐内二氧化碳浓度超过规定指标后,揭帐放气,

然后再密封,如此循环。后者与气调库气调原理相类似,依靠制氮机人工调节大帐内的气体成分,达到气调贮藏的目的。在大帐的结构上二者稍有不同。人工气调大帐具有进、出气口(图 6-12)。人工气调大帐需要配备专用设备,管理上也较为严格。下面以人工气调大帐为例,对大帐的制作、使用和管理加以说明。

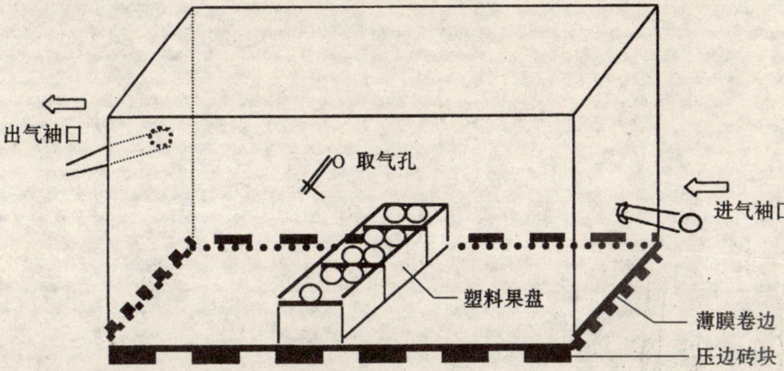


**图 6-12 气调大帐示意图**

大帐结构和制作:大帐通常采用 0.1~0.2 毫米厚的聚乙烯或聚氯乙烯薄膜制作。由聚乙烯或聚氯乙烯薄膜与一定面积的硅橡胶膜粘合可制成硅窗气调帐。帐的大小根据需要来定。一般每帐装 1 吨至数吨。具体做法是先在地上垫衬一层薄膜,然后在其上码放果箱(最好采用塑料周转箱),码好后用塑料大帐罩住。大帐底端的四边和底层薄膜的四边互相重叠卷起,并用砖块、沙袋或条石压紧。也可用角铁或圆钢筋做成支架,大帐罩在支架上。大帐多做成长方形,在帐的两端分别设置进气袖口和出气袖口,供气体调节之用。在大帐上还应设有供取分析气样用的取气孔。

封帐、调气及管理:果实充分预冷后,码垛封帐,用制氮机通入含有一定量氧气的氮气,使大帐内氧气浓度快速下降到要求的水平,这时停止通气,并扎紧大帐两端的进出气袖口。过一段时间后,由于帐内果实的呼吸使氧气浓度下降到下限、放出的二氧化碳积累到上限浓度时,就要重新开启制氮机向大帐内充入含氧的氮气,并将原帐内过多的二氧化碳排出。当大帐内原来的气体被置换掉后,即结束充气并扎紧进出气袖口。如此循环,直至贮藏结束。

# 第七章 北方主要果品采后处理及贮运保鲜

## 一、苹 果

苹果原产于欧洲、中亚细亚和我国新疆，与柑橘、葡萄和香蕉并称为世界四大水果。近20年来，我国苹果生产迅猛发展，年产量从20年前的近300万吨上升至现在的2 000多万吨，成为我国第一大水果。近五六年，栽培面积虽有较大回落，但年产量仍然保持在2 000万吨以上。2001年，我国苹果产量2 066万吨，占当年世界产量的34%，世界排名第一。我国苹果生产主要集中在渤海湾、西北黄土高原和黄河故道三大产区。山东、陕西、河南、河北、山西、辽宁是我国苹果主要产区，占全国总产量的85%左右，其次为江苏、甘肃、安徽等地。我国苹果虽然90%以上用于鲜食，但采后贮运保鲜能力差、技术水平低和商品化处理环节薄弱一直是影响苹果生产、销售和出口的瓶颈。目前，我国苹果总贮藏能力约占总产量的25%。其中，各种形式的冷藏约占40%，气调贮藏仅占4%左右。

### (一)品 种

苹果品种很多。我国用于商业栽培的品种有数十个，但在生产中发挥主导作用的不过一二十个。我国目前的主栽品种以红富士、元帅系、秦冠、金冠、国光、乔纳金、嘎拉等为主(占75%～80%)。苹果品种不同，耐贮性差异极为明显。早熟品种，如辽伏、伏帅、黄魁、藤牧一号等，生长发育期较短，干物质积累少，果实采后呼吸旺盛，多数品种不耐贮藏，一般采后立即销售或仅短期贮藏。中熟品种，如元帅、红星、红冠、红玉、金冠、嘎拉、乔纳金等，耐贮性大大好于早熟品种，但常温下多数品种果肉易发沙发绵，贮期较短。如采用冷藏尤其是气调贮藏，贮期可大大延长，多数中熟品种气调贮藏可贮藏 7 个月以上，有的甚至可贮藏 1 年之久。晚熟品种，如富士、国光、秦冠、鸡冠、倭锦、甜香蕉（印度）、青香蕉（白龙）、澳洲青苹等，果实生长发育期长，干物质积累多，呼吸强度低，乙烯生成量较少，因而耐贮性好。晚熟品种在土窑洞、通风库等自然降温条件下，一般可贮藏 3～4 个月，冷藏条件下可贮藏 6～7 个月，气调库可贮藏 8～10 个月。同一品种，北部产区耐贮性较南部产区为好，高原、丘陵地带较平原地带耐贮藏性好。

### （二）采后生理特性

苹果属呼吸跃变型果实。果实成熟时，乙烯释放量很大，同时对外源乙烯较为敏感。采用低温和气调贮藏能极大程度抑制果实乙烯产生和降低果实对乙烯的敏感程度。品种不同，苹果采后呼吸跃变的强弱程度及内源乙烯含量差异较大。据王文辉等测定，元帅、新红星、津轻、乔纳金等品种，20℃下果实呼吸强度一般为 $12\sim30mgCO_2\cdot kg^{-1}\cdot h^{-1}$，具有明显的跃变峰，常温下耐贮性不好。而耐贮的富士苹果相同条件下仅为 $10\sim14mgCO_2\cdot kg^{-1}\cdot h^{-1}$，呼吸跃变较弱或没有明显的呼吸跃变，表现为较强的耐贮性。另据王春生等（1997）报道，红星和富士苹果室温贮藏 1 个月，内源乙烯浓度分别为 1 686 微升/升和 181.1 微升/升。

### （三）采收期的确定

采收期对苹果品质和耐贮性有着重要影响。采收过早，其外观色泽、风味不是很好，贮藏中容易诱发虎皮病、苦痘病和失水萎蔫及产生低温伤害等。晚采，虽有利于提高果实外观色泽和内在品质，但果实采后很快或已经进入呼吸高峰，果实容易发绵，有些品种容易产生水心病，果实耐贮性大大下降，贮藏中对二氧化碳的忍耐力也有所下降。采收成熟度，对于苹果贮藏尤其是长期贮藏有很大的影响。判断果实成熟度和适宜采收期，主要依据以下几个方面。

**1. 果实外观形状** 果实成熟时，其大小、形状、色泽等基本表现本品种固有性状，果实种子开始变褐。

**2. 果实生长发育期** 在一定的栽培条件下，不同品种的果实从落花到成熟，大致都有一定的天数。常见品种的适宜采收期见表 7-1。不同地区因气候不同果实生长发育期可能稍有差异。

**表 7-1 苹果品种的适宜采收期**

| 品　种 | 红　星 | 金　冠 | 乔纳金 | 陆　奥 | 王　林 | 国　光 | 富　士 |
|---|---|---|---|---|---|---|---|
| 花后天数 | 140 ~ 150 | 140 ~ 145 | 155 ~ 165 | 150 ~ 160 | 160 ~ 170 | 160 ~ 165 | 170 ~ 175 |

（摘自《苹果学》，中国农业出版社，1999）

**3. 果肉硬度、淀粉含量、可溶性固形物及酸含量** 随着果实成熟度的提高，果实硬度、淀粉及酸含量随之下降，可溶性固形物含量逐渐增加。我国对入贮苹果的生理指标有具体要求，采收指标及其测定方法请参考国家标准《苹果冷藏技术》。采用果肉硬度、淀粉含量、可溶性固形物等理化指标确定果实成熟度及采收期较为科学、准确，测试方法也不复杂，提倡广大果区广泛采用。表 7-2 列举了美国元帅、金冠苹果长期气调贮藏的采收标准。

**表 7-2 元帅、金冠长期气调贮藏采收标准 （美国）**

| 品　种 | 果肉硬度（千克/厘米$^2$） | 淀粉指数（1 ~ 6 级）* | 可溶性固形物（%） | 酸含量（%） |
|---|---|---|---|---|
| 元　帅 | 7.7 | 1.6 | 10.0 | 0.27 |
| 金　冠 | 7.3 | 2.7 | 11.5 | 0.7 |

资料来源：Eugene Kuperman, Washington State University, Tree Fruit Research and Extension Center, WA, 2000

* 1 级指果实横切面全部染色，6 级指果实横切面均未染色（淀粉消失）

**4. 呼吸强度、乙烯含量** 苹果成熟过程中具有明显的呼吸、乙烯跃变峰，用于贮藏尤其是长期贮藏的苹果，必须在呼吸跃变期开始之前采收。

### (四)采后处理与运输

**1. 分级** 果品分级主要是适应商品化的要求，以便于按质论价，优质优价。我国于 1989 年颁布了鲜苹果国家标准(GB/T 10651—1989)，1992 年发布了苹果销售质量商业行业标准(SB/T 10064—1992)，2001 年发布了苹果外观等级农业行业标准(NY/T 439—2001)。苹果外观等级农业行业标准对苹果色泽及单果重的等级要求见表 7-3，表 7-4。

**表 7-3 苹果主要品种的色泽等级要求** (NY/T439—2001)

| 品 种 | 色 泽 | 最低着色百分比(%) | | |
|---|---|---|---|---|
| | | 特 等 | 一 等 | 二 等 |
| 元帅系 | 浓红或紫红 | 95 | 85 | 70 |
| 富士系 | 片红/条红 | 90/80 | 80/70 | 65/55 |
| 寒 富 | 浓红或鲜红 | 90 | 80 | 65 |
| 华 冠 | 鲜红 | 90 | 80 | 65 |
| 秦 冠 | 暗红 | 90 | 80 | 65 |
| 秋 锦 | 暗红 | 90 | 80 | 65 |
| 嘎拉系 | 红色 | 80 | 70 | 55 |
| 乔纳金系 | 浓红或鲜红 | 80 | 70 | 55 |
| 津轻系 | 红色 | 80 | 70 | 55 |
| 国 光 | 暗红或浓红 | 70 | 60 | 50 |
| 金冠系 | 绿黄 | 所有等级均应表现出其固有色泽 | | |
| 王 林 | 黄绿或绿黄 | | | |

注：1. 未涉及的品种，可比照表中同类品种参照执行；

2. 提早采摘出口和用于长期贮藏的金冠系品种允许淡绿色，但不允许深绿色

**表 7-4　苹果主要品种的单果重等级要求**　（NY/T439—2001）

| 品　种 | 单果重(克)≥ | | |
| --- | --- | --- | --- |
| | 特　等 | 一　等 | 二　等 |
| 元帅系 | 240 | 220 | 200 |
| 乔纳金系 | 240 | 220 | 200 |
| 富士系 | 240 | 220 | 200 |
| 王　林 | 200 | 180 | 160 |
| 秦　冠 | 200 | 180 | 160 |
| 寒　富 | 200 | 180 | 160 |
| 金冠系 | 200 | 180 | 160 |
| 华　冠 | 200 | 180 | 160 |
| 津轻系 | 200 | 180 | 160 |
| 秋　锦 | 200 | 180 | 160 |
| 嘎拉系 | 180 | 150 | 120 |
| 国　光 | 180 | 150 | 120 |

我国目前分级方法主要是目测与分级板配合使用。近年来，国内高档果品和外销的果品已采用自行研制或引进的分级设备。国外苹果分级已实现机械化和自动化。分级设备种类多样。圆形果实一般根据直径大小分级，椭圆形和其他形状的果实多按重量分级，也有的利用光电设备按照果实着色度进行分级。对于皮薄、肉脆容易受伤的品种如富士等，分级前应套上网套按重量进行分选，否则贮运过程中腐烂损耗较大。

**2. 包装**　果品包装分贮藏包装和销售包装。销售包装又分内包装和外包装。贮藏包装，首先要求抗压，便于安全操作和堆码；其次不易受潮变形。我国果品贮藏目前主要采用条筐（篓）、木箱、纸箱、塑料箱等，装量一般在20～30千克，大多采用人工码垛，包装容器相对较小，搬运、码垛费工费时，效率较低。国外苹果采后装入容量为400千克的大木箱或大塑料箱，运往冷库或气调库后用叉车码垛，堆码整齐，库容利用率高。销售包装一般采用纸箱包装，要求大小适宜和外观漂亮。内包装常采用单果包纸、单果套泡沫网套，每层之间用托盘或瓦楞格板相互隔离。为保持果品鲜度，纸箱可内衬塑料薄膜袋，也可一箱多袋。为便于人们选购、保持良好信誉和创立品牌，销售包装应有商标标示并注明品种、产地、等级、数量，甚至是贮藏方式。

**3. 预冷** 苹果采后要利用夜间低温或冷库尽快预冷。低温对苹果贮藏很重要。苹果在4.4℃时后熟速度比0℃快1倍，在9℃时比4.4℃快1倍，而21℃时又比9℃快1倍，因此苹果采后要尽快冷却贮藏。采用地沟、窑洞或通风库等靠自然降温的贮藏方式时，苹果采后放在阴凉背阴处，利用夜间低温使果实温度尽快下降，然后入贮。采用冷库或气调库进行中长期贮藏的苹果，果实采后应在48小时内预冷、入贮。

快速预冷、及时入库对于中熟或中晚熟品种如元帅、金冠、乔纳金、嘎拉等尤其重要。据试验表明，采后放在常温下的果实比留在树上的果实后熟进程要快得多。采后如做不到及时预冷入贮，宁可挂树贮藏。当然，这样势必影响贮藏期限。

**4. 药剂处理** 贮藏后期的虎皮病是影响元帅、红星、澳洲青苹等品种最主要的生理病害，对此国外通常采用0.2%～0.25%的二苯胺(DPA)药液浸果。但目前DPA在美国的使用正受到EPA(美国环保署)的复审，需要重新登记使用。国内也有采用含有二苯胺的药纸包果的，或用0.25%～0.35%的乙氧基喹药液浸果，或用含有乙氧基喹的药纸包果。近年，人们发现一种乙烯抑制剂——1-MCP对苹果虎皮病有极好的防治效果，可以基本或完全抑制苹果贮藏后期虎皮病的发生。

对于由真菌引起的病害，在0℃的贮藏温度和气调贮藏条件下,基本可以控制。在高温多湿地区或降水量较多的年份,可采用特克多、苯莱特或仲丁胺等药剂浸果或熏蒸进行防治。需要指出的是,如果贮藏温度过高,采用何种药剂也无法抑制腐烂。

**5. 运输** 苹果生产区域性明显。运输过程中应根据苹果品种特性、成熟期、运输距离远近和天气情况等来决定运输方式。尽量缩短运输时间,尽可能创造适宜的温度、湿度等条件,减少果实在运输途中的损失。

苹果运输的温度条件:运期1~3天时为3℃~10℃;4~6天时为3℃~5℃;7天以上时以0℃为好。早、中熟品种南运,均需预冷。冬季苹果北运需注意防冻。

### (五)适宜贮藏条件

**1. 温度** 苹果贮藏期随着温度的降低而延长。多数品种苹果冷藏适宜温度为-1℃~0℃。苹果贮藏在-1℃比0℃条件下贮藏寿命约延长1/4,比在4℃~5℃条件下约延长1倍。有些国家或地区生产的一些品种,如旭、橘苹、红玉等,在-1℃~0℃条件下贮藏会引起生理失调,产生低温伤害。水果表面出现斑点或出现凹陷,果皮变色发暗,似"烫伤"状,在有些品种上如旭、玉霰等表现为果心或果肉褐变。产生冷害的果实转移到高温环境后,冷害症状更为明显。这些品种适宜贮藏温度为2℃~4℃。

由于低氧和高二氧化碳对果实成熟过程和微生物生命活动具有明显的抑制作用,但提高贮藏环境二氧化碳浓度又会诱发或加重苹果低温伤害,因此,气调贮藏的适宜温度可比一般冷藏高0.5℃~1℃。目前,国外多数品种气调贮藏采用0℃~1℃或0℃~2℃。

**2. 湿度** 冷库贮藏和气调库贮藏,库内相对湿度应保持在90%~95%。依靠自然降温的贮藏场所如土窑洞、通风库等,贮温较高时(尤其是入贮初期和翌年春节过后),湿度不宜过大,否则会加重水果腐烂,通常应控制在85%~90%。采用塑料小包装或大帐等方式贮藏，失重很少，一般不用考虑库内湿度。

**3. 气体成分** 适当提高贮藏环境中二氧化碳浓度和降低氧气浓度，可以有效抑制果实的呼吸强度和成熟作用，有利于果实硬度、酸度及底色的保持，并能明显减少病原微生物引起的病害和苹果虎皮病等生理病害的发生。对于多数苹果品种而言，适宜的气体成分为二氧化碳为1%～5%，氧为1%～3%。但在具体应用中应注意以下几点：

第一，苹果品种不同，对二氧化碳忍耐力不同。根据苹果对二氧化碳的敏感程度大致可分为三类：一类是对二氧化碳具有较强的忍耐力或者称之为二氧化碳不敏感型，主要包括元帅系品种(元帅、红星、红冠、新红星等)、金冠、乔纳金、嘎拉、红玉、秦冠等，贮藏过程中二氧化碳浓度一般可高于氧浓度；第二类是对二氧化碳忍耐力较差或者称之为二氧化碳敏感型，主要包括富士系品种、贝宾(Braeburn)、澳洲青苹(Granny Smith)等品种，贮藏过程中二氧化碳浓度需始终低于氧浓度；第三类介于一、二类之间，代表品种有国光等。

第二，贮藏前期，苹果对高二氧化碳和低氧忍耐力较强。随着贮期的延长，苹果对高二氧化碳和低氧忍耐力下降。贮藏前期，一些品种如元帅系品种、金冠、乔纳金等可采取短期高二氧化碳和低氧处理提高耐藏性，加强气调贮藏效果。

第三，在果实冰点以上，贮藏温度越低，果实对高二氧化碳和低氧敏感性越强，同时，高二氧化碳和低氧会诱发或加重苹果低温伤害。气调贮藏温度应比普通冷藏稍高，若降低贮藏温度，氧浓度则应适当升高或者是降低二氧化碳浓度。对于二氧化碳敏感或低温敏感的品种更应如此。

第四，同一品种可能有不同的二氧化碳和氧浓度指标，但基本原则是：在阈值范围内，高二氧化碳须与高氧搭配，低二氧化碳须与低氧搭配。

第五，不同产地由于气候、生长条件不同，相同品种对二氧化碳忍耐力不同。生长在温暖潮湿地区的苹果，生长期间施氮肥较多的苹果，果个较大、采收过早的苹果，对二氧化碳忍耐力一般相对较低。山地果耐二氧化碳能力好于平地果。高海拔地区的果耐二氧化碳能力好于低海拔地区的果。

另外，贮藏环境中乙烯气体的存在会影响苹果的耐贮性。尤其是中熟或中晚熟品种苹果对乙烯敏感（从经验上看，凡是香气浓郁的品种，对乙烯大都较为敏感），控制贮藏环境中乙烯含量对抑制苹果后熟衰老及控制虎皮病发生等方面极为有利。

### （六）主要贮藏方法

**1. 自然降温贮藏** 依靠自然冷源降温贮藏苹果，方式多种多样。应用较为广泛的有沟藏、窑洞及通风库贮藏。自然冷源贮藏设施投资少、能耗低、管理简便，主要在晚秋至初春使用，所贮品种多为中晚熟（气温较高的地区不适合）或晚熟苹果。单纯采用自然降温方式贮藏，贮藏过程中果实易失水，贮藏期短，效果差。利用多数苹果较耐二氧化碳的特点，采用塑料薄膜袋或塑料大帐进行简易气调贮藏，在气温较低的地区（如辽宁、河北北部强制通风库贮藏）可获得相当于甚至优于单纯冷库贮藏的效果。其技术要点如下。

（1）塑料薄膜袋贮藏 苹果适期采收后，剔除病、虫、残、伤果，树下分级，随采随装，装入内衬塑料薄膜的纸箱（20 千克装）或筐内（30 千克装），敞开袋口和箱（筐）口，放在库外空旷处，经一夜预冷，于第二天清晨扎口封箱（筐）入贮。注意在装、运过程中，不得将薄膜袋扎破，否则贮藏效果大大下降。贮藏期间只要温度管理得当，薄膜厚度及装量适宜，不用开袋放气。沟藏直接采用薄膜袋贮藏，容量为 20 ~ 30 千克，不用装箱或筐。气温较高的地区，装袋后可适当延后 2 ~ 3 天扎口。

自然降温贮藏场所采用塑料薄膜袋贮藏时，薄膜袋厚度的选择至关重要。薄膜袋太薄，起不到气调作用或气调作用不明显；太厚，又可能产生二氧化碳伤害。根据我们的经验，对于较耐二氧化碳的品种如元帅系品种（元帅、红星、新红星等）、乔纳金、金冠、秦冠等，可选择 0.05 毫米厚的无毒聚氯乙烯薄膜袋，装量为 20～30 千克。入贮初期，上述品种可忍耐 10% 以上的二氧化碳。国光苹果可选择 0.03～0.04 毫米的无毒聚氯乙烯或聚乙烯薄膜袋，袋装量为 15～20 千克。入贮初期，国光苹果二氧化碳上限浓度应控制在 6%。富士苹果对二氧化碳敏感，二氧化碳伤害浓度为 3% 左右，可选择 0.03 毫米厚的无毒聚氯乙烯或聚乙烯薄膜袋打孔贮藏，每袋装量为 15～20 千克，袋两侧各打直径约 1 厘米的孔 2～3 个。采用塑料薄膜袋贮藏，相同品种在气温高的地区或装量较大时应薄一些。

（2）塑料大帐贮藏　大帐贮藏在土窑洞使用较多，主要有大帐堆藏和硅窗大帐气调贮藏两种方式，贮藏效果以后者为好。适用于对二氧化碳不敏感的品种。

①帐架制作　帐架用钢筋和角铁为支撑部件。容量为 2 500 千克的帐架，规格是宽 1.6 米、长 2.6 米、高 1.2 米，帐顶呈高约 60 厘米的三角形。为装卸方便，帐架可做成组装式。帐架内档材以木条、高粱秆为好。

②塑料大帐制作　大帐采用 0.1～0.2 毫米塑料膜热合而成。长宽比帐架大 5 厘米，高度比帐架高 15 厘米，铺在帐底的薄膜比帐架长宽各多出 30 厘米。帐上设 1 个上袖口、2 个下袖口和 1～2 个取气孔。上袖口直径 20 厘米，长 30 厘米，供调气和取样用；下袖口直径 20 厘米，长 40 厘米，用来同活动硅窗相连接。

③活动硅窗制作　硅窗主要用来调节帐内气体成分。制作时将硅膜粘贴在木条制作的框架上，并在框架另一侧粘合一段塑料薄膜袖口。硅膜的面积大小按每千克果 1.5～2 厘米$^2$ 确定。然后将塑料帐下袖口和硅窗袖口套在铁皮套筒上，用线绳扎紧。

④入帐和扣帐　苹果采后的当日或次日入库，3 天内扣帐。支帐架前，将帐架底位扫净垫平，铺好帐底，再支帐架。帐架底角

与底膜接触部位可垫一软垫，以防扎破帐底。在底膜上放一层高粱秆或苇席，在帐架四周放上挡板，装入果实，至果实和帐高度齐平，便可扣帐。扣帐后将帐的下部与底膜卷在一起，压好封严，不得漏气。最后安上活动硅窗。

⑤气体成分调节　扣帐后首先密封降氧，提高二氧化碳浓度，通过硅窗调整帐内气体成分，保持帐内2%～4%氧气，12%～14%二氧化碳。2～3周后，将二氧化碳浓度降至4%～8%，氧气与二氧化碳之比约为1∶2。温度降至5℃以下时，氧气浓度可适当提高，氧气与二氧化碳之比约为1∶1.5。

(3)温度要求　采用塑料薄膜袋或塑料大帐进行简易气调贮藏，土窑洞、通风库等场所入贮的最高窑(库)温度为15℃，适宜入贮温度为10℃～12℃。入贮时窑(库)温若能达到10℃以下，贮藏效果更好。入贮后，随着外界气温的下降尽快将窑(库)温降至-2℃～0℃。将自然通风改为轴流风机强制通风，可以更好地利用自然冷源。西北黄土高原地区，土窑洞加机械制冷辅助降温，贮藏效果更好。

(4)加强检查　入贮初期温度较高时，要定期打开袋口，观察果皮及果肉颜色。若果皮颜色稍暗，袋内有轻微异味，则应敞开袋口凉1夜，于第二天扎紧袋口继续贮藏；如已有明显的二氧化碳伤害，袋内酒精味较浓，则应解开袋口终止贮藏。有条件的贮户，可配备氧、二氧化碳测定仪器，定期检测袋内氧、二氧化碳浓度。

(5)辅助措施　入贮温度较高或果实病害较重时，苹果采后应采用特克多、仲丁胺等药液浸果防病。

(6)自然降温贮藏场所的设计及管理　此部分第六章已有介绍，这里不再重复。

**2. 冻藏**　苹果冻藏是寒冷地区的一种贮藏方式。其原理是利用果实冰点以下的自然低温，将苹果在冻结状态下贮藏，当气温回升时，果实缓慢解冻仍能恢复新鲜状态。冻藏的效果取决于品种(一般为晚熟耐寒品种)、成熟度、冻结温度及持续时间等因素。

辽宁省营口地区国光苹果采用冻藏，贮藏至翌年3月中旬，好果率100%，没有虎皮病，贮期比常规贮藏延长近2个月。具体做法流程是：

苹果10月下旬采收→挑选装箱或筐→窖外预冷至0℃（果温）→11月中旬入库（通风库）→加强通风，库温保持在-2℃～0℃→12月下旬开始降温，库温逐步降至-4℃～-5℃（果温保持在-2.5℃～-3℃，不能低于-4℃）→果实冻结后，通过通风口控制库温使果温保持在-2.5℃～-3℃下贮藏（贮藏期间果温不能低于-4℃）→3月上旬库温回升至-1.5℃左右时，果实解冻复原

贮藏期间果温保持在-2.5℃～-3℃较为安全，若低于-3℃或达到-4℃，就可能产生冻伤，贮后不能复原。另外，果实冻结后不能翻动，更不可时冻时化，否则果实不能复原，回温后变褐和发软。

前苏联在冷库内采用近冰点温度（-1℃～-3℃）使部分苹果处于冻结状态下贮藏7～8个月，贮藏效果优于0℃±1℃冷藏。

**3. 冷库贮藏**　冷库贮藏逐步成为我国苹果的主要贮藏方式，对鲜苹果的中长期供应起着重要作用。冷库贮藏苹果，鲜果采后应尽快入库预冷、入贮，满库后1～3天内降至要求的贮藏温度。裸果贮藏，库内相对湿度应达到90%～95%。我国主要苹果品种适宜冷藏温度及贮藏期见表7-5。

**表7-5　我国主要苹果品种适宜冷藏温度及贮藏期**

| 品　种 | 推荐温度(℃) | 预期贮藏寿命 | 贮藏期易出现的生理病害 |
|---|---|---|---|
| 富　士 | 0 | 6～7个月 | 苦痘病、果心褐变、霉心病、水心病 |
| 元　帅 | -1～0 | 6个月 | 虎皮病、苦痘病、裂果、果肉发绵衰老 |
| 红　星 | -1～0 | 6个月 | 虎皮病 |
| 国　光 | -1～0 | 7个月 | 虎皮病、苦痘病 |
| 金　冠 | -1～0 | 7个月 | 适于晚采成熟度高的果实 |

**续表 7-5**

| 品　种 | 推荐温度(℃) | 预期贮藏寿命 | 贮藏期易出现的生理病害 |
|---|---|---|---|
| 金　冠 | 0~1 | 5~6个月 | 苦痘病 |
| 秦　冠 | 0~1 | 6个月 | 虎皮病、水心病 |
| 乔纳金 | 0 | 5~6个月 | 虎皮病、苦痘病 |
| 嘎　拉 | 0 | 4~5个月 | 肉质易沙化,风味下降 |
| 红　玉 | 0 | 4~5个月 | 红玉斑点病、低温内部褐变 |
| 印　度 | -1~1 | 6~7个月 | 虎皮病、苦痘病 |
| 鸡　冠 | 0~2 | 6个月 | |
| 红　冠 | -1~0 | 6个月 | |
| 津　轻 | 1~3 | 2~3个月 | 果肉发绵衰老、虎皮病 |
| 澳洲青苹 | 0 | 7个月 | 虎皮病、果心褐变 |
| 粉红夫人 | 0 | 7个月 | 虎皮病 |

冷库内采用塑料薄膜袋或大帐简易气调贮藏,比单纯冷藏(裸果贮藏)贮期可延长1~2个月,且贮藏效果好于单纯冷藏,管理也更加方便(库内不用加湿,减少除霜次数)。薄膜袋贮藏的技术要点是:苹果下树后经初选直接装袋运入库内,薄膜袋厚度及装量与自然降温贮藏一致。采用透湿性较好的无毒聚氯乙烯袋贮藏,下树后直接扎口入贮,透湿性较差的聚乙烯袋须敞口预冷12~24小时后扎口封箱(筐)入贮。贮藏期间一般不用开袋放气。辽宁省南部一些冷库利用大木箱(400千克装)内衬0.04~0.05毫米厚无毒聚氯乙烯薄膜贮藏苹果,也获得良好效果。

**4. 气调库贮藏**　苹果是最适宜气调贮藏的水果之一。气调库贮藏比单纯冷藏的贮期可延长2~4个月,甚至更长。苹果贮后色泽鲜艳,风味好,货架期长,虎皮病等生理病害较少,是目前商业上实现苹果长期贮藏的最好方法。气调贮藏的适宜温度可比一般冷藏高0.5℃～1℃。目前，国外多数品种气调贮藏采用0℃～1℃或0℃～2℃，库内相对湿度为90%～95%。一般情况下，果实接近适宜贮藏温度时才能降氧，对于富士等二氧化碳敏感型品种尤其如此。气调库的建造和管理详见第六章。苹果气调贮藏条件及贮藏寿命见表7-6。

**表7-6 苹果气调贮藏条件及贮藏寿命**

| 品种 | 国家 | 推荐温度（℃） | 推荐气体组合 | | 预期贮藏期 |
|---|---|---|---|---|---|
| | | | 氧气（%） | 二氧化碳（%） | |
| 富士 | 美国 | 1 | 2.0 | 0.5 | 12个月 |
| 富士* | 日本 | 0 | 2 | 1 | 8个月 |
| 富士** | 中国 | 0 | 5 | 2 | 8个月 |
| 富士* | 巴西 | 1.5～2 | 1.5～2 | 0.7～1.2 | — |
| 富士* | 澳大利亚 | 0 | 2 | 1 | — |
| 元帅 | 加拿大 | 0～0.5 | 1.5 | 1.5 | 10个月 |
| 元帅 | 加拿大 | 0～0.5 | 2.5 | 4.5 | 10个月 |
| 元帅 | 美国（华盛顿州） | 0～1 | 1.5 | 1.5 | 12个月 |
| 元帅 | 美国（密歇根州） | 0 | 1.5 | <3 | 7～8个月 |
| 元帅 | 意大利 | 0/0.5 | 1 | 1 | 8～9个月 |
| 元帅 | 南非 | -0.5 | 1.5 | 2.5 | 9个月 |
| 金冠 | 美国 | 0～1 | 2 | 1.5 | 9个月 |
| 金冠 | 意大利 | 1～2 | 1 | 2 | 8～9个月 |
| 金冠 | 南非 | -0.5 | 1.5 | 2.5 | 9个月 |
| 金冠 | 荷兰 | 1 | 1～1.2 | 4 | 8个月 |
| 乔纳金 | 加拿大 | 0～0.5 | 1.5 | 1.5 | 10个月 |

续表 7-6

| 品种 | 国家 | 推荐温度（℃） | 推荐气体组合 | | 预期贮藏期 |
|---|---|---|---|---|---|
| | | | 氧气（%） | 二氧化碳（%） | |
| 乔纳金 | 荷兰 | 1 | 1～1.2 | 4.5 | 9个月 |
| 乔纳金* | 法国 | 0～1 | 1.5 | 2.5～3 | — |
| 乔纳金*** | 中国 | 0 | 3 | 3～8 | >6个月 |
| 皇家嘎拉 | 美国 | 0～1 | 2 | 1.5 | 7个月 |
| 皇家嘎拉 | 新西兰 | 0.5 | 2 | 2 | 4个月 |
| 皇家嘎拉* | 澳大利亚 | 0 | 2 | 1 | 5个月 |
| 红玉 | 美国 | 0 | 1.5 | <3 | 5～6个月 |
| 红玉* | 以色列 | -0.5 | 1～1.5 | 5 | — |
| 红玉* | 瑞士 | 3 | 2～3 | 3～4 | — |
| 澳洲青苹 | 美国 | 0～1 | 1.5 | 0.5 | 10个月 |
| 澳洲青苹 | 新西兰 | 0.5 | 2 | 2 | 6个月 |
| 澳洲青苹 | 意大利 | 0 | 1 | 1 | 7～8个月 |
| 橘苹* | 英国 | 4～4.5 | 1.25 | <1 | — |
| 橘苹 | 荷兰 | 4 | 1.3 | 0.7 | 6.5个月 |
| 粉红夫人* | 澳大利亚 | 0 | 2 | 1 | 9个月 |

资料来源：Eugene Kuperman, Washington State University, Tree Fruit Research and Extension Center, WA, 2001

* A. K. Thompson, Controlled Atmosphere Storageof Fruits and vegetables, 1998

** 山西农科院保鲜研究所

*** 中国农科院果树研究所（试验数据）

**5. 苹果气调贮藏新进展** 为进一步延长苹果贮藏寿命，提高贮藏质量，减少贮藏期间虎皮病等生理病害的发生，人们在常规气调贮藏（条件一般为0℃，2%～3%氧，2%～5%二氧化碳）的基础上，又发展了多种形式。

（1）高二氧化碳处理 苹果采收入库后立即用12%～20%高

二氧化碳处理10～14天，然后进入正常的贮藏。高二氧化碳处理可更好地保持苹果硬度、质地、酸含量、风味及果皮底色，可明显减少虎皮病的发生。适用品种为金冠、新红星等。国外在旭和红玉等品种上也进行过研究。由于此种方法在操作时果实表皮容易产生二氧化碳灼伤，在有些国家已被快速气调（Rapid CA）取代。

（2）快速气调　气调库贮藏苹果，降氧速度经历了由自然缓慢降氧（降至3%以下需3周左右）到人工降氧。人工降氧速度又由过去的1周左右缩短至24小时。目前快速降氧指苹果采收入库后24小时内将氧气浓度降至3%以下。快速气调能更好地保持果实硬度、酸含量和抑制贮藏病害的发生。由于果实采后入库、降温、降氧迅速，所以快速气调贮藏的苹果可适当晚采以提高风味又不至影响贮后硬度。目前，快速气调在美国主要用于金冠、嘎拉等品种。

（3）低乙烯气调贮藏　低乙烯气调贮藏是在气调贮藏的基础上，应用乙烯吸收剂或乙烯脱除器消除库内乙烯，使贮藏室乙烯浓度始终保持在1微升/升以下。与常规气调贮藏相比，此法能更好抑制苹果硬度下降，更好地防止虎皮病的发生，使得苹果贮后货架期更长。

（4）低氧（L.O）或超低氧（U.L.O）贮藏　低氧或超低氧贮藏指采用1%氧甚至更低、1%～2%二氧化碳，在1℃～2℃下贮藏。降低氧气浓度需要适当提高贮藏温度。国外也有采用0.7%氧气贮藏的报道，但通常在贮藏初期进行短期低氧（0.7%甚至是0.25%）处理（Initial low-oxygen shock），而后在常规气调条件下贮藏。低氧或超低氧贮藏需要有精确的控制系统，对库体的密封性要求较高，目前主要在元帅、金冠等品种上有应用。

（5）双变气调（TDCA）　双变气调是我国科技工作者创造的一种节能气调贮藏方式。其最佳指标：起始温度为10℃，经60～90天逐渐降至0℃，二氧化碳从12%逐渐降至3%，氧为3%。适用品种为新红星、红星、乔纳金（辽宁）等。

除以上方式外，国内科研机构研制和开发了基于利用自然低温和机械制冷相结合的多种贮藏方式。如山东省果树研究所的冷凉库、节能复合贮藏库，中国农科院果树研究所的微型节能冷库，以及山西省的土窑洞加制冷机械等产地贮藏设施。其共同特点是结构较为简单，造价低廉，使用方便。这些方式大都利用双变气调贮藏的原理，采用塑料小包装或气调大帐进行自发或人工气调，一般均可达到或超过普通冷藏水平。

## （七）苹果保鲜的重大突破——1-MCP的应用

1-MCP是一种乙烯抑制剂，是最近几年发现并开始应用于苹果、花卉等园艺产品贮运保鲜方面的一种极为有效的保鲜剂。在水果方面，1-MCP能显著抑制苹果、梨、鳄梨、香蕉和猕猴桃等多种跃变型水果的呼吸和乙烯的合成，推迟乙烯与呼吸高峰的出现，对于保持果实硬度、酸含量、可溶性固形物及底色保持十分有效。另外，1-MCP处理能显著减少或消除苹果贮藏及货架期的虎皮病等生理病害。由于1-MCP的使用浓度低、效果显著、无毒副作用，所以引起人们的广泛关注，被称为水果保鲜尤其是苹果保鲜的革命。目前在美国，其官方机构FDA（食品及药品管理局）及EPA（美国环保署）已批准（注册）1-MCP在苹果上商业应用。

中国农业科学院果树研究所（2000～2003）研究表明，苹果用0.5～1微升/升的1-MCP密闭熏蒸处理12小时，其呼吸强度可降低近50%。室温下（20℃），1-MCP处理的金冠、乔纳金、津轻、富士等贮藏期均比对照延长1倍以上，并能更好地保持果实硬度及风味。处理后的金冠、乔纳金可存放近2个月，津轻可存放40天以上，硬度均在6千克/厘米$^2$以上，而对照仅可存放10～20天就开始发绵，果皮发黏。用0.25微升/升、0.5微升/升及1.0微升/升浓度处理新红星苹果，冷藏6个月后，果实硬度比对照高0.9～1.3千克/厘米$^2$，酸含量比对照高15%～20%，可溶性固形物比对照高0.7～1.1个百分点。在20℃下7天各处理果皮色泽鲜艳，没有虎皮病发生，而对照果皮色泽发暗，虎皮病病果率高达86.7%。国内的研究结果与国外基本一致。见表7-7。

**表7-7 不同贮藏方式1-MCP(SmartFresh™)处理贮藏效果对比**

| 贮藏指标 | 贮藏温度及贮藏期 | 基础值 | 1-MCP+气调贮藏 | 气调贮藏 | 1-MCP+普通冷藏 | 普通冷藏 |
|---|---|---|---|---|---|---|
| 果实硬度(kg/cm²)* | 0~1.5℃贮藏6个月+20℃10天 | — | 8.0 | 6.9 | 7.3 | 5.8 |
| 果实硬度(kg/cm²)** | 0℃贮藏9个月+20℃10天 | 8.4 | 7.8 | 6.7 | 7.5 | 6.3 |
| 果实酸含量(%)*** | 贮藏6个月 | 0.47 | 0.40 | 0.34 | 0.36 | 0.28 |
| 虎皮病发病率(%) | 贮藏6个月+20℃7天 | 澳洲青苹 | — | — | 0 | 95 |
| | | 元帅 | 2 | 54 | 4 | 88 |

* 元帅、澳洲青苹、嘎拉、金冠、粉红夫人、乔纳金、贝宾、旭、富士等12个品种测定的平均值

** 元帅、金冠、澳洲青苹、富士、贝宾等6个品种测定的平均值

*** 元帅、金冠、澳洲青苹、富士、贝宾、嘎拉等8个品种测定的平均值

综合Fan X., Mattheis J.(1999~2000), Watkins C.(1999)及ReedN.(2001)等人的研究结果表明，常温(20℃)下，1-MCP处理果实内源乙烯浓度仅为对照的0.4%~9%，呼吸强度为对照的40%~50%。苹果在普通冷藏条件下采用1-MCP处理，贮藏6~9个月，果实硬度、酸含量均高于或明显高于气调贮藏，表现最差的品种也与气调贮藏基本相当(数据未列出)。1-MCP处理对苹果虎皮病的防治效果远远好于气调贮藏。经处理的苹果，无论是在普通冷藏还是在气调贮藏条件下，虎皮病均能得到基本或完全控制。另外，1-MCP处理对果心褐变(Core flush)及果面发黏(Greasiness)防治效果极佳。1-MCP处理+气调贮藏，对贮后果实硬度、酸含量以及虎皮病控制等方面，贮藏效果明显好于单纯气调贮藏。

需要注意的是，必须在苹果呼吸跃变之前采用1-MCP处理，否则效果较差。处理后贮藏温度应与气调贮藏温度一致，不可过

低。

### （八）主要生理病害及其防治

**1. 虎皮病** 虎皮病是苹果贮藏后期发生的最严重的生理病害。多数苹果品种易感此病。其症状是病部变褐色，微凹陷，不规则，多发生在不着色的背阴面，果皮色泽整体发暗。此病一般只发生在表皮细胞，不深入果肉，对果实风味品质无明显影响，但严重影响果实外观。

采收期对发病影响很大。采收过早是发病的主要因素之一。适当晚采可明显降低发病率。采用低氧、高二氧化碳、低乙烯贮藏对虎皮病也有明显抑制效果。化学药物控制主要采用二苯胺（DPA）。随着 1-MCP 的应用，虎皮病对苹果等贮藏的影响可能成为历史。

**2. 苦痘病** 此病也是影响苹果果实品质的一种重要的生理病害。发病初期，果皮下浅层果肉发生褐变，之后在果面形成圆斑。绿色品种圆斑呈深绿色，红色品种圆斑呈紫红色。斑下果肉坏死干缩，深及果肉 2～3 毫米。病斑常以皮孔为中心，直径 3～5 毫米，以后扩大到 10 毫米。坏死细胞含大量淀粉，有苦味。苦痘病多在果实生长后期开始发病，贮藏期间发病最重。果实中的钙素不足是果实发病的主要诱因。采前或生长期喷施钙肥，采后果实浸钙，可防止或延缓苹果苦痘病的发生与发展。

**3. 低温伤害** 多数品种在 －1℃～0℃不会产生伤害，但气调贮藏会诱发或加重苹果低温伤害，贮藏温度需适当提高 0.5℃～1℃。

**4. 高二氧化碳伤害和低氧伤害** 贮藏中，如果二氧化碳浓度过高、氧浓度过低，且持续时间较长，会出现果肉褐变，产生空洞，同时伴随有乙醇味的现象。产生伤害的果实硬度较大，但果皮颜色较暗。贮藏过程中，要经常检测环境中二氧化碳和氧浓度变化，及时进行调控，可防止伤害的发生。

**5. 裂果** 贮藏温度较高、湿度较大时，贮期过长，贮藏后期果皮易开裂。过熟果和大果更易裂果。这种现象在土窖贮藏较为常见。

## 二、梨

我国为梨的原产国，梨的栽培历史悠久，品种繁多，分布区域广。全国除海南省外，各省、市、自治区均有生产。河北省为我国产梨大省，占全国梨总产量的30%左右，其次为山东、湖北、安徽、陕西、辽宁、江苏、四川、河南、甘肃等省。我国梨产量和栽培面积均居世界首位。在我国北方，梨是仅次于苹果的第二大果树。2001年，我国梨产量为879.6万吨，占世界当年梨总产量的一半以上。梨树面积102.6万公顷，约占世界梨树总面积的2/3。搞好梨果贮运保鲜，对于保障我国梨业健康发展、扩大出口规模等有着重要的作用。

### (一)种类和品种

我国栽培的梨品种达2000多个，大部分属于秋子梨、白梨、砂梨和西洋梨。品种是影响梨贮藏性状的内因，不同品种的耐贮性有很大差异。一般来讲，晚熟品种较中熟品种耐贮藏，中熟品种较早熟品种耐贮藏。

从梨的不同系统看，白梨系统的多数品种耐贮藏，砂梨系统的耐贮性不如白梨系统。秋子梨和西洋梨多数品种在常温下极易后熟、软化，不耐贮藏或极不耐贮，但采用冷藏或气调贮藏，多数品种一般可贮藏3～4个月甚至更长。白梨系统中，苹果梨、秦酥、秋白、锦丰、蜜梨、冬果、红霄等极耐贮藏，一般可贮至翌年的4～5月份；黄县长把、库尔勒香、栖霞大香水、金川雪梨、金花等耐贮藏，一般可贮至翌年的3～4月份；鸭梨、砀山酥、雪花、茌梨等较耐贮藏，一般可贮至翌年2～3月份；早酥等不耐贮。砂梨系统中，晚三吉、爱宕等耐贮藏，新高、苍溪梨、威宁大黄梨、黄金梨等较耐贮藏，黄花、丰水等耐藏性较差，二宫白、菊水等不耐贮藏。秋子梨系统中，安梨、花盖、尖把梨耐贮藏，南果、京白较耐贮藏。

### (二)采后生理特点

根据采后生理特性，梨一般可分为软肉梨和脆肉梨(硬肉梨)。软肉梨指采收时果肉脆硬，后熟后变软，表现出特有风味的梨，一般指秋子梨和西洋梨等系统的品种。脆肉梨采后不需后熟即可食用，一般指白梨和砂梨系统的品种。软肉梨采后具有明显的呼吸跃变，通常呼吸强度较高，温度20℃果实呼吸强度为20～70$mgCO_2 \cdot kg^{-1} \cdot h^{-1}$，常温下不耐贮藏。多数脆肉梨呼吸强度及呼吸跃变相对较弱，有些品种如二十世纪、黄金等没有呼吸跃变发生。温度20℃多数中晚熟脆肉梨果实呼吸强度为12～18$mgCO_2 \cdot kg^{-1} \cdot h^{-1}$，常温下耐贮藏性大大好于软肉梨。在0℃下，一般梨果实呼吸强度为2～6$mgCO_2 \cdot kg^{-1} \cdot h^{-1}$。采用低温贮藏，无论软肉梨还是脆肉梨，果实呼吸强度大大降低，乙烯释放量也维持在一个很低的水平，因而贮藏时间可大大延长。梨对乙烯反应较为敏感，不可与释放乙烯较多的水果同库贮藏。

### (三)采收期的确定及采收

**1. 采收期的确定**　采收期与果实的产量、品质及耐贮性有着密切的关系，只有适时采收的果实才能获得最佳的贮藏能力，过早或过晚采收的梨均不耐贮藏。采收过早，不仅影响产量，而且果实含糖量低，风味淡，色泽差，品质劣，贮藏过程中易失水皱皮，果心易褐变；采收过晚，软肉梨易软化、衰老、腐烂，脆肉梨对二氧化碳敏感程度增强，黑心、黑皮等生理病害和腐烂率明显增加。确定适宜采摘期对气调贮藏和中长期冷藏十分重要。短期贮藏或采后即上市的果实，为提高品质，可适当晚采。南果梨等秋子梨系统的品种适当晚采或采后常温预熟3～5天，贮后不必催熟可直接上市。

中长期贮藏和长途运输的果实，采摘不宜过晚。个别品种可短期挂树贮藏，如早酥、黄花梨等。果实的采收期取决于果实的成熟度。生产中，最常用的确定适宜成熟度的指标如下：

(1)底色变化　果实在成熟时都显示出其固有的颜色。随着果实成熟度的提高，果皮上的叶绿素逐渐分解，底色逐渐呈现出来。果皮底色由绿色开始变为浅绿色或黄绿色，果面略带蜡质，出现光泽时，表明果实即将成熟，可以采收。

(2)果肉硬度和可溶性固形物含量　随着果实成熟度的提高，果实硬度及淀粉含量随之下降，可溶性固形物(通常指的糖分)含量逐渐增加。河北副食品公司等单位分三个采期研究了从9月5日至10月1日鸭梨硬度等的变化。研究结果表明，采期每推迟10天，硬度下降0.68千克/厘米$^2$。认为短期通风库贮存的鸭梨应于9月中下旬采收，果实平均硬度在3.81千克/厘米$^2$以上；用于冷库贮藏的鸭梨应于9月7日至9月中旬采收，果实平均硬度在4.67千克/厘米$^2$以上。采收时果实可溶性固形物含量至少达到：早熟品种9%，中熟品种11%，晚熟品种12%。硬度和可溶性固形物含量适宜采收指标可参考国家标准《鲜梨》。

(3)淀粉含量　果肉淀粉含量的多少，用0.5%～1%碘-碘化钾溶液处理果肉截面，根据截面染成蓝色的面积大小来判断。主要用于秋子梨和西洋梨。对于西洋梨来说，若60%剖面变成蓝色，即达到适宜采收期。

(4)种子颜色　种子尖端变褐到花籽。

(5)果实发育期　在河北省石家庄市，适宜中长期贮藏的鸭梨，一般在盛花后157～160天采收。

(6)果柄脱落难易程度　果柄基部离层形成，果实容易采摘。

**2. 采收注意事项**　梨果实水分含量大，果皮薄，肉质脆，很容易造成的机械损伤。机械损伤是引起梨果腐烂最主要的内在原因。另外，果实受伤后产生伤呼吸和伤乙烯，加速果实衰老，耐贮性下降。因此，在采摘果实过程中，必须十分注意，尽量避免一切人为的机械损伤。通过经验总结,在采收过程中要做到“四轻”,即轻摘、轻放、轻装、轻卸,避免造成“四伤”,即指甲伤、碰压伤、刺伤和摩擦伤,这样才能保证果实的品质、贮藏质量和减少腐烂。

## (四)采后处理及运输

**1. 分级** 果品分级的主要目的,是使之达到商品的标准化要求。我国于 1989 年颁布了鲜梨国家标准(GB/T 10650—1989),于 2001 年发布了梨外观等级农业行业标准(NY/T 440—2001)。国家标准规定了鲜梨的外观等级规格指标。根据该标准,鲜梨包括等级规格指标(表 7-8)、理化指标(表 7-9)和卫生指标 3 个方面的质量要求。理化指标暂不作为鲜梨收购的质量指标。卫生指标按 GB2762、GB2763 水果类规定指标执行。标准规定,“收购检验以感官鉴定为主”,“理化、卫生检验分析果实的内在质量,作为评定中参考的科学数据”。农业行业标准对梨外观规格等级指标(表 7-10)及单果重量(表 7-11)有具体要求。

**表 7-8 鲜梨等级规格指标** (GB/T 10650—1989)

| 项 目 | 优等品 | 一等品 | 二等品 |
|---|---|---|---|
| 基本要求 | 各品种、各等级的鲜梨都必须完整良好,新鲜洁净,无不正常的外部水分,无异嗅及异味,精心手采,发育正常,具有贮存或市场要求的成熟度 | | |
| 果 形 | 果形端正,具有本品种固有的特征,果梗完整 | 果形正常,允许有轻微缺陷,具有本品种固有的特征,果梗完整 | 果形允许有缺陷,仍保持本品种应有的特征,不得有偏缺过大的畸形果,果梗完整 |
| 色 泽 | 具有本品种成熟时应有的色泽 | 具有本品种成熟时应有的色泽 | 具有本品种成熟时应有的色泽,允许色泽较差 |

**续表 7-8**

| 项　目 | | 优 等 品 | 一 等 品 | 二 等 品 |
|---|---|---|---|---|
| 果实横径（毫米） | 特大型果 | ≥70 | ≥65 | ≥60 |
| | 大型果 | ≥65 | ≥60 | ≥55 |
| | 中型果 | ≥60 | ≥55 | ≥50 |
| | 小型果 | ≥55 | ≥50 | ≥50 |
| 果面缺陷 | | 允许下列不影响外观和品质的轻微缺陷不超过2项 | 允许下列规定的缺陷不超过3项 | 允许下列规定的缺陷不超过3项 |
| 其中 | 碰压伤 | 允许轻微者1处，其面积不超过0.5厘米$^2$，不得变褐 | 允许轻微者2处，总面积不超过1.0厘米$^2$，不得变褐 | 允许轻微者3处，总面积不超过2.0厘米$^2$，每处不超过1.0厘米$^2$，不得变褐 |
| | 刺伤、破皮划伤 | 不允许 | 不允许 | 不允许 |
| | 磨伤（枝磨、叶磨） | 允许轻微磨伤面积不超过果面的1/12。巴梨、秋白梨为1/8 | 允许轻微磨伤面积不超过果面的1/8。巴梨、秋白梨为1/6 | 允许轻微磨伤面积不超过果面的1/4 |
| | 水锈、药斑 | 允许轻微薄层总面积不超过果面的1/12 | 允许轻微薄层总面积不超过果面的1/8 | 允许轻微薄层总面积不超过果面的1/4 |
| | 日　灼 | 不允许 | 允许桃红色或稍微发白者不超过1.0厘米$^2$ | 允许轻微的日灼伤害总面积不超过3.0厘米$^2$，但不得有肿泡、裂开或伤部果肉变软 |

续表 7-8

| 项目 | | 优等品 | 一等品 | 二等品 |
|---|---|---|---|---|
| 其中 | 雹伤 | 不允许 | 允许轻微者1处,不超过0.5厘米$^2$ | 允许轻微者2处总面积不超过2.0厘米$^2$ |
| | 虫伤 | 不允许 | 允许干枯虫伤2处,总面积不超过0.2厘米$^2$ | 干枯虫伤处数不限,总面积不超过1.0厘米$^2$ |
| | 病害 | 不允许 | 不允许 | 不允许 |
| | 食心虫害 | 不允许 | 不允许 | 不允许 |

注:特大型果包括苍溪雪梨、雪花梨、金花梨、茌梨等;大型果包括鸭梨、酥梨、黄县长把梨、栖霞大香水梨、山东子母梨、宝珠梨、苹果梨、早酥梨、大冬果梨、巴梨、晚三吉梨等;中型果包括黄梨、安梨、秋白梨、胎黄梨、鸭广梨、库尔勒香梨、菊水梨、新世纪梨等;小型果包括绵梨、伏茄梨等

**表 7-9 鲜梨品质理化指标** (GB/T 10650—1989)

| 品种 | 鸭梨 | 酥梨 | 茌梨 | 雪花梨 | 香水梨 | 长把梨 | 秋白梨 | 早酥梨 | 新世纪梨 | 库尔勒香梨 |
|---|---|---|---|---|---|---|---|---|---|---|
| 果实硬度(千克/厘米$^2$)≥ | 4~5.5 | 4~5.5 | 6.5~9 | 7~9 | 6~7.5 | 7~9 | 11~12 | 7.1~7.8 | 5.5~7 | 5.5~7.5 |
| 可溶性固形物(%)≥ | 10.0 | 11.0 | 11.0 | 11.0 | 12.0 | 10.5 | 11.2 | 11.0 | 11.5 | 11.5 |
| 总酸量(%)≤ | 0.16 | 0.16 | 0.10 | 0.12 | 0.25 | 0.35 | 0.20 | 0.24 | 0.16 | 0.10 |
| 固酸比≥ | 62.5:1 | 110:1 | 110:1 | 92:1 | 48:1 | 30:1 | 56:1 | 46:1 | 72:1 | 115:1 |

表 7-10 梨外观等级规格指标 （NY/T 440—2001）

<table>
<tr><th colspan="2">项 目</th><th>特 等</th><th>一 等</th><th>二 等</th></tr>
<tr><td colspan="2">基本要求</td><td colspan="3">充分发育，成熟、果实完整良好，新鲜洁净，无异味、不正常外来水分、刺伤、虫果及病害，果梗完整</td></tr>
<tr><td colspan="2">色 泽</td><td colspan="3">具有本品种成熟时应有的色泽</td></tr>
<tr><td colspan="2">单果重(克)</td><td colspan="3">梨主要品种的单果重等级要求见表 7-11</td></tr>
<tr><td colspan="2">果 形</td><td>端 正</td><td>比较端正</td><td>可有缺陷，但不得有畸形果</td></tr>
<tr><td rowspan="8">果面缺陷</td><td>碰压伤</td><td>无</td><td>无</td><td>允许轻微碰压伤，面积不超过 0.5 厘米²</td></tr>
<tr><td>磨伤</td><td>允许面积小于 0.5 厘米² 轻微磨伤 1 处</td><td>允许轻微磨伤，面积不超过 1.0 厘米²</td><td>允许轻微磨伤，面积不超过 2.0 厘米²</td></tr>
<tr><td>果锈</td><td>允许轻微的果锈，面积不超过 0.5 厘米²</td><td>允许轻微果锈，面积不超过 1.0 厘米²</td><td>允许果锈，面积不超过 2.0 厘米²</td></tr>
<tr><td>水锈</td><td>允许轻微薄层，面积不超过 0.5 厘米²</td><td>允许轻微薄层，面积不超过 1.0 厘米²</td><td>允许轻微薄层，面积不超过 2.0 厘米²</td></tr>
<tr><td>药害</td><td>无</td><td>允许轻微的薄层，面积不超过 0.5 厘米²</td><td>允许轻微薄层，面积不超过 1.0 厘米²</td></tr>
<tr><td>日灼</td><td>无</td><td>无</td><td>允许轻微日灼，面积不超过 1.0 厘米²</td></tr>
<tr><td>雹伤</td><td>无</td><td>无</td><td>允许轻微雹伤，面积不超过 0.4 厘米²</td></tr>
<tr><td>虫伤</td><td>无</td><td>允许干枯虫伤，面积不超过 0.1 厘米²</td><td>允许干枯虫伤，面积不超过 0.5 厘米²</td></tr>
</table>

注：1. 果面缺陷：特等不超过 1 项，一等不超过 2 项，二等不超过 3 项；2. 果锈为其品种特征的梨不受此限，但符合其品种特性

表 7-11 梨主要品种的单果重等级要求 （NY/T 440—2001）

| 品 种 | 单果重(克)≥ | | |
|---|---|---|---|
| | 特 等 | 一 等 | 二 等 |
| 苍溪雪梨 | 550 | 460 | 370 |
| 金花梨 | 460 | 380 | 300 |
| 晚三吉梨 | 350 | 290 | 230 |
| 锦丰梨 | 340 | 280 | 220 |
| 五九香梨 | 320 | 270 | 220 |
| 酥 梨 | 300 | 250 | 200 |
| 茌 梨 | 290 | 240 | 190 |
| 早酥梨 | 290 | 240 | 190 |
| 苹果梨 | 270 | 230 | 190 |
| 巴 梨 | 260 | 220 | 180 |
| 大冬果梨 | 260 | 220 | 180 |
| 红香酥梨 | 260 | 220 | 180 |
| 八月红梨 | 260 | 220 | 180 |
| 雪花梨 | 250 | 210 | 170 |
| 幸水梨 | 230 | 190 | 150 |
| 鸭 梨 | 220 | 180 | 140 |
| 丰水梨 | 200 | 170 | 140 |
| 菊水梨 | 200 | 170 | 140 |
| 黄花梨 | 190 | 160 | 130 |
| 秋白梨 | 170 | 140 | 110 |
| 新水梨 | 160 | 130 | 100 |
| 新世纪梨 | 160 | 130 | 100 |
| 锦香梨 | 160 | 130 | 100 |
| 京白梨 | 140 | 120 | 100 |

续表 7-11

| 品　种 | 单果重(克)≥ | | |
|---|---|---|---|
| | 特　等 | 一　等 | 二　等 |
| 库尔勒香梨 | 140 | 120 | 100 |
| 大南果梨 | 140 | 120 | 100 |
| 长把梨 | 130 | 110 | 90 |
| 安　梨 | 130 | 110 | 90 |
| 大香水梨 | 120 | 100 | 80 |
| 南果梨 | 70 | 60 | 50 |

**2. 包装**　包装分内包装和外包装。内包装采用单果包纸或套塑料发泡网套,或者先包纸再外套塑料发泡网套,可以有效缓冲运输碰撞,减少机械损伤。包果纸须清洁完整、质地柔软、薄而半透明,具有吸潮及透气性能。另外,也可用油纸或符合食品卫生要求的药纸包果。外包装可用筐(篓)、纸箱、塑料箱、木箱等。塑料箱、木箱可做贮藏箱或周转箱,纸箱可做贮藏箱和销售包装箱。筐(篓)包装需内衬牛皮纸或包装纸,以减少摩擦。

**3. 预冷**　梨果采收期一般在9月至10月上旬。此时白天气温仍然较高,进行长期冷藏或气调贮藏的梨果,采摘后应尽快入库预冷,排除田间热。要求48小时内装满库。库满后温度应尽快降至该品种适宜贮温。依靠自然冷源降温的土窑洞、通风库等,梨果采收时窑温往往高于室外平均温度,一般不可直接入窑贮藏,要在窑外阴凉处进行预贮。因为此时外界气温比窑温降得快,可以最大限度地利用夜间低温来降低果实温度。预贮后的果实一般在立冬前后入窑。在库外预贮,经常发生鼠嗑和失水皱缩现象,管理不及时可能产生冻害。中国农业科学院果树研究所发明的强制通风库,可及时充分利用晚秋初冬夜间低温冷源,快速降低窖温及果温,果实采后可立即入窖贮藏,避免预贮造成的各种损失。

**4. 运输** 梨果运输除注意减少磕碰伤外，还应保持较为适宜的运输温度。梨的建议运输温度见表 7-12，供参考。

**表 7-12 梨建议运输温度 （℃）**

<table>
<tr><th colspan="3" rowspan="2">系统、品种和上市期</th><th colspan="3">途中时间</th></tr>
<tr><th>3~5 天</th><th>5~10 天</th><th>10 天以上</th></tr>
<tr><td rowspan="3">采后上市或短期贮藏后的梨</td><td rowspan="2">白梨和砂梨</td><td>早、中熟品种</td><td>≤10</td><td>≤5</td><td>0~2</td></tr>
<tr><td>中、晚熟品种</td><td>常温</td><td>≤10</td><td>≤5</td></tr>
<tr><td colspan="2">秋子梨和西洋梨</td><td>≤10</td><td>≤5</td><td>0~2</td></tr>
<tr><td colspan="3">中长期贮藏后的梨</td><td>≤5</td><td colspan="2">0~2</td></tr>
</table>

注：在低于 -1℃的地区和季节运输，应采取保温措施

## （五）适宜贮藏条件

**1. 温度** 一般认为，略高于冰点的温度是梨果最理想的贮藏温度。白梨和砂梨系统冰点为 -1.5℃左右（取决于可溶性固形物含量的高低）。在实际操作中，考虑到安全性及品种的差异，贮温可适当提高。白梨和砂梨系统适宜贮温一般为 0℃~1℃，大多数西洋梨和秋子梨系统适宜贮温为 -1℃~0℃。

鸭梨采后应缓慢降温：10℃~12℃入库，每 3 天左右降 1℃，30 天左右降至 0℃，并保持此温度至贮藏结束。也可采用两阶段降温法，即 10℃入贮，保持 10 天，而后降至 3℃~4℃保持 10 天，最后降至 0℃至贮藏结束。

**2. 湿度** 梨果皮薄，容易失水皱皮，贮藏库内空气相对湿度应保持在 90%~95%。对于二氧化碳较不敏感的品种，如秋白梨、南果梨、酥梨等，采用单果包纸（尤其是蜡纸）、塑料薄膜包装、贮藏箱内衬塑料薄膜或塑料小包装，基本可解决果实的失水问题。

**3. 气体成分** 白梨和砂梨系统的多数品种对二氧化碳比较敏感，以前认为不适宜气调贮藏。通过近年来国内的研究和实践发现，气调贮藏对于延长梨果贮藏期、减少贮藏过程中的生理病害

作用十分明显。如鸭梨在氧气7%~10%和二氧化碳为0的条件下，可以显著降低果实晚期黑心病的发病率，维持较高的果肉硬度和可滴定酸，延长货架寿命。黄县长把、茌梨、库尔勒香、巴梨、南果、京白、锦香、安久、秋白等品种对二氧化碳有一定忍耐力，可进行气调或简易气调贮藏。锦丰梨、雪花梨、苹果梨、八月红、矮香梨等品种对二氧化碳敏感，贮藏环境中二氧化碳浓度应控制在1%~2%，甚至需完全脱除。目前尚无商业气调贮藏。

环境中的乙烯促进梨果实呼吸，加速果实成熟和衰老。梨的黑心病和黑皮病的发生与乙烯有关。减少乙烯的生成和消除贮藏环境中的乙烯，对于梨果贮藏意义重大。脱除梨果贮藏库内乙烯，可明显延长果实贮藏寿命，提高果实内外品质。高锰酸钾(其配制、使用量及使用方法见附录一中的《杏冷藏》)可分解乙烯，低温和气调贮藏可抑制乙烯的产生。近年来，一种乙烯抑制剂即1-MCP表现出非常好的保鲜效果。据王文辉等(2002)报道，用0.5~1.0微升/升浓度1-MCP熏蒸处理12小时，在常温条件下使仅能存放7~10天的五九香、京白梨和锦香等软肉梨贮期延长至1个月左右，为梨果节能贮藏开辟了新的途径。另外，1-MCP处理可完全抑制锦香梨冷藏后期黑皮病的发生(见彩图)。

### (六)主要贮藏方法

**1. 采用自然冷源的贮藏方法** 此种方法以山西、陕西等地的土窑洞及辽宁省的通风库或土窖最为普遍。但它受地域和气候限制，仅适合黄土高原及北纬40°以北等冷凉地区。适宜贮藏品种多为晚熟耐贮品种，如酥梨、秋白、锦丰、苹果梨、冬果梨、安梨、花盖等。其技术关键是贮藏前期充分利用晚间低温及寒流影响加强库内通风降温。最佳的贮藏温度为0℃~5℃。只要窖(库)温能控制在5℃以下，果实腐烂率可大大降低。窖(库)温过高，采用何种方式也无法控制腐烂。采用轴流风机强制通风，可加快库内降温速度，效果明显。贮藏中期做好保温以防冻害。贮藏后期与前期管理相同，但必须严格控制窑（库）门和通气孔，不通风时一律关闭，以延长保冷时间。贮藏后期窑温变化主要是受土温的影响，有条件的地方可在窑内积雪或冰，对维持窑内低温有明显作用。

梨果采后采用仲丁胺18号100倍液或500～1 000毫克/升的特克多、苯莱特、托布津、多菌灵等（采用一种即可）浸果1～2分钟，可在一定程度上抑制病害的发生。

土窑洞和通风库的降温主要依靠自然冷源，发挥作用的时期仅限于秋末至初春，管理不当或贮期过长，梨果腐烂率较高，品质下降。因此，土窑洞和通风库一般只可作为中短期贮藏使用。中长期贮藏的梨，则应采用机械冷藏库或气调库贮藏。

**2. 机械冷库贮藏** 机械冷库贮藏是我国梨贮藏的主要方式。它不受气候和地域的限制，在河北、山东等地较为普及。其技术关键是合理控制库温、保持库内湿度和加强通风换气。部分品种如鸭梨等，贮藏前期应缓慢降温。库内加湿可采取地面洒水、挂湿草帘、安装加湿器等措施。库内二氧化碳较高（如鸭梨二氧化碳浓度>1%）或库内有浓郁果香味时，应通风换气，排除过多的二氧化碳和乙烯等有害气体。通风宜选择清晨气温最低时进行。除换气外，也可在靠近风机的位置（回风处）放置熟石灰和乙烯脱除剂，消除有害气体。

主要梨品种冷藏适宜温度见表7-13。

**表7-13 主要梨品种适宜冷藏温度** （仅供参考）

| 品 种 | 推荐温度（℃） | 预计贮藏期 | 品 种 | 推荐温度（℃） | 预计贮藏期 |
|---|---|---|---|---|---|
| 砀山酥[1)] | 0 | 5～7个月 | 爱 宕 | 0～1 | 6～8个月 |
| 鸭 梨[2)] | 10～12→0 | 5～7个月 | 二十世纪[10)] | 0～2 | 3～4个月 |
| 雪 花 | 0 | 5～7个月 | 二宫白 | 0～3 | 1～2个月 |
| 苹果梨[3)] | －1～0 | 7～8个月 | 丰 水 | 0～1 | 3个月 |

续表 7-13

| 品　种 | 推荐温度（℃） | 预计贮藏期 | 品　种 | 推荐温度（℃） | 预计贮藏期 |
|---|---|---|---|---|---|
| 库尔勒香[4)] | -1~0 | 6~8个月 | 新　高 | 0~1 | 5个月 |
| 锦　丰[5)] | 0 | 6~8个月 | 新　兴 | 0~1 | 4个月 |
| 茌　梨[6)] | 0 | 3~5个月 | 黄　金 | 0~1 | 5个月 |
| 秋　白[7)] | -1~0 | 7~8个月 | 南　果 | 0 | 4~5个月 |
| 黄县长把[8)] | 5→0~1 | 4~6个月 | 京　白 | -1~0 | 4~5个月 |
| 早　酥 | 0~2 | 1~2个月 | 安　梨[11)] | -1~0 | 7~8个月 |
| 栖霞大香水 | 0 | 6~8个月 | 晚　香[12)] | 0~1 | 6~7个月 |
| 冬　果 | 0 | 6~8个月 | 花　盖 | -1~0 | 4~5个月 |
| 金　花 | 0 | 6~7个月 | 八月红[13)] | 0 | 3~4个月 |
| 黄　花[9)] | 2~3 | 1~2个月 | 五九香 | 0 | 3~5个月 |
|  | 1 | 2~3个月 | 安　久 | -1~0 | 4~6个月 |
| 苍溪雪梨 | 0~3 | 3~5个月 | 巴　梨 | 0 | 2~3个月 |

注：1)本品种对二氧化碳有一定忍耐力

2)本品种对低氧（<10%）、高二氧化碳（>1%）和急剧降温敏感，需缓慢降温

3)本品种不耐二氧化碳

4)本品种采后可短期高二氧化碳（10~12%）处理

5)本品种对低氧（<10%）和高二氧化碳（>1%~2%）敏感。贮后果皮变黄，果实风味更佳

6)本品种对二氧化碳比较敏感

7)本品种对高二氧化碳（3%）和低氧（5%~10%）有一定忍耐力

8)本品种需缓慢降温，直接进入0℃~1℃库，易黑心

9)本品种福建等地贮期短，浙江等地较耐贮

10)二十世纪、二宫白、丰水、新高、新兴、黄金等宜5~8℃入库，每天降1℃，逐渐降至0℃~1℃或0℃~3℃

11)本品种可做冻梨

12)本品种对二氧化碳有一定忍耐力

13)本品种对二氧化碳敏感

**3. 气调库贮藏**　目前，气调贮藏在鸭梨、库尔勒香梨、黄县长

把梨等品种上的应用已有先例，但占贮藏比例尚较小。梨气调贮藏技术关键是控制库内二氧化碳浓度和保持 90% ~ 95% 的相对湿度。梨气调库贮藏，必须在果实温度达到贮藏温度（鸭梨降至 0℃）和库温稳定后才能封库降氧。表 7-14 提供了国内外部分品种气调指标。不同产地、不同品质的同一品种，其贮藏温度、气体成分、贮期可能有所不同。

**表 7-14　一些梨品种的最适气调贮藏条件及贮藏寿命[1)]　（仅供参考）**

| 品　种 | 推荐温度（℃） | 推荐气体组合 | | 预期贮藏期 |
|---|---|---|---|---|
| | | 氧（%） | 二氧化碳（%） | |
| 鸭　梨[2)] | 10 ~ 12→0 | 10 ~ 12 | < 0.7 | 8 个月 |
| 库尔勒香 | -1 ~ 0 | 5 ~ 8 | < 1 | 8 ~ 10 个月 |
| 黄县长把[3)] | 5→0 ~ 1 | 2 ~ 3 | 1 ~ 1.5 | 8 ~ 10 个月 |
| 茌　梨 | 0 | 2 ~ 4 | ≤2 | 5 ~ 6 个月 |
| 茌　梨 | 自然降温 | 前期 3 ~ 5，后期 4 ~ 6 | 前期 3 ~ 5，后期 1 ~ 2 | 4 ~ 5 个月 |
| 南　果 | 0 | 5 ~ 8 | 3 ~ 5 | 5 ~ 6 个月 |
| 京　白 | -1 ~ 0 | 5 ~ 10 | 3 ~ 5 | 5 ~ 6 个月 |
| 锦　香 | 0 | 3 ~ 5 | 0 ~ 5 | 4 ~ 5 个月 |
| 二十世纪 | -1 ~ 1 | 3 | ≤1 | 4 ~ 6 个月 |
| 安久梨 | -0.5 ~ 0（美国） | 1.5 | 0.3 | 9 个月 |
| 巴　梨 | -0.5 ~ 0（南非） | 1 | 0 | 4 个月 |
| 巴　梨 | -0.5 ~ 1（美国） | 1.5 | 0.5 | 4 个月 |
| 宝斯克 | -0.5（南非） | 1.5 | 1.5 | 4 个月 |
| 考密斯 | -0.5（南非） | 1.5 | 1.5 | 6 个月 |
| 考密斯 | -0.5（新西兰） | 2 | < 1 | 3 个月 |
| 康佛伦斯 | -1（荷兰） | 2.5 | 0.7 | 7.5 个月 |

续表 7-14

| 品　种 | 推荐温度(℃) | 推荐气体组合 | | 预期贮藏期 |
|---|---|---|---|---|
| | | 氧(%) | 二氧化碳(%) | |
| 盘克汉 | -0.5(新西兰) | 2 | <1.0 | 5个月 |
| | -0.5(南非) | 1.5 | 2.5 | 9个月 |

注:1)国内鸭梨、库尔勒香、黄县长把、茌梨等已在商业气调贮藏有过成功先例,南果、京白、锦香等为试验数据,尚无商业气调库贮藏应用。洋梨资料来源:Eugene Kuperman, Washington State University, TreeFruit Research and Extension Center, WA, 2001

2)鸭梨气调贮藏应严格控制二氧化碳浓度,若无法实现表中指标,建议不采用气调贮藏

3)也有报道长把梨气调贮藏条件为:0℃,氧5%~6%,二氧化碳0.4%~0.7%

**4. 辅助措施**　采用塑料薄膜袋和薄膜大帐贮藏,可以减少果实在贮藏过程中失重,可在一定程度上延长果实的贮藏期。有些品种(如南果梨等)的贮藏期可延长1~2个月。为避免袋内二氧化碳过高造成伤害,塑料小包装一般采取挽口(留出一定缝隙)或打孔的方法。用塑料薄膜做梨箱的内衬,也能取得良好的贮藏效果。对于较耐二氧化碳的品种如南果、京白、锦香等,扎口贮藏时,应注意袋的厚度和装量,一般可采用0.02~0.04毫米厚的聚乙烯或无毒聚氯乙烯等类型薄膜,每袋装量不应超过10千克。其做法是:先敞口预冷至果实适宜贮藏温度后扎口,贮藏期间袋内二氧化碳浓度应低于3%。塑料薄膜袋和大帐贮藏应在冷藏条件下使用。薄膜大帐贮藏的气体指标可参考表7-14。对二氧化碳敏感的品种(如鸭梨、苹果梨、八月红等)建议不使用该方法。

## (七)贮藏后的催熟

多数软肉梨即秋子梨和西洋梨系统的梨果实,经冷藏或气调贮藏后,果实仍然脆硬,需在20℃条件下自然后熟或人工催熟才能变软,表现出其特有的风味。如京白梨出库后在18℃~20℃条

件下经 7～10 天(视贮藏期的长短而定)方可变软。梨果催熟的具体方法见附录一中的《水果蔬菜　冷藏后的催熟》。

### (八)主要贮藏病害及其防治措施

**1. 微生物病害**　梨采后微生物病害主要是真菌病害。来源于真菌的病害很多,危害较大的主要有青霉病、褐腐病、轮纹病、疫腐病、黑斑病、黑星病、灰霉病、炭疽病等。目前尚不能根除这些病害的发生,只有采取以下防护措施:①尽可能减少磕碰伤。②采收时或采后入库前,即刻把病、虫、伤果及烂果与好果分开。③严格控制贮藏温度。库温低于 5℃,果实腐烂率即可大大降低,0℃贮藏可基本抑制微生物的发展。④贮前对贮藏场所及包装进行消毒(消毒药物及方法参考附录一中的《苹果冷藏技术》中的附录C)。⑤彻底清除果园中的枯枝、烂果等污染源。⑥如不禁止使用,可采用浸过防腐剂的包装材料包装或采用药物处理,如采用500～1 000 毫克/升的特克多、苯莱特、托布津、多菌灵等(采用一种即可)浸果处理。

**2. 生理病害**

(1)黑心病　黑心病是鸭梨贮藏期最重要的生理病害。雪花梨、长把梨、莱阳梨、黄金梨、香梨、安久梨、八月红梨等贮藏中也有类似的病害出现。鸭梨黑心病有两种类型:一种是"早期黑心病",多发生在入库后 30～50 天。此时鸭梨果心发生不同程度的褐变,但果肉仍为白色,酸度大、水分足,果皮青绿色或黄绿色。另一种是"后期黑心病",多发生在翌年 2～3 月份。症状是:外观色泽暗黄,果心、果肉均变褐,有酒味。

①发病原因　梨黑心病发病原因目前已知大约可分为 4 种:一是贮藏前期由于降温过快,引起低温生理伤害,造成冷害型果肉褐变;二是果实采收过晚,或采后不能及时入贮,或贮温过高,贮期过长,造成贮藏后期产生衰老型黑心病;三是采前果园施氮肥过多,缺乏钙、磷肥,采前果园灌水,也会造成贮藏后期黑心病大量发

生;四是贮藏环境中二氧化碳浓度过高(如鸭梨>1%)也会发生黑心。

②防治措施　一是缓慢降低贮藏温度,逐步进入0℃的贮藏环境。二是果实生长期控制氮肥施用量,尤其是生长后期忌用大量氮肥并控制灌水量。采前1~2周果园严禁灌水。在生长期间,连续喷施0.2%~0.3%硝酸钙或氯化钙。在采后用2%~4%氯化钙浸果5~10分钟。三是适时早采,采后及时入贮。四是控制贮藏环境中二氧化碳浓度,加强贮藏库的通风换气。鸭梨贮藏环境中的二氧化碳浓度应降至1%以下,或采取0二氧化碳气调贮藏。五是采用低乙烯气调贮藏。

(2)黑皮病　黑皮病是梨果贮藏后期经常发生的一种生理病害。笔者认为,黑皮病其实是果实衰老的一种表现,一般发生在贮藏后期。预防的根本措施是脱除环境中的乙烯成分,降低果实呼吸强度。笔者采用1.0微升/升浓度的1-MCP熏蒸处理锦香梨,冷藏4个月后完全抑制了果实黑皮病的发生,而对照果不同程度地全部发生了黑皮病。鸭梨黑皮病发病高峰多在翌年的三四月份。除鸭梨外,茌梨和黄花、八月红、锦香、南果梨等品种也易生此病。此病基本特征是果皮变黑,可表现为浅黄褐色、褐色、黑褐色及黑色不规则斑块,严重时扩展到整个果面,使果实变为黄褐色或黑色。此病只危害果皮,而不涉及果肉,虽不影响食用,但果实外观变劣,严重影响商品价值。

①发病原因　一是采摘过早,二是贮温过高或过低,三是二氧化碳浓度过高,四是贮藏期过长。梨果实黑皮病发病机制与苹果虎皮病颇为类似。

②防治措施　一是适期采摘,加强库内外通风换气,控制环境中二氧化碳浓度,维持适宜的温、湿度,并保持稳定;二是采用乙氧基喹溶液浸果或用乙氧基喹处理过的包装纸包果;三是采用气调贮藏;四是脱除库内乙烯;五是用1-MCP处理对抑制此病有特效,已在一些品种上得到验证;六是贮藏期要适当。

(3)二氧化碳伤害和低氧伤害　多数白梨和砂梨系统的品种对环境中二氧化碳较为敏感，二氧化碳过高就会导致梨果果肉和果心褐变，果肉呈褐色或深褐色，并产生酒味，后期果肉产生空洞。低氧也会形成生理伤害。如鸭梨在0.6%二氧化碳和7%氧气条件下贮藏50天，组织就开始产生褐变。当氧气降至5%时，即使没有二氧化碳也会使果心组织褐变加重。

防治措施：①加强库内通风换气。②库内放置干熟石灰吸收多余的二氧化碳(按果重0.5%～1%的用量把干石灰装于透气性较好的袋中，置于吊顶风机下)。③气调贮藏应严格控制气体参数。简易塑料小包装或单果膜包装贮藏应先试验后应用。

(4)冻害　贮藏环境温度低于果实冰点(－1.5℃～－2℃)容易造成果实冻害。果实受冻后，呈半透明状，回温后果肉变软、褐变。品种不同，抗低温能力不同。软肉梨尤其是秋子梨系统的品种抗低温性能好于脆肉梨。有些品种如京白梨等，短时受冻后经缓慢回温仍能恢复原状，果实仍能后熟。有些品种如五九香，受冻后皮下果肉能够复原，但果心及心部果肉变褐，果实不能后熟。生产中，若制冷系统偶尔短时失控或库温控制过低，果实出现冻害症状，此时千万不要挪动果实，可将库温控制在0℃左右，经过数天一般可以复原。果实受冻害的最低温度与果实包装也有密切关系。若采用塑料薄膜袋、帐或纸箱贮藏，因冷风不直接吹到果实上，在相同条件下，冻害较轻。

(5)果肉衰老褐变　其症状是果肉变褐，组织粉化崩溃，稍有酒糟味。发病原因：①采收过晚；②未及时预冷；③贮期过长；④贮温过高；⑤大果。发现可能出现衰老褐变迹象应立即终止贮藏。软肉梨如五九香、巴梨等品种，若贮藏温度较高，果实极易衰老褐变。

## 三、葡 萄

我国是葡萄属植物的原产地之一。引进欧亚种葡萄进行栽培也已有2000多年的历史。我国葡萄生产分布较广,除广东、西藏、海南、青海等地仅有少量种植或没有种植外,其他省、市、自治区均有栽培。但主要集中于新疆、河北、山东、辽宁、河南等省、自治区,其产量占全国总产量的70%以上;其次为四川、浙江、天津等地。2001年我国葡萄产量为334.4万吨,并保持较快的发展速度。欧美国家的葡萄生产,其产品以加工为主,我国目前仍以鲜食为主。我国鲜食葡萄的产量约占葡萄总产量的60%以上,鲜食葡萄的贮量约占葡萄总产量的10%左右。

葡萄属于浆果类,是水果中不耐贮运的果品之一。干梗、落粒和腐烂是影响葡萄贮藏和运输的主要问题。提高入贮葡萄的质量、保持低而稳定的库温、适当使用防腐剂是葡萄贮藏的关键。近10多年来,随着葡萄贮运保鲜技术的日益成熟,以及保鲜袋、保鲜剂的开发和相关配套设施的不断完善,葡萄贮藏进入了一个快速发展的新阶段。

### (一)品 种

葡萄栽培品种很多,耐贮性也有较大差异。一般来说,晚熟品种耐贮性好于中、早熟品种,有色品种强于白色品种。欧亚种品种耐贮运性好于欧美杂交品种。同一品种,在南方栽植的耐贮性不如在北方栽植的。通常深色、晚熟、皮厚、果面蜡质、果粉多、肉质致密脆硬、穗轴木质化程度高、果刷粗长、含糖量高的品种普遍耐贮运或较耐贮运,如龙眼、粉红太妃、晚红(红提或红地球)、秋黑、秋红、红宝石、意大利、和田红、拉查玫瑰、玫瑰香、甲斐路等;果粒大、抗病性强的巨峰、黑奥林、夕阳红、先锋、京优、藤稔等品种耐贮性中等;无核白、牛奶、木纳格等白色品种贮运过程中果皮磨、碰伤后易褐变，果粒易脱落，耐贮性较差。

### (二)采后生理及生物学特性

葡萄属非呼吸跃变型水果，乙烯释放量很少，贮藏中对乙烯不敏感，但环境中乙烯浓度大于10微升/升，会促使落粒。20℃温度下，一般中晚熟品种的葡萄呼吸强度（整穗）为20～25$mgCO_2 \cdot kg^{-1} \cdot h^{-1}$，0℃时为2～4$mgCO_2 \cdot kg^{-1} \cdot h^{-1}$。

葡萄果穗由穗轴、果柄及果粒组成。影响葡萄贮藏的关键在于占葡萄总重2%～6%的穗轴、果柄。葡萄穗轴和果柄的呼吸强度与乙烯生成显著高于果粒，并呈峰型变化，其呼吸强度比果粒高约10～15倍。果穗产生的微量乙烯主要来自穗轴和果柄。另外，穗轴和果柄含水量高，具有皮孔（果粒没有），容易失水，呼吸旺盛，容易发霉腐烂。试验表明，经由穗轴和果柄损失的水分占整个葡萄果穗的49%～66.5%。葡萄在贮藏过程中绝大多数的霉菌发生在穗轴和果柄上。果柄发霉后，干枯、脱落，霉菌从果柄与果粒连接处侵入，造成果粒腐烂。

### (三)采前因素对贮藏的影响

同一品种果实，因质量不同，耐贮性能差异很大，因此确保葡萄质量是葡萄贮藏的关键。葡萄浆果质量与树体负载量及采前栽培管理措施等密切相关。反映浆果质量最重要的指标是果实可溶性固形物含量。果实可溶性固形物含量越高，品质越好，耐贮性越强。实践证明，只有贮藏优质的葡萄才能获得好的贮藏效果，产生较高的经济效益。

**1. 树体负载量**　浆果品质及耐贮能力与产量有着密切关系。产量高，浆果果粒小，含糖量低，上色晚且着色差，不耐贮藏（表7-15）。合理控制单产能达到种植效益与贮藏效益双丰收。用于贮藏的葡萄，在一般栽培条件下，每667米$^2$（1亩）产量不宜超过2 000千克，最好控制在1 500千克左右。含糖量应达到15%～17%。

表 7-15 负载量对葡萄(巨峰)贮藏效果的影响

| 年 份 | 单 产 (千克/667 米$^2$) | 粒重 (克) | 可溶性固形物 (%) | 贮藏 120 天 | | |
|---|---|---|---|---|---|---|
| | | | | 好果率 (%) | 果肉硬度 | 果梗保鲜指数 (%) |
| 1991 | 1750 | 11.5 | 16.9 | 95.1 | 硬 | 89 |
| | 2450 | 9.8 | 15.1 | 85.0 | 一般 | 76 |
| 1992 | 1745 | 11.9 | 17.2 | 94.8 | 硬 | 92 |
| | 2580 | 9.2 | 15.0 | 87.0 | 稍软 | 73 |
| 1993 | 1740 | 12.1 | 17.0 | 92.0 | 硬 | 95 |
| | 2820 | 9.5 | 14.5 | 82.0 | 一般 | 82 |

(董凤香、董景波,1994)

**2. 肥水管理** 多施、偏施氮肥易造成葡萄新梢旺长,果实上色差、糖度低、不耐贮藏。葡萄是喜钾肥的果树,施钾肥有利于果实着色和增加糖分含量。采前对果实喷钙[如 1% 的 $Ca(NO_3)_2$],有利于增加其耐贮性。灌溉条件下生长的葡萄,其耐贮性不如旱地栽培的。采前 2 周内灌水或降雨虽然会增加产量,但贮藏过程中极易产生裂果和腐烂,会明显增加损耗率,缩短贮藏期。

**3. 病虫害防治** 葡萄生长期间发生病虫害会严重影响果实的耐贮性。霜霉病较重时,会导致贮藏期间果梗干枯,果粒脱落。另外,果穗有白腐病、炭疽病等,均会在贮藏期间发展,导致贮藏果腐烂。因此,加强病虫害防治,特别是后期病害防治至关重要。采前喷一次杀菌剂,如甲基托布津 800 倍液,或多菌灵 600~800 倍液,有助于提高葡萄的耐贮性。果实套袋能有效地减少病害,且果面光洁鲜艳,无污染,耐贮性提高。

## (四)采收期及采收

**1. 采收期的确定**　葡萄属于无呼吸高峰的水果,果实内不含淀粉,采后可溶性固形物不会增加。充分成熟的果实,着色好,糖度高,品质最佳,最耐贮藏。

一般说来,入贮的葡萄采收期限愈晚,果实含糖量愈高,冰点愈低,穗轴木栓化程度愈高,越耐贮藏。但此原则对于不同葡萄种类稍有区别。欧亚种的晚熟品种,在不受冻害的前提下,越晚越好,而欧美杂交种如巨峰等,则应充分成熟,适期采收。采收过晚,果实硬度下降,贮藏过程中落粒严重,不耐贮藏。有色品种果实的成熟度,可根据果皮上色度等来判断。有研究表明,浆果色度与可溶性固形物含量呈显著正相关。同一地区,在自然生长的状态下,果实上色度基本上可反映品种的成熟度。如巨峰,达到紫红、紫黑色就应及时采收入贮。此时,可溶性固形物含量一般在16%~17%,甚至更高(辽西地区)。见表7-16。

**表7-16　巨峰葡萄着色与可溶性固形物含量的关系**

| 果实着色度 | 紫红 | 红 | 红<br>(1/3青或稍青) | 半红<br>(1/2青) | 微红 |
|---|---|---|---|---|---|
| 可溶性固形物含量(%) | 16.1 | 15.0 | 14.2 | 13.3 | 12.0 |

**2. 采收**　葡萄采收及入贮前的加工对贮藏质量的好坏至关重要,因此采收加工要严格把关。采收时应注意以下各项。

第一,采收应选择晴朗天气,并在露水蒸发后进行。阴雨、大雾天及雨后不能采收。

第二,采摘、装箱、搬运要小心操作,严防人为落粒、破粒。

第三,采摘时一手握剪刀,一手抓主梗,在贴近母枝处剪下,保留一段穗梗。采后直接剪掉果穗中烂、瘪、脱、绿、干、病的果粒和梗枝。加工后的果穗直接放入箱、筐或内衬塑料保鲜袋的箱内(是否使用塑料保鲜袋根据贮藏工艺而定），最好不要再倒箱，不要异地加工。异地加工比就地加工损耗增加5倍以上。

第四，葡萄包装容器可采用纸箱、木条箱、塑料周转箱、泡沫塑料箱和条筐等。箱体不宜过高，应呈扁平形状。纸箱容量以5千克左右为宜，木条箱和塑料周转箱，容量不宜超过10千克，放1～2层葡萄，内衬包装纸。若采用塑料保鲜袋贮藏方式，可使用厚度为0.03～0.05毫米适于包装食品的高压低密度聚乙烯或无毒聚氯乙烯薄膜，袋内上下各铺一层包装纸以吸潮。

第五，葡萄采收后应及时装箱运往冷库，做到不在产地过夜，以保持果柄新鲜。有关数据表明，巨峰采后20小时入库，贮藏60天后的干梗率比采后4小时入库的高51.7%。

有下列情况的葡萄不能入贮：①高产但成熟不充分的葡萄。②含糖量低于15%，有水罐子病的葡萄。③采前灌水或遇大雨后的葡萄。④霜霉病病害较重的葡萄园的葡萄。⑤遭受霜冻、水涝、雹灾等自然灾害的葡萄。⑥使用过乙烯利的葡萄。

### （五）采后处理与运输

**1. 分级** 我国于2001年发布了鲜食葡萄农业行业标准（NY/T470—2001）。该标准规定了鲜食葡萄的外观、大小、内在品质及着色度的等级标准等（表7-17，表7-18，表7-19）。

**表7-17 鲜食葡萄等级标准** （NY/T470—2001）

| 项 目 | 优 等 | 一 等 | 二 等 |
|---|---|---|---|
| 果穗基本要求 | 果穗完整、洁净、无异常气味，不落粒，无水罐，无干缩果，无腐烂，无小青粒，无非正常的外来水分，果梗、果蒂发育良好并健壮、新鲜、无伤害 | | |
| 果粒基本要求 | 充分发育；充分成熟；果形端正，具有本品种固有特征 | | |

续表 7-17

| 项目 | | 优等 | 一等 | 二等 |
|---|---|---|---|---|
| 果穗基本要求: | 果穗大小(千克) | 0.4~0.8 | 0.3~0.4 | <0.3或>0.8 |
| | 果粒着生紧密度 | 中等紧密 | 中等紧密 | 极紧密或稀疏 |
| 果粒基本要求: | 大小(千克) | ≥平均值的115% | ≥平均值 | <平均值 |
| | 着色 | 好 | 良好 | 较好 |
| | 果粉 | 完整 | 完整 | 基本完整 |
| | 果面缺陷 | 无 | 缺陷果粒≤2% | 缺陷果粒≤5% |
| | 二氧化硫伤害 | 无 | 受伤果粒≤2% | 受伤果粒≤5% |
| | 可溶性固形物含量 | ≥平均值的115% | ≥平均值 | <平均值 |
| | 风味 | 好 | 良好 | 较好 |

表 7-18 我国代表性鲜食葡萄品种的平均果粒重量和可溶性固形物含量 (NY/T 470—2001)

| 品种 | 平均粒重(克) | 可溶性固形物含量(克/100毫升) | 品种 | 平均粒重(克) | 可溶性固形物含量(克/100毫升) |
|---|---|---|---|---|---|
| 玫瑰红 | 5.0 | 17 | 圣诞玫瑰 | 6.0 | 16 |
| 无核白 | 2.5 | 19 | 泽香 | 5.5 | 17 |
| 瑞必尔 | 8.0 | 16 | 京秀 | 7.0 | 16 |
| 秋黑 | 8.0 | 17 | 绯红 | 9.0 | 14 |
| 里扎马特 | 10.0 | 15 | 木纳格 | 8.0 | 18 |
| 牛奶 | 8.0 | 15 | 巨峰 | 10.0 | 15 |
| 藤稔 | 15.0 | 14 | 无核白鸡心 | 6.0 | 15 |
| 红地球 | 12.0 | 16 | 京亚 | 9.0 | 14 |
| 龙眼 | 6.0 | 16 | | | |

注:表中数据为该品种在主栽区的平均值,部分品种为处理果实的数据。未列入的品种,可用其主产区3年的平均值

表 7-19 鲜食葡萄的着色度等级标准 （NY/T 470—2001）

| 着色程度 | 每穗中呈现良好的特有色泽的果粒(%) | | 白色品种 |
|---|---|---|---|
| | 黑色品种 | 红色品种 | |
| 好 | ≥95 | ≥75 | 达到固有色泽 |
| 良 好 | ≥85 | ≥70 | |
| 较 好 | ≥75 | ≥60 | |

**2. 预冷** 葡萄采后必须快速预冷。预冷可以有效而迅速地降低果穗呼吸强度,大大延缓贮藏中病菌的繁殖与危害。另外,快速预冷还可以防止果梗失水、干枯,阻止果粒失水萎蔫和落粒,从而达到保持葡萄品质的目的。目前预冷主要是在装有吊顶风机的冷库内进行。将库温设定在 -1℃ ~ 0℃,预冷 20 ~ 24 小时,待葡萄品温降到 0℃时,码垛入贮。若采用塑料袋小包装,则需敞开袋口预冷。预冷后放入防腐药剂扎口入贮。预冷时,应采取分批次进果或者配备专用预冷库间,使葡萄品温迅速下降。预冷速度愈快,预冷愈彻底,袋内结露愈小,贮藏效果愈好。

**3. 运输** 葡萄预冷至0℃后,采用普通汽车进行保温运输(可使用棉被或聚苯乙烯板保温)或保温集装箱运输,5 ~ 7 天内可基本保持葡萄新鲜如初。运输时应注意包装容器一定要装满装实,防止汽车摆动造成裂果、落粒。使用保温箱如聚苯乙烯泡沫箱等效果好于纸箱。运输中使用仲丁胺或二氧化硫速效防腐剂可降低腐烂率。

### (六)贮藏适宜条件

**1. 温度** 温度是影响葡萄贮藏效果最重要的环境因素。葡萄的冰点随着自身含糖量的增加而降低。一般为 -2℃ ~ -3.7℃。穗轴含水量较高,相对果粒而言,对低温比较敏感,因此葡萄贮藏最佳温度以穗轴不受冻害为前提。一般来说,葡萄贮藏的适宜温度为-2℃~0℃(库温,下同)之间,而以-0.5℃~-1.5℃为最佳,如巨峰、龙眼等。但不同品种稍有区别,如牛奶、晚红(红地球)、秋黑、玫瑰香等贮藏的适宜温度为-1℃~0℃。另外,早、中熟品种以及南方或温室内栽培的葡萄,果梗脆嫩、皮薄、含糖量偏低的品种,耐低温能力稍弱,应在0℃~0.5℃下贮藏。

**2. 湿度** 葡萄贮藏最适宜的湿度为90%~95%。若采用塑料保鲜袋包装,以袋内不出现结露为度。为防止袋内湿度过大造成水珠与葡萄接触,可在袋内放吸水纸。

**3. 环境气体成分** 巨峰采用无毒聚氯乙烯袋贮藏,袋内二氧化碳浓度为8%~12%,氧气浓度<12%时,能起到明显自发气调作用。表现为果梗鲜绿饱满,果肉硬,色泽紫红亮丽,保鲜效果极佳。玫瑰香较耐二氧化碳,不适合低氧贮藏。当二氧化碳浓度为8%~12%时可明显抑制葡萄腐烂和脱粒,好果率高。最佳气体指标为氧10%,二氧化碳8%。晚红以氧的浓度为2%~5%,二氧化碳浓度为0~5%贮藏效果最好。藤稔对二氧化碳敏感。目前,国内商业上大规模气调贮藏尚未见报道,生产上主要采用塑料薄膜袋、帐等简易气调贮藏方式。

**4. 贮藏期限** 从生物学角度讲,多数中、晚熟品种能贮藏6个月,但要使果梗保持鲜绿饱满,则贮期不宜超过4个月。贮期过长,则货架期短,且品质较差。牛奶葡萄贮期为2~3个月,藤稔不宜超过2个月。

## (七)主要贮藏方法

**1. 土法贮藏** 窖藏、通风库或强制通风库贮藏等是简便易行、经济有效的传统贮藏方法。在我国辽宁西部、河北北部及山东部分地区仍在使用。但近年来,随着小型或微型冷库的推广正逐渐减少。土法贮藏适宜晚熟或极晚熟品种,如龙眼等。贮藏期短、腐烂率较高是土法贮藏的主要缺点。其技术要点如下。

葡萄采收后,由于窖(库)温较高,不能立即入贮,需放在阴凉处待窖(库)温降至10℃以下时入贮。入贮后应利用夜间低温或寒流影响尽快将窖(库)温降至0℃以下,直至稳定在-2℃~0℃。葡萄入窖(库)后立即用硫黄熏蒸。每立方米容积用硫黄3~5克,加少许乙醇(酒精)或木屑点燃后密闭1小时。以后每隔10天熏蒸1次;当窖(库)温降至0℃左右时,每隔1个月熏蒸1次,硫黄用量减半。土法贮藏最好不要采用塑料薄膜袋、帐贮藏方式。因为窖(库)温较高且难以控制,塑料薄膜或帐内湿度较大,容易导致果实腐烂。

随着葡萄产量的增加,有些年份葡萄成熟季节因上市集中价格大幅下降,冷库贮藏的葡萄一般又在元旦、春节前后才开始销售,有些产区果农为延缓葡萄上市,在葡萄架下挖沟进行短期贮藏,也能利用市场空缺,带来较好的效益。

**2. 冷库贮藏** 近10年来,冷库尤其是微型或小型冷库发展迅速,冷库贮藏逐渐成为葡萄贮藏的主要方式。冷库贮藏主要采用塑料薄膜袋和帐两种贮藏方式,工艺稍有不同。保持低而稳定的温度是冷库贮藏的技术关键。温度控制不严,上下波动幅度太大,易引起袋或帐内湿度过大,甚至造成积水,容易造成果实腐烂和药害。

塑料薄膜袋贮藏工艺为:适期晚采→加工→田间直接装入内衬薄膜袋的箱内→敞口预冷至0℃(果温)→放入防腐剂→扎口上架或码垛贮藏。也有的采用预冷后再装袋、放入药剂、扎口贮藏。但贮藏效果不如前者。采用塑料薄膜袋贮藏,贮藏期间若袋内结露严重,必须开袋放湿,无结露后再扎袋贮藏。否则加重腐烂,缩短贮藏期。若预冷透彻,一般结露不会太重。

塑料薄膜大帐贮藏工艺为:采收→加工→装箱(木箱或塑料箱)→预冷至0℃(果温)→上架或码垛→密封大帐→定期防腐处理。

采用上述两种方式贮藏,因为有薄膜保湿,袋或帐内湿度已足够,库内无需加湿。冷库贮藏适宜温度,巨峰、龙眼等为-0.5℃~

-1.5℃,牛奶、晚红(红地球)、秋黑、玫瑰香等为-1℃~0℃。

## (八)防腐剂的种类及使用

葡萄在贮藏过程中,主要病害如灰霉病等,其病菌在0℃左右的低温仍能缓慢地生长繁殖,因此葡萄贮藏一般需进行防腐处理。但从我们的实践和经验看,晚熟耐贮品种在葡萄质量较好的情况下,若贮藏期不超过2个月,冷库贮藏可不做防腐处理。若贮藏2个月以上,使用防腐剂作用明显。应用于葡萄的防腐剂有二氧化硫、仲丁胺、冰醋酸等。目前,商业贮藏应用较多的是二氧化硫和仲丁胺。

### 1. 二氧化硫防腐处理方法

(1)定期熏蒸法　按每立方米容积用硫黄3~5克,加少许乙醇或木屑,点燃后密闭1小时。贮藏前期,每10~15天熏蒸1次,贮藏后期每30天熏蒸1次。每次熏蒸完毕后,要打开库门通风换气或揭帐换气。这种方法适合土窖贮藏或冷库内塑料大帐贮藏。采用钢瓶二氧化硫气也可达到熏蒸的效果,但使用麻烦,气体释放量不易控制,容易产生药害,在此就不做介绍。

(2)缓慢释放法　缓慢释放法有粉剂、片剂等多种形式。

①重亚硫酸氢钠粉剂法　将重亚硫酸氢钠与硅胶按2~3:1的比例混合,用牛皮纸或小塑料薄膜袋(使用时需用针扎眼)包成2~3克的小袋,按葡萄总量0.3%(巨峰、龙眼等)的比例放入密封袋或帐中。此法简单,操作容易,但粉剂容易吸潮,二氧化硫释放速度较快,使用时应注意。

②焦亚硫酸盐混合片剂法　焦亚硫酸钠和焦亚硫酸钾按1:1比例混合,加入1%淀粉或糊精,1%硬脂酸钙,加工成一定重量(通常每片0.5~0.6克)的片剂,按每千克葡萄4片的用量(巨峰、龙眼等,一般每小包2片或4片)放入塑料薄膜袋、帐内的中、上部。由于采取塑料薄膜包装,使用时需用大头针扎一些小孔,药片吸收潮气,缓慢释放出二氧化硫,达到防腐保鲜的效果。目前,葡

萄贮藏中应用较多的是这种片剂,具体使用按照各厂家产品说明。另外,还有二氧化硫保鲜纸,国外有二氧化硫发生器等,其原理大同小异,在此就不一一叙述。

**2. 仲丁胺防腐处理方法**

仲丁胺,是一种高效低毒、广谱性杀菌剂。其特点是释放速度快,但药效期较短(2~3个月)。使用方法:按照每千克葡萄0.1~0.2毫升用药量(土窖贮藏采用0.2毫升/千克,冷库贮藏采用0.1毫升/千克)将所需原液加等量水稀释,用脱脂棉或膨胀珍珠岩做吸附载体,装入开口小瓶或小塑料袋内,放入塑料小包装中扎口贮藏。若用大帐贮藏,则在大帐四角和中央用绳系上脱脂棉或布条,之后按上述用药量,把药物吸附在系好的脱脂棉或布条上,密封大帐。仲丁胺在牛奶葡萄上应用效果较好。

注意事项:①进行仲丁胺分装或处理时,一定要带橡胶手套,不要直接用手接触,同时注意保护眼睛。②仲丁胺药液不能直接接触葡萄,否则产生药害(果穗变褐)。③贮藏过程中不要轻易开袋或揭帐,否则药物逸散,起不到防腐作用。

### (九)主要生理病害

**1. 裂果**　葡萄裂果多发生在葡萄成熟期。若贮藏过程中湿度过大,有些品种如晚红、秋黑等容易产生裂果。巨峰等品种则会因挤压增加裂果。浆果果皮开裂后,很快霉烂变质,大大影响葡萄的商品性。

防治措施:①加强采前肥水管理。但采前1~2周果园严禁灌水。②合理调整负载量。进行疏花疏果,使果穗不过于紧密,以防挤压造成裂果。③贮运包装容器一定要装满装实,防止葡萄因振动挤压造成裂果。④贮藏环境湿度不可过大。尤其是利用薄膜袋、帐贮藏时。

**2. 冻害**　葡萄冻害主要指梗柄冻害。因为葡萄穗梗和果柄含水量高,其冰点高于果粒,耐低温性能低于果粒。梗柄受冻后呈水浸状，之后褐变发霉，果蒂霉烂后霉菌沿果柄侵入果肉，造成果实腐烂脱落。葡萄受冻后严重影响其商品性。

防治措施：主要是加强对温度的管理，不要使库内温度低于-2℃。只要是蒸发器周围贮藏的葡萄不发生冻害，其他处的葡萄就不会受冻。如果因短时低温葡萄发生轻微结冰，不要移动它，在-0.5℃~0℃条件下会逐渐复原。

**3. 药物伤害**

(1)二氧化硫伤害　一般症状：葡萄果粒被漂白，果面无光泽。红色品种变成浅红色，白色品种果皮变成灰色或褐色。葡萄果实伤口和果蒂部位首先表现出该症状，然后扩大到整个果粒，严重时整个果穗包括穗梗和果柄均被漂白。受伤害的葡萄遇高温即褐变，果肉有硫黄的气味。不同品种对二氧化硫敏感程度不同。巨峰、玫瑰香、龙眼等较耐二氧化硫，秋黑、晚红等耐二氧化硫（二氧化硫可按巨峰用量的1/2加入）能力较差，牛奶、里扎马特等不耐二氧化硫（二氧化硫可按巨峰用量的1/4加入或采用仲丁胺熏蒸）。秋黑受二氧化硫伤害后，果粒、果柄及穗梗严重退色，呈浅红色或白色，水渍状，伤害严重时，果皮开裂，品质变劣，不能食用。晚红受二氧化硫伤害后，果粒退色变成黄白色，伤害严重时，果实出现水浸状，品质变劣。

预防措施：①根据不同品种对二氧化硫的敏感程度，掌握好合理的使用浓度。②采用塑料帐、袋尤其是薄膜袋贮藏的葡萄一定要预冷，而且要预冷透。贮藏过程中，库内温度要稳定，库温波动不得超过±1℃。否则因袋内湿度过大，二氧化硫缓释剂吸潮快，促使二氧化硫释放加快，进而引起伤害。③对于不抗二氧化硫的品种如晚红等在贮藏时，在葡萄上放一层包装纸，药剂放在纸上，再用一层包装纸盖在药剂上，以保证药物释放的均匀性。④若发现葡萄已产生药害，应立即开袋（帐）通风换气，严重时终止贮藏。

(2)氨气伤害　使用氨制冷系统的库房，若库房内氨液发生泄漏，则会产生伤害。症状是葡萄变成蓝色或浅蓝色，之后果皮、梗柄褐变。

## 四、鲜　枣

枣是我国原产果树之一，有3000多年的栽培历史。主要分布于河北、山东、河南、山西、陕西等省，其产量占全国总产量的90%左右。年产量超过万吨的除上述省份外，还有甘肃、广西、湖北、辽宁和湖南等省、自治区。近年来，不少地区把发展大枣作为农业产业结构调整的重要举措，使鲜食大枣产量快速增长。2001年全国枣总产量为130.9万吨，比1999年增长18.7%，是80年代末的2.5倍。

枣果富含糖分及维生素C等营养物质，一般果肉含糖量在20%～35%，100克鲜枣含维生素C 300～800毫克，是目前栽培果树中维生素C含量最高的果实。鲜枣耐贮性差，采后易失水、软化，进而霉烂，常温下几天就失去鲜脆状态。枣果一旦变软，维生素C含量迅速下降，鲜食品质大大降低。因此，搞好鲜枣贮藏，对于减少采后营养损失、延长供应期、促进我国枣资源开发和产业化的形成具有重要意义。

### (一)品　种

鲜枣耐贮性因品种不同差异很大。在适宜条件下，不耐贮品种均可保鲜20～30天，耐贮品种一般可保鲜60～90天。一般而言，晚熟品种较早熟品种耐贮藏，抗裂果品种耐贮藏，小果型品种或大果型中果肉较疏松的品种较耐贮藏。同一品种，成熟晚的果实较成熟早的耐贮藏。具体而言，山西的襄汾圆枣、临汾团枣、太谷葫芦枣和蛤蟆枣等耐贮性较好，其次是屯屯枣、相枣、坠子枣、梨枣等，郎枣、骏枣等最不耐贮。河北、北京的西峰山牙枣等耐贮，其次为西峰山小枣、金丝小枣、北车营小枣、长辛店脆枣、延庆小枣、密云小枣和赞皇大枣等，婆枣和斑枣等耐贮性最差。陕西的灵宝圆枣、油福小枣、合阳玲玲枣等较耐贮藏。山东的冬枣、圆铃枣等耐贮藏。辽宁的大平顶、铃枣耐贮性较差。

### （二）采后生理特点

目前，多数研究表明，鲜枣采后没有明显的呼吸高峰出现，属于非呼吸跃变型果实。同苹果、梨（酥梨、鸭梨等脆肉梨）等水果相比，鲜枣采后呼吸非常旺盛。常温下（20℃），多数品种呼吸强度为30～80$mgCO_2 \cdot kg^{-1} \cdot h^{-1}$，甚至更高。在0℃～1℃，枣果呼吸强度为10～15$mgCO_2 \cdot kg^{-1} \cdot h^{-1}$，比苹果高3～5倍，比不耐贮的草莓略低。相对高的呼吸强度决定了鲜枣不属耐贮藏的水果。枣果乙烯释放量较低，一般不超过1微升/（千克·小时），普遍认为外源乙烯对枣果贮藏影响不大。贮藏过程中，随着贮期的延长，呼吸强度逐渐减弱，一旦枣果变软，呼吸强度大幅下降，同时预示果实组织衰老死亡。

### （三）采收成熟度及采收

采收成熟度直接影响鲜枣的贮藏期。多年研究结果验证，无论是同株树，还是在不同时期、不同树上采摘的全红、半红、初红和白熟果，均以初红和白熟果最耐贮。但过早采摘，果实含糖量低，口感和风味差，容易失水，对品质影响较大（表7-20）。综合考虑，贮藏的鲜枣以选择初红或半红期采摘为宜。枣的花期延续时间较长，同一株树上枣果成熟度差异较大，因此要分期采摘。

**表7-20　大平顶枣不同成熟度及采收期可溶性固形物含量　（%）**

| 采收期（月·日） | 成熟度 | | |
|---|---|---|---|
| | 初红 | 半红 | 全红 |
| 9.14 | — | 24.0 | 29.0 |
| 9.24 | 26.9 | 29.7 | 35.8 |

采前半个月喷0.2%～1%氯化钙可提高果实耐贮性。采前3～5天用15%特克多乳剂400倍液喷洒，可减少采后病害的发生。枣果采后用特克多熏蒸（2～3克/米$^3$）不仅能防止霉菌繁殖，而且能杀死已生长的霉菌，对提高好果率作用明显。

### （四）采后处理及运输

**1. 分级** 由于成熟度不同，枣果的贮藏期不同。枣果采后要按照成熟度和大小进行分选后贮藏。半红、初红果耐贮性好，可用于长期贮藏。全红果采后立即上市销售，或短期贮藏，待市场短缺后销售。目前国内尚无有关鲜枣的分级标准。

**2. 包装** 鲜枣呼吸旺盛，易失水，对二氧化碳敏感，不耐磕碰。采用0.03～0.05毫米厚聚乙烯或无毒聚氯乙烯打孔薄膜袋包装，可有效防止枣果失水，同时避免造成酒软现象。采用打孔袋包装，包装容量不可过大，一般每袋容量1～5千克（较小的包装有利于销售）。每千克装量打孔2～4个（直径1～1.3厘米）即可。包装过大影响气体交换。小包装放入10～20千克装量的纸箱或塑料周转箱中进行运输或贮藏。

**3. 预冷** 枣果采后立即入库预冷至0℃～1℃，然后码垛贮藏。运输鲜枣应采用保温车或冷藏车。运输中果品温度应控制在0℃～5℃（视运输距离的长短而定）。

### （五）适宜贮藏条件

**1. 温度** 温度是影响鲜枣贮藏寿命最主要的环境因素。鲜枣贮藏适宜温度为0℃±1℃或0℃～1.5℃（大平顶）。高于此温度贮期会大大缩短。鲜枣糖含量较高，冰点较低。据测定，多数品种半红果冰点在－2℃以下。但有些品种如冬枣、梨枣、大平顶枣长期在温度－2℃或－2℃～0℃贮藏会出现冷害症状。

**2. 湿度** 鲜枣采后极易失水。在相同条件下，鲜枣失水速度远比苹果、梨、山楂等水果要快。因此，保湿是鲜枣贮藏成功的另一要素。要求贮藏环境相对湿度达到90%～95%。

**3. 气体成分** 鲜枣对二氧化碳较为敏感，环境中二氧化碳高于5%时，会加速果肉软化褐变。梁小娥(1998)研究认为，在氧气浓度为5%、二氧化碳浓度为0的气调贮藏对骏枣硬度保持效果明显。张培正(1995)研究认为，圆铃大枣贮藏最佳气体成分为氧气3%～5%、二氧化碳<2%。在此条件下，可明显抑制果实转红衰老，提高好果率和延长贮期。

### (六)主要贮藏方法

**1. 冷库贮藏** 冷库内裸果贮藏，鲜枣容易失水皱皮。冷库内采用打孔塑料薄膜袋是目前鲜枣贮藏的主要方法，贮藏效果明显好于裸果贮藏。塑料薄膜袋除保湿外，还有一定的气调作用。具体做法是：采用0.03～0.05毫米厚的聚乙烯或无毒聚氯乙烯打孔塑料薄膜包装，每袋容量不超过5千克。采用1千克打孔袋包装，既方便销售，又可减少病菌传染，应用效果较好。塑料袋打孔的数量和大小依据装量而定。1千克包装在袋子中央对称两侧各打1个直径1.3厘米的气孔即可。包装增大，孔数相应增加。包装好的袋子可放入纸箱或塑料周转箱内，在0℃±1℃或0℃～1.5℃(大平顶)下贮藏。采用打孔袋保湿贮藏，冷藏库内不需人工加湿。大平顶枣等采用此方法可贮藏30～40天，圆铃枣可贮藏60天左右，冬枣可贮藏60～90天。

**2. 气调库贮藏** 气调贮藏对于延长鲜枣贮藏期有一定作用。但笔者研究认为，气调对于鲜枣贮藏的影响要小于对苹果、软肉梨等水果的影响。由于鲜枣成熟期不一致，采收持续时间长，对于贮藏果要求较严，果个较小，短期内大量收贮有一定困难，且贮期较短(最耐贮的品种也不超过4个月，一般在1～3个月)，所以采用气调库贮藏不宜建造大型库房，且每个贮藏间不宜过大。目前，冬枣等品种的气调贮藏技术已基本成型。其关键是控制二氧化碳浓度以防中毒，保持较高的湿度以防失水。贮藏包装主要采用塑料周转箱。鲜枣气调贮藏的指标：温度为0℃±1℃，相对湿度为90%～95%，气体成分氧为3%～5%、二氧化碳<2%。采用气调贮藏，可使转色期圆铃枣最长贮藏80～90天，冬枣最长贮藏90～110天。

除上述两种贮藏方法外，对于在10月份成熟的晚熟品种，也可利用依靠自然降温的贮藏场所如土窖、通风库等进行短期贮藏。其技术关键仍然是降低库（窖）内温度和保持库（窖）内较高的湿度。

### （七）鲜枣贮藏技术路线

选择耐贮鲜食品种→采前处理→适时无伤采摘→采后处理（防腐、分级）→快速预冷至0℃～1℃→打孔小包装或气调贮藏→定期检查→出库→冷链运输（0℃～5℃）→上市销售

### （八）主要生理病害

#### 1. 低温冷害

（1）症状　枣果不能正常转色或转色后颜色偏浅，果面呈水浸状。转入常温后，果面出现凹陷斑点。

（2）防止措施　贮藏温度严格控制在0℃±1℃范围内。有些品种避免0℃以下的低温。

#### 2. 二氧化碳伤害

（1）症状　果皮颜色变为黄褐色，果肉颜色由绿白色变为浅褐色或褐色，并伴有酒精味。随着伤害程度的加深，果肉变软。

（2）防止措施　采用塑料小包装时，包装袋必须打孔。合理控制气调贮藏环境中二氧化碳浓度。

### （九）注意事项

第一，用于贮藏的枣果必须手摘。采摘时要轻摘轻放，避免指甲刺伤以及其他碰压等机械伤。减少外伤对于枣果霉烂至关重

要。如有可能，尽量保留果柄。

第二，采前降雨会造成多数枣品种裂果，裂果较多将增加腐烂。

第三，枣果贮藏不可过分要求长贮藏期。贮藏期过长，枣生命活性降低，货架期极短，并且货架期间软化，腐烂严重，给销售者带来极大麻烦和损失。

第四，贮藏过程中，要定期抽样检查果实外观及果肉颜色的变化。如有异常，应及时查找原因，设法解决。必要时应立即终止贮藏，及时出库销售。

## 五、鲜 桃

桃为我国原产水果之一，距今已有4000多年的栽培历史。桃在我国分布较广。按照地理、生态区位不同，我国桃有南、北品种群之分。北方桃主要产于河北、山东、北京、河南、山西、陕西、甘肃、辽宁等地，江苏、浙江、上海等地为南方桃主要产区。据统计，2000年我国桃产量为397万吨(包括台湾省)，占世界桃总产量的30%左右，世界排名第一。鲜桃不耐贮藏。果肉褐变和贮后风味变淡是桃果贮藏存在的最主要的问题。

### (一)品 种

根据果实发育期(从盛花到果实成熟的天数)的长短，桃分为特早熟、早熟、中熟、晚熟和特晚熟5类(表7-21)。一般来讲，果实发育期越长，果实成熟相对越晚，越耐贮藏。相对来讲，北方桃耐贮性好于南方桃。肉质脆硬、致密、韧性好的品种耐贮性好。一般用于贮藏的桃，应选择品质优良、果个大和色、香、味俱佳的中晚熟和特晚熟品种。特晚熟品种如青州蜜桃、陕西冬桃、中华寿桃等耐贮藏，一般可贮藏2~3个月；中、晚熟品种如大久保、白凤、玉露、白花、燕红(绿化9号)、京玉(北京14号)、京艳、深州蜜桃、肥城桃等较耐贮藏，在适宜条件下可贮藏 40～60 天。

**表 7-21 桃主要栽培品种果实发育期**

| 类别 | 果实发育期（天） | 主要栽培品种 |
|---|---|---|
| 特早熟 | <65 | 春雷、早霞露、曙光、京春、华光等 |
| 早熟 | 66～90 | 五月鲜、冈山白 500、庆丰、砂子早生、艳光等 |
| 中熟 | 91～120 | 白凤、大久保、丰白、京玉、冈山白、朝晖、红珊瑚等 |
| 晚熟 | 121～150 | 白花、八月脆、深州蜜桃、肥城桃、燕红（绿化 9 号）、京艳等 |
| 特晚熟 | >151 | 青州蜜桃、中华寿桃、冬桃类品种等 |

注：参考《中国果树志·桃卷》整理，中国林业出版社，1998

### （二）采后生理特性

桃属于呼吸跃变型水果。桃果在 20℃ 呼吸强度一般高达 30～70$mgCO_2 \cdot kg^{-1} \cdot h^{-1}$，0℃～3℃呼吸强度为 3$mgCO_2 \cdot kg^{-1} \cdot h^{-1}$左右（白花）。桃对乙烯较为敏感。乙烯促进桃果褐变、软化和退绿，因此应避免与释放乙烯较多的水果混贮。

### （三）采收成熟度及采收

采收成熟度对于桃品质和耐贮运性影响较大。采摘过早，虽然硬度较大，较耐贮运，但果实色泽、品质、风味较差，贮后风味淡；晚采，果实色泽、品质、风味较好，但果实硬度较低，不耐贮运。因此，应根据品种特性、运输距离（市场远近）和用途来确定合理的采收成熟度。用于贮藏和长途运输的桃果应以硬熟或近完熟时采摘为宜。硬熟期（7～8 成熟）桃果已充分发育，果面平整，果皮绿色基本转为白色或黄色，毛桃绒毛渐稀，着色品种阳面呈现红晕，果肉仍较硬。近完熟（8～9 成熟）时果面绿色退净，果面底色呈乳白或黄色，果面光洁，绒毛更稀，阳面或全果覆盖红色，果肉有弹性并有芳香味。肉质软的品种，可在 7～8 成熟采摘；肉质脆硬的、韧性较好的品种,可在8~9成熟时采摘。

桃果成熟期不一致,一般需分期采摘。采摘时粘核品种应带果柄,离核品种中梗洼较深、果柄较短的要带柄痕,严格避免拉伤梗洼。采摘最好在早上或傍晚气温较低时进行。采后最好能按大小进行分级贮藏,并把成熟度较高的果挑出。果头过大和成熟度过高的果不耐贮藏,挑出后可直接上市销售。

### (四)采后处理与运输

**1. 分级** 我国分别于1992年和2002年发布了鲜桃商业行业标准(SB/T 10090—1992)和农业行业标准(NY/T 586—2002)。其质量等级标准详见表7-22,表7-23,表7-24。

**表7-22 鲜桃等级指标** (SB/T 10090—1992)

| 项目 | | 优等品 | 一等品 | 二等品 |
|---|---|---|---|---|
| 质量 | | 果实充分发育,新鲜清洁,无异常气味或滋味,不带不正常的外来水分,具有适于市场或贮存要求的成熟度 | | |
| 果形 | | 具有本品种应有的特征 | 具有本品种的基本特征 | 可稍有不正,但不得有畸形果 |
| 色泽 | | 具有本品种成熟时应有的色泽(详见SB/T10090—1992其他部分内容) | | |
| 横径(毫米) | 极早熟品种 | ≥60 | ≥55 | ≥50 |
| | 早熟品种 | ≥65 | ≥60 | ≥55 |
| | 中熟品种 | ≥70 | ≥65 | ≥60 |
| | 晚熟、极晚熟品种 | ≥80 | ≥75 | ≥70 |

续表 7-22

| 项 目 | | 优等品 | 一等品 | 二等品 |
| --- | --- | --- | --- | --- |
| 果面缺陷分类 | | 无缺陷 | 允许下列规定未伤及果肉,无害于一般外观和贮藏质量的果皮损伤不超过3项 | 允许下列对果肉无重大损害的果皮损伤不超过3项 |
| 果面缺陷 | 碰压伤 | 不允许 | 不允许 | 允许轻微碰压伤总面积不得超过1.0厘米$^2$,伤处不得褐变,对果肉无明显伤害 |
| | 磨 伤 | 不允许 | 允许轻微磨伤1处,面积不超过0.5厘米$^2$ | 允许轻微不褐变的磨伤,面积不超过1.0厘米$^2$ |
| | 雹 伤 | 不允许 | 允许轻微雹伤,面积不超过0.4厘米$^2$ | 允许轻微雹伤,总面积不超过1.0厘米$^2$ |
| | 裂 果 | 不允许 | 允许风干裂口1处,长度不超过0.5厘米 | 允许风干裂口2处,总长度不超过1.0厘米 |
| | 虫 伤 | 无 | 允许轻微虫伤1处,面积不超过0.03厘米$^2$ | 允许轻微虫伤,面积不超过0.3厘米$^2$ |

注:不得有刺伤(包括破皮伤、破皮新雹伤)和虫果,要求无病害。白凤桃由于果形小,等级的划分可不按本表规定执行。极早熟品种包括麦香、早花露、春蕾等;早熟品种包括早凤、早香玉、雨花露、扬州早甜桃、庆丰、五月鲜、天津水蜜等;中熟品种包括陆林、撒花红蟠桃、大久保、白凤、冈山白、京玉、上海水蜜等;晚熟品种包括深州水蜜、燕红、秋香、燕黄、玉露、白花等;极晚熟品种包括绿化五号、肥城桃、满城雪桃等

**表 7-23　鲜桃品质等级标准　（NY/T 586—2002）**

| 项　目 | | 优等品 | 一等品 | 二等品 |
|---|---|---|---|---|
| 基本要求 | | 果实完整良好，新鲜洁净，无果肉褐变、病果、虫果、刺伤，无不正常外来水分，充分发育，无异常气味或滋味，具有可采成熟度或食用成熟度，整齐度好，符合本标准规定的卫生要求 | | |
| 果　形 | | 具有本品种应有的特征 | 具有本品种的基本特征 | 稍有不正，但不得有畸形果 |
| 色　泽 | | 果皮颜色具有本品种成熟时应有的色泽 | 果皮色泽具有本品种成熟时应有的颜色，着色程度达到本品种应有着色面积的1/2以上 | 果皮色泽具有本品种成熟时应有的颜色，着色程度达到本品种应有着色面积的1/4以上 |
| 可溶性固形物（%） | 极早熟品种 | ≥10.0 | ≥9.0 | ≥8.0 |
| | 早熟品种 | ≥11.0 | ≥10.0 | ≥9.0 |
| | 中熟品种 | ≥12.0 | ≥11.0 | ≥10.0 |
| | 晚熟品种 | ≥13.0 | ≥12.0 | ≥11.0 |
| | 极晚熟品种 | ≥14.0 | ≥12.0 | ≥11.0 |
| 果实硬度（千克/厘米$^2$） | | ≥6.0 | ≥6.0 | ≥4.0 |

续表 7-23

| 项 目 | | 优等品 | 一等品 | 二等品 |
|---|---|---|---|---|
| 果面缺陷 | 碰压伤 | 不允许 | 不允许 | 不允许 |
| | 蟠桃梗洼处果皮损伤 | 不允许 | 允许损伤总面积≤0.5 厘米$^2$ | 允许损伤总面积≤1.0 厘米$^2$ |
| | 磨 伤 | 不允许 | 允许轻微磨伤 1 处,面积≤0.5 厘米$^2$ | 允许轻微不褐变的磨伤,总面积≤1.0 厘米$^2$ |
| | 雹 伤 | 不允许 | 不允许 | 允许轻微雹伤,总面积≤0.5 厘米$^2$ |
| | 裂 果 | 不允许 | 允许风干裂口 1 处,长度≤0.5 厘米 | 允许风干裂口 2 处,总长度≤1.0 厘米 |
| | 虫 伤 | 不允许 | 允许轻微虫伤 1 处,面积≤0.03 厘米$^2$ | 允许轻微虫伤,面积≤0.3 厘米$^2$ |

注:各等级果实的果面缺陷不得超过两项

**表 7-24 鲜桃果实质量等级标准** (NY/T 586—2002)(单位:克)

| 果实质量(m) | 等级代码 | 果实质量(m) | 等级代码 |
|---|---|---|---|
| 350 < m | AAAA | 150 < m≤180 | B |
| 270 < m≤350 | AAA | 130 < m≤150 | C |
| 220 < m≤270 | AA | 110 < m≤130 | D |
| 180 < m≤220 | A | 90 < m≤110 | E |

**2. 预冷** 桃果同李、杏一样,多数品种成熟时正值盛夏高温季节,采后极易软化变质。用于贮藏和外运的桃,采后应迅速预冷

降温。果实温度预冷至0℃~1℃入库贮藏。

**3. 包装** 桃果不耐震动、磕碰和摩擦，包装容器要坚固、耐压，有一定支撑力。包装不宜过大，一般每件装果量不要超过15千克。生产上多采用木浆纸箱、木箱、塑料周转箱等包装形式。桃采后，用包装纸或塑料泡沫网套单果包裹，然后整齐、紧密地码放在容器内，层与层之间用纸板隔开，单果用瓦楞纸隔开，这样可避免果实相互摩擦或挤伤。目前，销售包装逐渐向小型化发展，有笼格、小篮、小型果箱等。

**4. 运输** 桃长途运输需采用冷链系统。即采后立即进入冷库预冷至0℃左右，然后装车在较低温度下运输。运输温度通常以5℃~10℃较为经济，最高不宜超过12℃~13℃。在5℃~10℃的温度下，途经7~10天到达销地，果实仍可保持运前水平。运输时间超过10天或贮藏后外运的桃，运输温度应保持在0℃~5℃。如有条件，运输工具最好用冷藏车。不过，预冷后采用普通保温车厢或普通货车用棉被等保温进行短期运输，也可达到良好的运输效果。

### (五)贮藏适宜条件

桃适宜贮藏温度为0℃~1℃，相对湿度为90%~95%。采用气调贮藏或运输，能较好保持果实硬度和底色，延缓果肉褐变。不同品种适宜气调技术指标有所不同。一般认为，在冷藏条件下，二氧化碳浓度不可超过10%，氧和二氧化碳浓度范围大多在2%~5%。田勇等(1992)认为，二氧化碳对桃果实贮藏质量有明显的影响，贮藏环境中二氧化碳浓度低于10%比高于10%贮藏效果好，而氧在5%~14%的范围内对果实贮藏影响不大。杜卫东等(1994)认为，氧浓度为3%~4%、二氧化碳浓度为2%~3%最适宜肥城桃的气调贮藏。焦新之等(1983)试验表明，白花桃在0℃~3℃，氧浓度1%、二氧化碳浓度5%贮藏2个月，果肉无褐变。

## (六)主要贮藏方法

**1. 冷藏和塑料小包装自发气调贮藏** 冷藏是目前桃贮藏的主要方法。普通冷藏,贮藏期短,贮藏效果差。冷库内采用塑料薄膜袋简易气调贮藏,成本低,贮期长,效果好。其工艺流程如下:

无伤适时采摘→剔除伤、烂、病、软果→树下分级→装入内衬塑料保鲜袋的箱中→采收当天入库→敞开袋口预冷至0℃左右(果温)→加入乙烯吸收剂和二氧化碳脱除剂→扎袋封箱码垛→0℃~1℃下贮藏

采用塑料小包装贮藏,库内不用加湿。每袋装量不超过10千克,大久保、白凤、玉露等可贮藏50天左右。青州蜜桃(青霜蜜)于0℃±0.5℃,用聚乙烯袋包装,袋内二氧化碳浓度控制在3%~6%,脱除袋内乙烯,贮藏2个月后,原果风味仍较浓。但若将贮期延长至3~4个月,将完全失去桃子风味。

**2. 气调贮藏** 国内桃用商业气调库贮藏的还不多见,一般采用冷库内加塑料薄膜帐进行气调贮藏。杜卫东等(1994)通过对肥城桃的气调贮藏研究,认为肥城桃综合保鲜技术为:①碳分子筛大帐气调(0.23毫米聚乙烯)+聚乙烯发泡网套果+噻菌灵烟熏剂防腐贮藏,肥城桃最适宜气调技术指标温度为0℃,氧浓度3%~4%,二氧化碳浓度2%~3%。②桃专用保鲜袋+药纸包果+聚乙烯发泡网套果贮藏,碳分子筛气调贮藏肥城桃可达45天以上,专用桃保鲜袋贮藏可达35天,而普通冷藏只能贮藏20天。焦新之等(1983)研究认为,白花桃适宜气调技术指标温度为0℃~3℃,氧浓度为1%,二氧化碳浓度为5%。在此条件下,白花桃贮藏2个月果肉无褐变,而普通冷藏果褐变指数为33%。

**3. 间歇升温法贮藏** 气调或冷藏的桃子在0℃贮藏2~3周后移至18℃~20℃的空气中存放2天,再回到0℃环境中贮藏。间歇升温贮藏可较好地保持果实风味,减少褐心,但引起硬度下降,腐烂率上升,操作繁琐,不适合目前冷库条件下应用。

**4. 短期高二氧化碳贮藏** 在10%～15%二氧化碳浓度环境下(如塑料保鲜袋内等),桃可在25℃～30℃的温度下贮藏8～10天。

## (七)贮藏中存在的主要问题

**1. 果肉褐变** 通常认为桃果果肉褐变是因贮藏温度过低,桃果产生冷害所致。不过,贮藏期过长,果实衰老也会造成果肉衰老褐变。其症状表现为沿果核周围果肉褐变,进而扩展到整个果实,原有风味丧失。贮藏环境中二氧化碳浓度过高也会产生果肉褐变。对于低温冷害造成的果肉褐变问题,目前主要采用间歇升温、气调贮藏或者两者相结合的方法来解决。

**2. 风味变淡** 桃果贮藏期过长、贮藏温度过低或二氧化碳浓度过高,均会引起桃果风味下降。风味下降主要表现为酸度下降和桃果特有香味合成受到抑制。经过贮藏的桃果,一般风味较淡,即使将果温升高也无法显现原有的风味。

桃同李、杏等一样,为季节性较强的时令水果,不可过分要求长贮藏期。只要贮藏期适当,在低温的基础上采用简易气调或气调贮藏方法,贮后的桃果基本还是可以满足人们口味要求的。

# 六、李　子

李在我国栽培已有3000多年之久,是我国栽培历史最久的古老果树之一。李在我国分布极为广泛,从南到北均有栽培。其中,面积较大、产量较多的是辽宁、福建、黑龙江、广东、湖南、四川、广西、江西等省、自治区。据考证,栽培最广泛的两个种——中国李和欧洲李均原产于我国。自古以来,我国李树多为田间、道边、房前屋后零星栽培,属于自给性生产,没有形成一定的商业规模。近20年来,在改革开放和市场经济的引导下,李子生产迅速发展,产量大幅度提高。据不完全统计,2000年我国李产量为346万吨,占世界李总产量的38%,世界排名第一。随着李产量的增加和生产强度为 15～22mg$CO_2$·$kg^{-1}$·$h^{-1}$，0℃为 2～3mg$CO_2$·$kg^{-1}$·$h^{-1}$，二者差异较大，可能是因为测定品种不同。

## （三）采收成熟度及采收

李子成熟度一般依据果皮颜色变化来定。红色品种果面 4/5 以上着色时为完熟期（9 成熟），果面 1/3～1/2 上色为硬熟期（7～8 成熟）；黄色品种果面由绿色完全转为淡黄色时为完熟期，果面退绿转白为硬熟期。用于鲜销的果实应在完熟期即九成熟时采摘，用于贮藏或长途运输的应在硬熟期即 7～8 成熟采收。采摘过早，果实外观不美，风味欠佳；采摘过晚，果实变软，不耐贮运。若李子果皮颜色过浓，也可根据果实发育期来确定成熟度。

同一株树，李果成熟有早有晚，应分批采摘。采摘时间应在早上露水消失后或傍晚气温较低时进行。采摘时连果柄摘下，尽量保存果粉，以提高耐贮性和保持较高的商品性。

## （四）预冷与运输

李子多在高温高湿季节成熟，用于贮藏的李子，采摘当天即应入库预冷贮藏（不超过 12 小时），用于长途运输的李子，也应预冷后再进行运输。当果实品温冷却至 0℃～1℃（一般需 24～36 小时）时即可入贮或外运。短途运输温度不要超过 10℃，长距离运输则应保持在 5℃以下。

## （五）适宜贮藏条件

**1. 温度**　常温下，李果实呼吸旺盛，贮藏期仅为几天或 10 余天，晚熟耐贮品种如澳李 14 等，也超不过 1 个月。李子对 0℃左右的低温不敏感。低温条件下果实呼吸显著降低，贮藏期大大延长。如秋李在常温下仅有几天的货架期，15℃可贮藏 12～15 天，0℃可贮藏 50 天。李子贮藏适宜温度为 -1℃～1℃。

**2. 相对湿度**　李果贮藏中容易失水。裸果贮藏，库内相对湿度应达到 90%～95%。采用塑料薄膜袋扎口或挽口，可满足李子贮藏对湿度的要求。另外，果实表面涂蜡也可解决贮藏或货架期间的失水问题（表 7-26）。

表 7-26 不同处理方式对龙园秋李失重的影响 （0℃贮藏 48 天）

| 处理方式 | 0.03 毫米厚聚氯乙烯袋扎口 | 0.03 毫米厚聚氯乙烯袋挽口 | 森柏保鲜剂 | 涂 蜡 | 对 照 |
| --- | --- | --- | --- | --- | --- |
| 失重率（%） | 0 | 0.8 | 5.6 | 2.6 | 14.0 |

**3. 气体成分** 气调贮藏可以降低李果的呼吸强度及乙烯的合成速度，具有明显延缓衰老的作用。研究表明，李果的适宜气体条件为：氧浓度 2%～3%，二氧化碳比氧稍高，但不宜超过 8%。笔者在 1994～1995 年对秋李贮藏适宜气体成分进行了系统研究。结果表明，气调贮藏对于抑制秋李果皮底色退绿转红、酸度下降和保持硬度及风味效果显著。在 0℃时，秋李子适宜气体条件为氧 3%～10%、二氧化碳 3%～8%。在此范围内，氧浓度越低、二氧化碳浓度越高，秋李子底色、硬度保持越好；反之，果实风味较好。二氧化碳浓度达到 10%以上时，贮藏后期会对果实产生伤害。

## （六）主要贮藏方法

李子成熟时气温较高，一般需采用冷藏。冷藏适宜温度为 -1℃～1℃，相对湿度为 90%～95%。冷藏结合塑料薄膜小包装可获得良好的贮藏效果。除贮藏温度外，薄膜厚度和包装大小是贮藏的关键。薄膜过厚、装量过大容易产生二氧化碳伤害。秋李和龙园秋李等，一般可选择 0.03 毫米厚无毒聚氯乙烯或高压低密度聚乙烯（LDPE）袋装，每袋装量为 2.5～5 千克，最大包装不可超过 10 千克。包装过大，薄膜袋不能扎口，应采取掩口形式。据我们测量，装量为 2.5～5 千克，采用 0.03 毫米的聚氯乙烯或聚乙烯袋，预冷后扎口贮于 0℃条件下，袋内二氧化碳浓度一般在基本还是可以满足人们口味要求的。

## 七、杏

杏原产我国，至今已有3 500多年的栽培历史。山东、河北、河南、新疆、山西、陕西、甘肃、北京、辽宁等地为我国杏主要产区，但尤以黄河流域最多。新疆杏主要用于制杏干。作为热杂果的桃、李、杏，尤其是杏，以往未受到足够的重视。近10多年来，随着市场经济的发展和消费结构多元化变化，杏产业得到了较快的发展。据统计，1996年我国鲜杏产量达到65万吨。鲜食杏属季节性、时令性水果，应突出一个“早”字，采后以鲜销、快销为主。但随着产量的提高，为缓解集中上市的压力，调剂各地市场需求和延长加工时间，仍有必要进行短期贮运保鲜。

### （一）品　种

我国杏资源丰富，品种繁多，栽培比较广泛、品质比较优良的就有150种以上。相对来讲，杏果实发育期短于李，成熟期早于李，其耐藏性低于李果。主要鲜食和加工用杏耐贮性归纳总结为表7-28，供参考。杏普遍不耐贮藏，表中的耐贮性只是一个相对的概念。果实发育期长、晚熟的品种耐贮性一般较好。

**表7-28　主要鲜食和加工用杏品种果实发育期、成熟期及耐贮性评价**

| 品　种 | 果实发育期（天） | 成熟期 | 耐贮性评价 | 主要产区 |
|---|---|---|---|---|
| 骆驼黄 | 55 | 5月底6月初 | 室温下可贮3～5天 | 北京门头沟 |
| 红荷包 | 56 | 5月下旬 | 室温下可贮3～5天 | 山东历城、长清 |

**续表 7-28**

| 品　种 | 果实发育期（天） | 成熟期 | 耐贮性评价 | 主要产区 |
|---|---|---|---|---|
| 金　星 | 57 | 5月底6月初 | 较耐贮运，室温下可贮5~7天 | 河北农业大学培育 |
| 香白杏 | 60~70 | 6月下旬 | 不耐贮，室温仅能贮2~3天 | 河北丰润、遵化及天津蓟县 |
| 兰州金妈妈 | | 6月下旬 | 较耐贮 | 甘肃兰州 |
| 明　星 | 65 | 6月上旬 | 耐存放，室温下可贮5~7天 | 河北农业大学培育 |
| 红玉杏 | 70 | 6月上中旬 | 较耐贮运 | 山东历城、长清 |
| 仰韶黄杏 | 70~80 | 6月中旬 | 较耐贮运，室温下可贮7~10天 | 河南渑池 |
| 临潼银杏 | 75 | 6月中旬 | 较耐贮 | 陕西临潼 |
| 串枝红杏 | 80 | 6月底7月初 | 较耐贮运，室温下可贮5~7天 | 河北巨鹿 |
| 大红杏 | 80~86 | 6月下7月上 | 较耐贮 | 辽宁葫芦岛虹螺山 |
| 沙金红杏 | 85 | 6月下旬 | 较耐贮运 | 山西清徐 |
| 孤山杏梅 | 85 | 7月上旬 | 较耐贮运，室温下可贮5~7天 | 辽宁东沟 |
| 唐汪川大接杏 | 90 | 7月上旬 | 较耐贮 | 甘肃东乡县唐汪川 |
| 红金榛杏 | 90 | 7月上旬 | 较耐贮 | 山东招远 |

资料来源：《中国果树实用新技术大全·落叶果树卷》（第八章　杏，吕增仁主编），中国农业科技出版社，1998

## （二）采后生理特性

杏为呼吸跃变型水果，对其采后生理变化国内研究不多。据国外报道,温度为20℃时,杏果实呼吸强度为27～45mg$CO_2$·$kg^{-1}$·$h^{-1}$,0℃时为4～8mg$CO_2$·$kg^{-1}$·$h^{-1}$;随着果实的成熟软化和贮藏温度的提高,果实乙烯释放量从不到0.1微升/(千克·小时)(0℃)提高到4～6微升/(千克·小时)(20℃)。杏对乙烯较为敏感。乙烯加速果实软化衰老,促使果皮底色退绿转黄。据范学通(2000)报道,'Perfection'杏采用1微升/升1-MCP在20℃熏蒸处理4小时,可以延缓果实乙烯释放,降低呼吸强度,抑制果实硬度、酸度下降及延缓果皮底色退绿转黄。

### (三)采收成熟度及采收

与桃、李一样,用于贮藏和长途运输的杏应在硬熟期(7～8成熟)采收。即果实已达到应有大小,果面颜色由绿转为黄绿或黄白,黄色品种阳面呈现红色,略具品种特有香味,但果实仍坚硬。采摘过早,果实外观不美,风味欠佳;采摘过晚,果肉变软,极易碰损进而腐烂,不耐贮运。为提高果实品质和风味,鲜销的杏应在完熟期(9成熟)采收。即在果实表面绿色完全退去,表现出品种固有的色泽、风味,果肉开始变软时采收。也可根据果实发育期来确定成熟度。

采摘时间应在早上露水消失后或傍晚气温较低时进行。采摘时连果柄摘下,采下的果实应轻轻放入带衬的果筐或果箱内。

### (四)预冷、包装和运输

杏成熟于炎热的初夏,用于贮藏和外运的杏采摘后应在12小时内入库预冷。当果实品温冷却至0℃～1℃时方可入贮或外运。

预冷方式可采用冰水冷却(将杏装入塑料盘,浸入冰水池中),或依靠冷风机强制通风冷却。采用冰水冷却,预冷速度快,但冷却后一定要把水沥净吹干再进行包装。包装可采用纸箱、塑料周转箱或泡沫保温箱等。杏不耐磕碰,包装不宜过大,一般以装量2.5～5千克为好。装果时,箱内应内衬包装纸。也可采用0.03毫米厚的聚乙烯或聚氯乙烯小袋包装，每袋装 1~2.5 千克，将小袋放入大箱中贮运。

经过预冷并包装好的杏应采用商用保温车或普通货车（车厢上下及四周用双层棉被包裹）运输。杏运输温度应保持在0℃~5℃（具体视运输距离而定）。

### （五）适宜贮藏条件

**1. 冷藏条件** 杏适宜贮藏温度为 -0.5℃~1℃，库房相对湿度应控制在 90%~95%。若采用塑料薄膜小包装贮藏，库内不用加湿。在冷藏条件下，采用塑料薄膜小包装，杏可贮藏 20~35 天。

**2. 辅助措施** 采用气调贮藏或运输，能较好保持果实硬度和底色。杏贮运的适宜气体成分为氧 2%~3%、二氧化碳 2%~3%。国内一般采用塑料薄膜袋简易气调贮藏。

### （六）主要贮藏方法

**1. 冷库贮藏** 杏采后正值高温季节，没有自然冷源可以利用，一般需采用冷库贮藏。冷库内结合塑料薄膜袋简易气调贮藏，果实不失水，保鲜效果好。其工艺流程为：

适期无伤采摘→采后处理（挑选、分级）→快速预冷至 0℃→装入内衬 0.03 毫米厚聚乙烯或无毒聚氯乙烯塑料保鲜袋的箱子→放入乙烯吸收剂和防腐剂后保鲜袋掩口→码垛或上架贮藏→定期检查→出库→冷链运输→上市销售

也可在田间直接装入内衬薄膜袋的箱内，但必须敞口预冷至0℃（果温）后再掩口。乙烯吸收剂的配制、使用量及使用方法见附录一中的《杏冷藏》。防腐可使用仲丁胺液体熏蒸处理，使用量及方法参考本章“李子”一节。

注意事项：杏对二氧化碳的忍耐力通常低于李果。由于品种不同，杏对二氧化碳的忍耐力可能不同。用保鲜袋贮藏装量大于 2.5 千克时最好采用掩口贮藏。

出库后立即销售的果实，应缓慢升温，以避免果实结露。出库后，搬运装卸应轻拿轻放，并应尽快上市销售。

**2. 速冻贮藏** 在 -30℃以下的速冻装置内快速把杏果冻结。冻结后用食品级聚乙烯塑料袋包装，在 -18℃以下的低温库中贮藏。贮藏期一般可达 1 年之久。

速冻其实是一种加工方法。速冻之后的果实，成为非生机食品，不能再进行呼吸作用。与冷藏用果不同，速冻的杏果应在充分成熟时采收。

### （七）主要贮藏病害

**1. 微生物病害** 杏采后主要侵染性病害有褐腐病和根霉病等。若采后快速预冷，并在 0℃左右贮运，采摘、运输尽量减少磕碰伤，基本可抑制和避免上述病害。采用仲丁胺等药物熏蒸防腐处理，也能获得明显效果。

**2. 生理病害**

（1）低氧和高二氧化碳伤害 贮藏环境中氧浓度 <1% 容易产生异味，二氧化碳浓度 >5% 容易引起果肉褐变、风味下降。

（2）冷害 贮藏中温度过低或在能忍耐的低温以下贮藏时间过长，果实会产生冷害。其主要症状是果面产生凹陷，果肉褐变。另外，在低温下贮藏时间过长，将会影响果肉风味。

## 八、猕 猴 桃

猕猴桃原产于我国。俗称“羊桃”或“阳桃”。为多年生落叶藤本果树。猕猴桃在我国栽培已有 1 300 多年的历史。但成为商业化栽培，却兴起于 20 世纪 30 年代的新西兰。我国从 20 世纪 70 年代开始重视猕猴桃的发展。陕西、河南、湖南、湖北、江西、福建、四川、贵州等地发展较快。2001 年，我国猕猴桃产量已高达 60 万吨左右，约占世界年产量的 40%以上，居世界首位。

猕猴桃风味独特，富含维生素 C，含量是苹果、梨、柑橘、葡萄等大宗果品的几十倍至上百倍，有"水果之王"的美称。但猕猴桃属浆果类水果，鲜果皮薄，多汁，容易腐烂，因此果农有"七天软，十天烂，半月之后坏一半"的说法。常温下难以保存。采用冷藏一般可贮 3～4 个月，气调贮藏贮期可达 6 个月以上。

## (一)品　种

猕猴桃种类较多。在我国栽培较多、分布较广的属美味猕猴桃(硬毛猕猴桃)和中华猕猴桃(软毛猕猴桃)。一般来讲，晚熟品种耐贮性好于早、中熟品种，美味猕猴桃比中华猕猴桃耐贮。我国主要栽培猕猴桃品种耐贮性见表 7-29。

**表 7-29　主要猕猴桃品种成熟期及耐贮性比较**

| 品　种 | 成熟期 | 耐贮性比较 |
| --- | --- | --- |
| 秦　美 | 10 月下旬～11 月上旬 | 冷藏条件下可存放 3～4 个月，气调库可贮藏 6 个月以上 |
| 海沃德(Hayward) | 11 月上旬 | 耐贮藏，耐贮性好于秦美 |
| 米良一号 | 10 月上旬 | 常温下可存放 30 天 |
| 金魁(鄂猕猴桃 1 号) | 10 月中下旬 | 与海沃德相当，常温下可贮藏 2 个月 |
| 徐　香 | 9 月底至 10 月中旬 | 常温下可贮藏 30 天，冷藏条件下可贮藏 3 个月 |
| 徐　冠 | 10 月中下旬 | 与徐香相当 |
| 川猕 2 号 | 10 月上旬 | 常温下可存放 15～20 天 |
| 魁　蜜 | 9 月中旬 | 冷藏条件下可存放 4 个月 |
| 早　鲜 | 8 月下旬至 9 月上旬 | 常温下可存放 10 天左右 |

续表 7-29

| 品　种 | 成熟期 | 耐贮性比较 |
|---|---|---|
| 庐山香 | 10月中旬 | 常温下极不耐贮，冷藏条件下可存放4个月 |
| 通山5号 | 9月中下旬 | 常温下可存放40～50天，冷藏条件下可存放5个月以上 |

### （二）采后生理特性

猕猴桃属呼吸跃变型果实。温度为20℃时，海沃德猕猴桃果实呼吸强度为20～60mg$CO_2$·$kg^{-1}$·$h^{-1}$，随着果实的成熟软化，果实乙烯释放量从1微升/（千克·小时）左右提高到50～60微升/（千克·小时）。中华猕猴桃和软枣猕猴桃（吉林延边）呼吸强度通常高于美味猕猴桃（海沃德）。20℃时，洛阳2号呼吸强度为25～70mg$CO_2$·$kg^{-1}$·$h^{-1}$，有些品种高达50～100mg$CO_2$·$kg^{-1}$·$h^{-1}$，软枣猕猴桃为49～104mg$CO_2$·$kg^{-1}$·$h^{-1}$。猕猴桃对乙烯极为敏感，微量的乙烯即可引起果实软化，严禁与苹果、梨等乙烯释放量高的水果混贮。

据樊秀彩（2001）报道，秦美猕猴桃采用1-MCP在20℃温度条件下熏蒸处理12小时，可以显著降低果实乙烯释放量，降低乙烯峰值，并推迟乙烯高峰的出现，有效延缓果实硬度的下降。同样在20℃条件下，对照果采后21天的好果率为零。果实完全软腐，产生异味，失去食用价值。而用1-MCP处理的直至采后30天，90%的果实仍处于最佳食用状态。王文辉研究表明，1-MCP在软毛猕猴桃上也有相似的表现。

### （三）采收期的确定及采收

采收期与果实产量、品质和贮藏性密切相关。只有适时采收，才能确保猕猴桃既具有良好的品质，又具有一定的耐贮性。猕猴桃成熟过程，果实外观不像苹果、柑橘等可以观察其颜色变化来确定成熟与否。到目前为止，国内外普遍采用可溶性固形物含量作为判断猕猴桃成熟的指标。用于长期贮藏或长距离运输的果实，可溶性固形物含量以6.5%～8%为宜；短期贮藏或采后即销售的果实，可溶性固形物含量可稍高，但一般不超过10%。测定方法：在果园中选择有代表性的20个果，榨取果汁，用折光仪测定。

用于贮藏的果，采前10天果园不能灌水，雨后3～5天不能采收。由于猕猴桃对乙烯极为敏感，稍有损伤就可导致果实软化，所以采收时要轻拿轻放，严禁磕碰等致机械伤。有条件的果园，收获时采摘人员应修剪指甲或戴上手套，以免指甲刺伤果实。果实采后应及时剔除有病虫害、机械伤果及残次果，然后把果实放入塑料箱或木制周转箱，放在树阴处或其他阴凉处待运。另外，使用过膨大剂处理的果实耐贮性较差，不能作为中、长期贮藏。

### （四）预冷与运输

果实采后当天入库预冷，在24小时内将果实温度降至5℃左右，库满后尽快将库温降至－1℃～0℃。国内长途运输，运输温度应保持在10℃以下。

### （五）适宜贮藏条件

猕猴桃适宜贮藏温度为0℃±0.5℃，相对湿度为90%～95%，适宜气体成分为氧2%～3%，二氧化碳3%～5%。二氧化碳伤害的极限浓度为8%。

### （六）主要贮藏方法

**1. 自然冷源贮藏** 中、晚熟猕猴桃品种成熟时已至晚秋（10月中下旬至11月上旬）。此时我国北方气候已变得凉爽，尤其是夜间气温较低。利用这一有利条件，可在依靠自然冷源的贮藏场所进行短期贮藏。贮藏方式主要有沟藏和土窑洞、地窖、通风库贮藏。依靠自然冷源的贮藏场所，一般晚熟品种可贮2个月左右。夜间加强通风管理尽快降低库内温度和适当增加库（窖）内湿度是其成功的关键。土窑洞、通风库等贮藏场所的设计、建造和管理见第六章。

**2. 机械冷库贮藏** 冷库贮藏是目前我国猕猴桃中、长期贮藏的主要方式。普通冷藏一般可贮藏3~4个月。冷库内采用塑料薄膜袋、帐贮藏，晚熟品种可贮5个月以上，而且成本低，是目前普遍采用的方法。技术要点如下：

（1）塑料薄膜袋贮藏 采用0.03~0.04毫米厚聚乙烯袋，每袋装量5~10千克。可在下树后直接装入内衬塑料袋的箱内，也可经预冷果温降至0℃后再装袋入箱。下树直接装袋的，果实入库后必须敞口预冷，果温降至0℃后才能扎口贮藏。贮藏过程中，库温控制在-1℃~0℃。采用塑料小包装贮藏，库内不用加湿。

（2）塑料薄膜大帐贮藏 塑料帐用0.1~0.2毫米厚无毒聚氯乙烯或聚乙烯薄膜制作。每帐贮量1~2吨。大帐贮藏需用塑料周转箱或木制箱。当库温稳定在0℃左右时罩帐并密封。贮藏期间库温控制在-1℃~0℃，库内不用加湿。对帐内气体成分要定时进行检测，将气体成分控制在氧2%~3%、二氧化碳3%~5%。

**3. 气调库贮藏** 气调贮藏尤其是低乙烯气调贮藏，是猕猴桃最佳贮藏方式。晚熟品种在气调库一般可贮6个月以上，货架期不低于15天，好果率达98%。其技术要领为：果实采后放入塑料周转箱或木制箱，当天入库预冷，满库后尽快将库温降至0℃左右，待果温达到0℃后，封库调气。贮藏过程中，库温控制在0℃~1℃，上下温差不得大于1℃；气调成分控制在氧2%~3%，二氧化碳3%~5%；库内湿度保持在90%~95%。如果气调库配备乙烯脱除系统，将库内乙烯浓度控制在0.02微升/升以下，贮藏效果更好（表7-30）。

表 7-30 普通冷藏与低乙烯气调贮藏(秦美)效果比较

| 处理 | 贮藏期(天) | 果肉硬度(千克/0.5 厘米$^2$) | 正常果比例(%) | 明显失水果(%) |
|---|---|---|---|---|
| 普通冷藏 | 165 | 1.02 | 25.6 | 22.3 |
| 低乙烯气调 | 165 | 4.45 | 59.7 | 8.5 |

(杨德兴等,1996)

### (七)主要生理病害

猕猴桃采用塑料薄膜袋、帐或气调贮藏,若二氧化碳浓度过高(>8%),贮藏过程中容易产生二氧化碳伤害。其症状为:果肉组织变为水渍状,果心变白、变硬(俗称硬心或白心病)。

## 九、甜樱桃

我国栽培的樱桃主要有四个种:中国樱桃、甜樱桃、酸樱桃和毛樱桃。甜樱桃又称西洋樱桃、大樱桃。由于甜樱桃果个大,品质好,经济价值高,所以我国目前发展的主要为甜樱桃。樱桃色泽艳丽,味美,营养丰富,是落叶果树中成熟最早的水果。4 月初就有棚栽樱桃上市。露地栽培 4 月下旬至 7 月初成熟。樱桃成熟时正值春末夏初鲜果淡季,市场售价很高。我国甜樱桃栽培主要集中在山东烟台、辽宁大连、河北秦皇岛等地区。2001 年,我国甜樱桃产量为 0.8 万~1.0 万吨,仅为世界樱桃总产量的 0.5%左右,尚有较大的市场空间。

樱桃是一种不耐贮运的果品。成熟时正值夏季来临,气温升高,各品种的采收期集中在短短的几天内。常温下,果实极易过熟软化、褐变、衰老、腐烂,几天内便失去商品价值。近几年来,我国樱桃处于快速发展时期。随着栽培面积的扩大和产量的增长,樱桃的贮运保鲜正逐渐被人们所重视。

### (一)品　种

根据果实成熟期的不同,甜樱桃分为早、中、晚熟三类。果实发育期30~40天为早熟品种,如早紫、黄玉、红灯、大紫等;果实发育期40~50天为中熟品种,如佐滕锦、雷尼等;果实发育期超过50天的为晚熟品种,如红丰、滨库、晚红、那翁、晚黄等。一般来讲,晚熟品种耐贮性较强,中熟品种次之,早熟品种不耐贮。从果肉质地看,硬肉品种如那翁、滨库、红丰等耐贮运性好,软肉品种如黄玉、大紫等耐贮运性差。

### (二)采后生理特性

通常认为,樱桃属于非呼吸跃变型水果,成熟果实对乙烯反应不敏感。但有研究认为,樱桃果实的成熟和衰老与乙烯有关。樱桃对环境中高浓度二氧化碳具有较强的忍耐力。10%~25%的高浓度二氧化碳可以显著抑制樱桃果实乙烯的合成和果实的衰老,对于病害也有较好的抑制作用。利用高浓度二氧化碳结合低温措施,可以有效延长樱桃贮藏期和货架期。需要注意的是,樱桃果实成熟早(发育期较短),采后生理代谢旺盛,果实贮藏期不可能太长。

### (三)采收期及采收

成熟度是确定樱桃果实采收期的直接依据。生产中,樱桃的成熟度主要是根据果面色泽、果实风味和可溶性固形物含量来确定。黄色品种,当底色退绿变黄、阳面开始有红晕时,即开始进入成熟期;对红色或紫色品种,当果面已全部着红色,即表明进入成熟期。多数品种,鲜果采摘时可溶性固形物含量应达到或超过15%。

樱桃果实发育期较短,果实从开始成熟到充分成熟,果个大小还能增长35%。在此期间,果实风味品质(如可溶性固形物的提高等）变化很大。另外，樱桃果实为非呼吸跃变型水果，与苹果、梨等呼吸跃变型水果不同，果实不含可转化为糖的淀粉，采后没有后熟过程，果实品质不会因放置而有所提高。因此，果实达到充分成熟时，风味、品质最佳。但此时采收，果实极易软化、褐变和衰老，不耐贮藏。采后就近上市销售的鲜果，应在充分成熟、表现出本品种固有特色时采摘为好。用于贮藏和长途运输的鲜果，应在此基础上提早3～5天（8～9成熟）采摘。采摘过早，果个小，产量低，贮后色泽差、风味淡，商品价值低。

樱桃果实的成熟期因其在树冠中的部位和着生的果枝类型不同而不同。因此，要根据果实成熟情况，分期分批采摘。用于贮藏的樱桃必须手工采摘。采摘时应带果柄。在采收和搬运过程中，要注意不要碰伤和擦伤果实。另外，用于贮藏的樱桃，采摘前7～10天不宜灌水。

### （四）采后处理与运输

樱桃采后，应及时入库预冷，尽快将果实温度降至0℃～2℃。外运的鲜果，最好当天采摘，当天分级包装，当天交付冷藏车或冷藏气调车发运。樱桃适宜运输温度为0℃～2℃，最高不要超过5℃。运输期限建议不超过3天。距离较远的，应采用空运。

樱桃果实容易变软，不耐挤压，包装箱不可过大、过深。运输包装可选用装量为5～10千克的纸箱，箱子高度一般以不超过10厘米为宜。销售包装可选用纸盒、塑料盒、塑料托盘或薄膜袋等，装量为0.25～2.5千克。用于贮藏的果实，下树后直接装在内衬聚乙烯塑料薄膜袋的纸箱或塑料周转箱内，入库后打开袋口进行预冷，当果温达到0℃后扎口入贮。

### （五）适宜贮藏条件

甜樱桃果实的冰点为－2℃左右，但贮温过低不利于果实风味保持。适宜贮藏温度为0℃～1℃，相对湿度为90%～95%。采用塑料大帐或塑料袋进行简易气调贮藏，袋或帐内气体成分应控制在氧气3%～5%，二氧化碳10%～25%。二氧化碳伤害浓度为30%。在不产生伤害的情况下，二氧化碳浓度越高，果实颜色变化越小。人工气调贮藏环境气体指标为氧气2%～3%，二氧化碳5%～6%。

## （六）主要贮藏方法

目前，樱桃贮藏主要采用低温冷藏和气调贮藏。单纯采用冷藏，贮藏期较短，一般不超过20天。但冷藏结合塑料薄膜袋简易气调贮藏，比普通冷藏贮藏期可延长近1倍，达30～40天。塑料薄膜袋简易气调贮藏方法简单，成本较低，效果较好。具体做法是：樱桃采摘后，采用小纸箱或纸盒内衬聚乙烯薄膜（薄膜厚度0.04～0.06毫米）袋，每件2～5千克，敞口预冷，果温达到0℃后扎口，在0℃～1℃温度下贮藏。贮藏期间袋内气体成分控制在氧气3%～5%，二氧化碳10%～25%。采用薄膜袋贮藏，由于袋内二氧化碳浓度较高，果实可能有一定的异味，出库后，把袋解开，异味即可逸散。

采用人工气调贮藏比塑料薄膜袋贮藏的贮藏期可延长20天以上。人工气调贮藏是目前生产上樱桃贮藏期最长的贮藏方法，晚熟品种贮藏期最长可达2个月左右。贮藏条件为：温度0℃～1℃，相对湿度90%～95%，氧气2%～3%，二氧化碳5%～6%。

生产中应注意，樱桃本身最大的优势在于“早”。对于鲜果来讲，贮藏的目的是适当延长鲜果销售期，避免集中上市，追求最大经济效益。贮藏期长不等于经济效益高。因此，在生产中更应注重运输中的保鲜，不可盲目追求长贮藏期。到了6～7月份，其他新鲜水果如杏、李等已大量上市，势必会影响樱桃的销售。

## （七）主要贮藏病害

樱桃采后贮运中易产生褐腐病、软腐病及灰霉病等真菌性病害。这些病菌或是在采前已侵染果实,或是采后通过伤口侵染,常温下发病很快,在0℃左右的低温下基本可以控制。但贮藏期较长时,贮藏后期果实发病也相当严重。防治的方法是:

其一,采收、搬运、包装环节应尽量避免磕碰、摩擦等机械伤。

其二,果实采后及时预冷。预冷后尽快进入高二氧化碳环境(如采用塑料薄膜袋包装或气调贮藏)。

其三,不可过分追求长贮藏期。贮期过长,果实生命活性降低,果实抗病性大大减弱,必然会产生腐烂。另外,贮期过长,果实出库后货架期极短,并且货架期间软化、腐烂严重,给销售带来极大麻烦。

其四,喷布杀菌剂或采后用特克多洗果或仲丁胺熏蒸也可起到防腐作用。

其五,果实生长发育期间,定期喷布0.5%~1%的氯化钙溶液,能明显降低贮藏期间果实腐烂率、掉梗率以及果肉褐变指数,并有利于保持果实的营养成分。

樱桃生理病害除果实衰老、褐变外,主要是二氧化碳伤害。贮藏环境中二氧化碳浓度过高(>30%),也会造成二氧化碳伤害。其症状为果肉褐变,有异味。保持低而稳定的贮藏温度、采用气调贮藏、合理控制二氧化碳浓度、贮期适当是预防和控制樱桃贮藏病害的主要方法。

## 十、草　莓

草莓属浆果类多年生草本植物。由于其结果快,成熟早,色泽艳,营养高,香气浓,所以深受生产者和消费者欢迎,是近年来我国发展最快的水果之一。据不完全统计,目前我国草莓年产量约60万吨,居世界第二,占世界草莓总产量的20%左右。我国草莓生产主要集中在东部经济较发达的沿海地区。山东、河北和辽宁为全国最大的草莓产区,其次是江苏、上海、浙江、四川等省、市。随着我国加入世界贸易组织后产业结构的调整，草莓作为集技术密集型与劳动密集型于一体的产业，同时又具有“短、平、快”高效农业的特点，势必会有更大的发展。由于草莓果肉柔软多汁，水分含量大(90%～95%)，果皮较薄，采后极易腐烂变质，常温下存放1～3天就开始变色、变味、腐败。因此，解决好草莓采后贮运保鲜问题，对于促进和保证该产业的发展意义重大。

### (一)品　种

草莓品种间的耐贮性存在明显差异。通常，果实硬度大、韧性好、耐压力强的品种较耐贮运，果肉柔软多汁的品种耐贮运性较差。目前，主栽品种中的硕丰、全明星、硕香、硕蜜、香玉、红丰、新明星、戈雷拉、三星、明晶、明磊等较耐贮运，丰香、秦香、女峰、静宝等次之，宝交早生、明宝等耐贮性差。

### (二)采后生理特性

草莓虽属非呼吸跃变型水果，但果实采后生理代谢旺盛，呼吸强度高。据有关资料介绍，温度在0℃时，草莓呼吸强度为12～18$mgCO_2 \cdot kg^{-1} \cdot h^{-1}$，比不耐贮藏的杏还高2～3倍；20℃时，其呼吸强度更是高达102～196$mgCO_2 \cdot kg^{-1} \cdot h^{-1}$。与樱桃一样，草莓对环境中高浓度二氧化碳具有较强的忍耐力。多数研究者认为，10%～30%的高浓度二氧化碳能抑制果实的呼吸，延缓果实变质腐烂。利用低温环境结合高浓度二氧化碳处理，可以有效延长草莓贮藏期和货架期。但由于其本身特性所决定，作为鲜果销售，草莓只适宜短期保鲜。

### (三)采收成熟度与采收

生产中，确定草莓成熟度最重要的依据是果面着色面积。随着果实的成熟，果皮红色由浅变深，着色面积不断扩大。按果实的着色面积，成熟度可分为1/4着色、2/4着色、3/4着色和全部着色

4个阶段。早采摘,果个小(影响产量),品质差;晚采摘,果实糖度高,风味好,但易变软,不耐贮运。综合考虑,以果面3/4着色(7~8成熟)采摘为宜。对于12月至翌年2月上市的棚栽草莓,外界气温较低,采后常温下可存放数日。为提高果实品质,可在9成熟时采收。

草莓采摘尽可能在晴天的早晨或傍晚气温较低时进行。采摘时,用拇指和食指夹住果柄,然后带果柄和花萼轻轻摘下。注意不要挤压和碰伤果实。在采摘的过程中,直接根据果实大小、颜色等进行初步分级,一次装箱或装盒,尽可能减少倒箱次数,可大大降低腐烂率。装箱、装盒以及搬运过程中,要轻拿轻放。包装不可过满,严禁挤压。

## (四)采后处理与运输

**1. 分级** 我国于2001年发布了草莓农业行业标准(NY/T 444—2001)。根据该标准,草莓的质量要求包括感官品质指标、理化指标和卫生指标3个方面。感官品质指标包括外观品质基本要求、果形及色泽、果实着色度、单果重、碰压伤和畸形果实。详见表7-31。理化指标包括可溶性固形物、总酸量和果实硬度。详见表7-32。标准规定,果实硬度和总酸量不作为草莓交收时必检的质量指标。若在交收检验中,对果实质量和成熟度有进一步要求,可进行果实硬度和酸度的检验。

**表7-31 草莓感官品质指标** (NY/T 444—2001)

| 项 目 | 特 级 | 一 级 | 二 级 | 三 级 |
|---|---|---|---|---|
| 外观品质基本要求 | 果实新鲜洁净,无异味,有本品种特有的香气,无不正常外来水分,带新鲜萼片,具有适于市场或贮藏要求的成熟度 | | | |
| 果形及色泽 | 果实应具有本品种特有的形态特征、颜色特征及光泽,且同一品种、同一等级不同果实之间形状、色泽均匀一致 | | | |

续表 7-31

| 项目 | | 特级 | 一级 | 二级 | 三级 |
| --- | --- | --- | --- | --- | --- |
| 果实着色度(%) | | ≥70 | | | |
| 单果重(克) | 中小果型品种 | ≥20 | ≥15 | ≥10 | ≥6 |
| | 大果型品种 | ≥30 | ≥25 | ≥20 | ≥15 |
| 碰压伤 | | 无明显碰压伤,无汁液浸出 | | | |
| 畸形果实(%) | | ≤1 | ≤1 | ≤3 | ≤5 |

注:中小果型品种是指一级序果平均单果重小于25克的品种,如红手套、特里拉、三星、丰香、宝交早生、鬼怒甘、明宝、戈雷拉、星都一号、星都二号、哈尼、玛丽亚等;大果型品种是指一级序果平均单果重大于或等于25克的品种,如全明星、达赛莱克特、吐德拉、弗吉尼亚、安娜、埃尔桑塔、硕丰等

表 7-32　草莓理化指标　(NY/T 444—2001)

| 项目 | 允许值 | 品种* |
| --- | --- | --- |
| 可溶性固形物(%) | ≥9 | 丰香、硕丰、明宝 |
| | ≥8 | 星都一号、星都二号、达赛莱克特、宝交早生、哈尼、鬼怒甘、三星 |
| | ≥7 | 全明星、戈雷拉、弗吉尼亚、玛丽亚、安娜、埃尔桑塔、红手套 |
| | ≥6 | 吐德拉 |
| 总酸量(%) | 1.3~1.6 | 星都一号、星都二号、玛丽亚、鬼怒甘 |
| | 1.0~1.3 | 硕丰、达赛莱克特、埃尔桑塔、全明星、哈尼、三星 |
| | 0.7~1.0 | 戈雷拉、弗吉尼亚、丰香、宝交早生、明宝、安娜、吐德拉、红手套 |

续表 7-32

| 项　目 | 允许值 | 品　种* |
| --- | --- | --- |
| 果实硬度（千克/厘米$^2$） | ≥0.6 | 埃尔桑塔、全明星、安娜、哈尼、玛丽亚、鬼怒甘、弗吉尼亚、硕丰、吐德拉 |
| | ≥0.4 | 星都一号、宝交早生、达赛莱克特、戈雷拉、红手套、三星、星都二号 |
| | ≥0.2 | 丰香、明宝 |

*未列入的品种，可根据品种特性参照表内近似品种执行

**2. 包装**　投放市场的鲜果，可用符合卫生要求的塑料小托盘和小盒包装（一般每盒装 250～500 克），然后再装入纸箱或塑料周转箱中。每箱重量不宜超过 10 千克。

**3. 预冷与运输**　用于贮藏或远距离运输的草莓，采后应迅速预冷。采用真空预冷，预冷速度快，效果好，但需要有专用设备；采用强制通风冷却也能达到较好效果。果温达到 0℃后装入聚乙烯或无毒聚氯乙烯薄膜袋（也可采摘时直接装入内衬薄膜袋的容器内，敞口预冷，预冷后密封处理，这样可以减少倒箱的次数）进行密封包装（如有条件，可充入 10%～15%的二氧化碳气体，效果更好），装箱后入库贮藏或用冷藏车（船）运输。建议运输温度为 0℃～2℃，运输时间不宜超过 3 天。

### （五）适宜贮藏条件

草莓适宜贮藏温度为 0℃，相对湿度为 90%～95%。也有的资料如国际标准 ISO《草莓冷藏指南》推荐相对湿度为 85%～90%，可能是由于湿度过高易引起腐烂。草莓对高浓度二氧化碳的忍耐力较强，一般认为可忍耐 10%～30%的浓度。二氧化碳浓度较高时果实会产生异味，当果实放置于空气中，这些气味会逐渐逸散。人工气调贮藏指标为氧 2%～3%，二氧化碳 5%～6%。

## （六）主要贮藏方法

**1. 机械冷库贮藏** 草莓在0℃温度条件下，一般可贮藏7～10天，在接近冰点（草莓冰点在-1℃左右，由果实可溶性固形物含量决定）时，可贮藏1个月左右。冷藏的相对湿度为85%～95%。

**2. 气调贮藏** 由于草莓对高浓度二氧化碳的忍耐力较强，在0℃温度条件下，结合塑料薄膜袋小包装进行简易气调贮藏，可抑制果实呼吸，抑制真菌病害的扩展，延长贮藏期。具体做法：适时采摘，剔除伤、病、残次果后，装入内衬塑料薄膜袋（0.04毫米厚）的浅塑料盘（高度10厘米左右）中，装量为2～5千克，敞口预冷至0℃（果温）后扎口密封，码垛或上架贮藏。贮藏期间，袋内氧气浓度控制在3%～5%，二氧化碳浓度控制在15%～20%。在此条件下，一般可贮藏2周左右。

草莓气调贮藏的指标是：温度为0℃，相对湿度为85%～95%，氧气浓度为2%～3%，二氧化碳浓度为5%～6%。在此条件下，草莓可贮藏40～50天，或更长。

**3. 速冻贮藏** 速冻草莓贮藏期长，易运输，弥补了草莓鲜果不耐贮运的缺点。近年，沿海地区草莓集中产区速冻草莓出口量较大，仅山东省年出口就达2万吨以上。速冻草莓主要有单冻草莓、加糖冷冻草莓和单冻巧克力草莓等品种。其工艺技术要点如下：

品种选择及成熟度要求：选择果肉致密、硬度中等或较大的品种，果实达到8～9成熟即可。过于松软的品种或成熟度过高，冷冻时成品率不高，解冻时果实变形、发软，汁液流失较多，品质难以保持，也不方便食用。

工艺流程：选果（选取果实大小均匀一致，果形完整无损，剔除病、虫、烂果及畸形果等）→清洗→消毒（0.05%高锰酸钾溶液浸果）→清水淋洗→摘除花萼→沥水→速冻（-35℃以下）→装袋密封→装箱→冻藏（-18℃）

加糖冷冻产品在速冻前应称重，按草莓总量的20%～25%加入白糖，混合均匀后放入盘中。可块状速冻，也可单粒速冻。冻结完毕后装袋密封。装箱后在-18℃下贮藏。加糖草莓-18℃下贮藏期为18个月，不加糖的为12个月。

### （七）主要贮藏病害

草莓鲜果采后贮运过程中的主要问题是腐烂。灰霉病、根霉病是引起草莓腐烂最主要的病害。

**1. 采前防治措施** 草莓采后病害的防治需与采前防治措施相结合。草莓开花时，用0.1%苯菌灵、多菌灵、托布津等喷雾，杀灭病原菌，可以大大降低贮藏期间病害的发生。采前喷洒0.1%～0.5%的氯化钙溶液，可以延缓果实软化及霉菌的发展。果实成熟期间应控制灌水，降雨过多时要及时排水。

**2. 采后防治措施** 采后最好的防治措施是尽快将果实温度降至0℃，并在此温度下进行贮藏和运输。适当的包装，较低的贮运温度，贮藏和运输中采用15%～20%的高二氧化碳处理等，都是抑制病害发生的有效措施。

除低温和高二氧化碳处理外，人们也研究过辐射处理、高温湿热处理及化学防腐处理来防止草莓的腐烂。笔者认为，草莓是时令水果，本身不耐贮藏，采后贮运的重点是短期贮藏（解决上市过于集中的问题）和运输中的保鲜。作为鲜果，采后及时预冷，采用低温和高二氧化碳处理，基本可以解决保鲜问题。采取其他防治措施虽有一定效果，但需要一定的专用设备（如辐射处理），处理也需要一定的时间，有些处理（如高温湿热、化学防腐处理等）虽有一定的杀菌防腐作用，但也会带来一定的副作用，生产中可根据实际情况加以选择。

# 十一、柿　子

柿原产于我国长江流域及其以南地区，已有3000多年的栽培历史。现在，柿树在我国分布较广，除北部高寒地带，柿的栽培几乎遍及全国。其中河北、广西、江苏、河南、山东、陕西、广东、福建等省、自治区年产量均在10万吨以上，合计占我国柿年产量的近80%。湖北、北京、山西等省、市近年年产量也在5万吨左右。我国为柿生产大国，2000年柿子产量为159.2万吨，约占世界柿子总产量的70%。其次为日本、韩国、巴西、智利等国。除此之外，柿在世界其他地区分布不多。

## （一）品　种

柿子依果实能否自然脱涩分为甜柿和涩柿两类。甜柿在树上能够自然脱涩，采后即可食用。甜柿保脆时间长，果实甜脆，采后便于贮运和食用。涩柿在正常采收时仍有涩味，需经人工脱涩方可食用。涩柿脱涩后极易软化，不耐贮运。用于贮藏或远距离运输的柿果，一般采用先保硬度而后脱涩的做法。甜柿在日本分布较广，我国绝大多数为涩柿。

柿子不同品种间耐贮性差异很大。一般晚熟品种较耐贮藏，如磨盘柿、鸡心黄、火柿、骏河、马奶头、富有、次郎等，早熟品种如七月燥（早）、伊豆等不耐贮藏。另外，同一品种，大果较小果耐贮性差，成熟早的比成熟晚的耐贮性差。

## （二）采后生理特性

柿子属于呼吸跃变型水果。柿果本身产生乙烯的量远比苹果等其他呼吸跃变型水果低。但对乙烯反应极为敏感，环境中大约0.01微升/升的乙烯即可促使呼吸高峰的出现，导致柿子软化。

柿子对二氧化碳有较高的忍耐力，采用气调贮藏，脱除环境中的乙烯,可大大延缓果实后熟软化的时间。

### (三)采收成熟度及采收

柿子的用途不同,采收期亦不相同。用于贮藏和远距离运输的柿果,应在果实硬脆时采收。具体而言,涩柿类可在果已达到固有大小、果皮变黄而未转红、种子已呈褐色时采收;甜柿类如富有等,因其在树上已脱涩,采下即可食用,可在外皮开始转红而肉质尚未软化时采收。采收过早,果实含糖量低,品质差;采收过晚,虽然柿果的色泽、风味较好,但是果实极易软化,不耐贮运。

柿子属于浆果,对乙烯又极为敏感,受伤后极易软化腐烂。采收时要轻采轻放,最好用手采摘。贮藏用果采收时,必须保留果柄和萼片;但果柄宜短,以免刺伤其他果实。采收时间最好在晴天进行,尽量避免阴雨天采收。

### (四)采后处理及运输

为便于贮藏和销售,提高柿子的商品价值,采收后需按果个大小、成熟度等进行分级。柿果包装常见的有木箱、纸箱等。每层果用纸或其他柔软衬材分层间隔衬垫。包装容量一般为 10~20 千克。运输和预冷与多数果品相似。在运输中注意降温,并尽快运至贮藏地。进行冷库贮藏的柿子,一般运至冷库后,打开包装,在2℃~5℃下预冷 12 小时后入贮。在无冷库条件时,可选择冷凉处存放预冷。一般把柿果放在通风、冷凉的室内,摊开降温,白天用覆盖物覆盖保湿,夜晚除去覆盖物降温。

### (五)适宜贮藏条件

柿果贮藏温度为 -1℃~0℃,相对湿度为 85%~90%,适宜气调指标为氧气浓度 2%~5%,二氧化碳浓度 3%~8%。二氧化碳伤害阈值是 20%。

### （六）主要贮藏方法

**1. 简易贮藏** 选择阴凉、干燥、通风良好的房屋或窑洞，清扫干净，铺上厚15～20厘米的谷草或稻草。将选好的柿子轻轻地放在草上，摆3～4层即可。过厚，果实变软时下层果易被压坏。这种方法简单易行，成本低，但贮期不长，主要用于脆柿的短期贮藏。

**2. 自然冻藏** 冻藏是我国华北一带普遍采用的柿子贮藏方法。在干燥平地上挖几条平行沟，沟宽30～50厘米，深30～40厘米，长度因贮藏量和地面而定（不宜太长）。用木头搭成柿床，上面铺一层7～10厘米厚的玉米秸秆（做成帘子亦可）。霜冻后将准备贮藏的柿子放于秸秆上，共5～6层，在露天进行冻结。柿子冻结后，在上面覆盖草席或干草，以防日晒和鸟害。在柿子解冻之前陆续上市。此法一般可贮藏到翌年2～3月份。

**3. 机械速冻贮藏** 柿子采收以后，经过一段时间后熟脱涩，放在－20℃以下的低温冷库内处理24～48小时，待柿子冻实后放入－16℃的库内贮藏。这样贮藏的柿子，色泽及风味变化极小，能保持维生素C的含量，几乎可以全年供应市场。食用时，需要将柿子浸入水中慢慢解冻。高温季节出库时，必须在低温下进行运输、存放和销售，否则会很快变软变褐。

**4. 冷藏与气调贮藏** 柿子（富有）在室温下可贮藏1个月，5℃条件下可贮藏1.5个月，0℃下可贮藏2个月。冷藏可以有效延长柿果贮藏期。但单纯冷藏，贮藏期有限。柿子对二氧化碳有较高的忍耐力。较高浓度的二氧化碳对于柿果保脆、抑制柿果呼吸、乙烯释放和延缓衰老具有良好作用。因此，柿子贮藏多采用冷藏结合塑料小包装简易气调贮藏或人工气调贮藏的方法。

塑料小包装贮藏简便易行，成本低，效果好。其贮藏工艺要点是：柿果适期采收后装入厚度为0.06～0.08毫米的聚乙烯薄膜袋，袋中放入一定量的乙烯吸收剂（参考杏贮藏），密封后置于－1℃～0℃冷库内贮藏。用此方法可贮藏3～4个月。

## 十二、哈密瓜

哈密瓜是新疆甜瓜的统称。据史料记载，清康熙年间，哈密王投诚后，把产于鄯善的甜瓜作为贡品献给皇帝，彼此视为珍品，称之为哈密瓜。新疆由于其独特而丰足的光、热、水、土资源条件，所产哈密瓜个大、味甘甜，芳香醉人，为瓜中珍品，资源优势十分明显。目前，新疆哈密瓜年产量为 40 万～50 万吨，每年销往广东、上海、北京和香港特区以及出口日本的哈密瓜近 10 万吨。哈密瓜生产地域性强，供应时间短，调运过程中产品损耗、腐烂十分严重。因此，搞好哈密瓜的贮运保鲜，对于延长供应期、搞好流通、提高效益意义重大。

### (一)品　种

哈密瓜品种不同其耐贮藏性差异很大。根据生育期的长短，哈密瓜可分为早熟品种、中熟品种和晚熟品种，在新疆分别俗称为夏瓜、秋瓜和冬瓜。中、早熟品种生育期短，瓜肉疏松，呼吸旺盛，产生的乙烯、醇、醛等挥发性物质较多，极不耐贮，采后应立即上市销售，人们称之为“地头瓜”。如纳西甘、绿皮子、茄可酥等早熟品种。中熟或中晚熟品种如皇后及新密杂 7 号(8601，9 月上旬采收)等，在适当条件下可贮藏 45～60 天。9 月下旬成熟的新密杂 7 号可冬贮。晚熟品种生育期长(多数在 120 天以上)，瓜肉致密，采后呼吸强度较低，产生的乙烯、醇、醛等挥发性物质较少，耐贮运。如小青皮、大青皮、青麻皮、黑眉毛蜜极甘、哈密加格达、卡拉克赛等，自然条件下一般可以贮藏到春节前后，有经验的瓜农甚至可以贮藏到翌年的三四月份。软肉品种耐贮性较差。

### (二)采后生理特性

哈密瓜采后呼吸强度和乙烯释放速度因品种不同而差异明

显。早熟品种如黄旦子、网纹香等呼吸强度高，且呼吸强度与乙烯释放呈跃变型。跃变期果皮退绿转黄，香气逸出。据《新疆甜瓜西瓜志》(1985)报道，温度在16℃～20℃，早熟品种呼吸强度(黄旦子)为9～10mg$CO_2$·$kg^{-1}$·$h^{-1}$；晚熟品种如青麻皮、黑眉毛等采后呼吸与乙烯释放平缓，在贮藏过程中呼吸与乙烯释放均无明显变化，呼吸强度较弱，乙烯释放量甚微，16℃～20℃呼吸强度(青麻皮)为1.5～2mg$CO_2$·$kg^{-1}$·$h^{-1}$。对于哈密瓜呼吸类型目前尚有不同观点。林德佩等(1994)认为，晚熟品种蜜极甘采后贮藏过程中具有呼吸高峰，呼吸强度为1.5～7mg$CO_2$·$kg^{-1}$·$h^{-1}$。

哈密瓜对乙烯反应敏感，不可与具有浓烈气味的蔬菜或释放乙烯较多的水果如苹果、香梨等混贮。针对哈密瓜尤其是中早熟品种不耐贮的问题，近年来，人们在研究中发现，1-MCP对于延长哈密瓜货架期效果非常好。采用0.5～1微升/升1-MCP常温下熏蒸处理4小时，可使哈密瓜在23℃～28℃温度下货架期延长至10～15天，而相同条件下对照只有1～5天。

### (三)采收成熟度与采收

哈密瓜的品质除与品种、气候、栽培管理等因素有关外，和成熟度有直接关系。采摘过早则影响品质，过晚则不耐贮运。通常，采后直接在当地销售的瓜，最好在果实达到9～10成熟时采摘；用于贮藏或外运的瓜，应在8～9成熟时采摘。判断果实成熟主要有以下方法：①雌花开放到果实成熟的天数；②折光糖含量(分边糖和中心糖)、果肉风味等；③果皮形态、颜色变化等。从开花到成熟，早熟品种需25～35天，中熟品种需40～50天，晚熟品种需60天以上。供长期贮藏的瓜(长期贮藏的瓜一般指中晚熟特别是晚熟品种)可于正常成熟前3～5天采摘。采摘时需留1～2厘米长的瓜柄，用剪刀或小刀切取，不可用手强扭、拧或拽下果实。另外，哈密瓜外形看似坚硬，其实很容易受伤，尤其是容易受内伤。一旦产生内伤，贮藏性大大降低。采摘、运输过程中应特别小心。

“甜瓜耐不耐贮在于水”。对贮藏用瓜要求“灌水少,停水早”。采前1周左右瓜田严禁灌水,这样有利于提高瓜的含糖量和瓜皮的韧性,增强耐贮性。

### (四)采后处理

**1. 分级** 我国于1993年发布了哈密瓜商业行业标准(SB/T 10193—1993)。该标准规定了哈密瓜等级规格指标(表7-33)。

**表7-33 哈密瓜的等级规格指标** (SB/T 10193—1993)

<table>
<tr><th colspan="2">项 目</th><th>一 等 品</th><th>二 等 品</th></tr>
<tr><td rowspan="4">感官指标</td><td>基本要求</td><td colspan="2">各品种、各等级的鲜哈密瓜必须品质良好,新鲜洁净,无非正常外部潮湿,无异味,发育正常,具有贮运或市场要求的成熟度</td></tr>
<tr><td>瓜 形</td><td>瓜形端正,具有本品种固有的特征,瓜柄长2~3厘米</td><td>瓜形允许有轻微偏缺,具有本品种应有的特征,瓜柄长2~3厘米</td></tr>
<tr><td>色泽、条带、网纹</td><td>果实具有本品种固有的色泽、条带与网纹,且明显、清晰</td><td>果实具有本品种应有的色泽、条带与网纹,允许色泽稍差、条带与网纹稍浅</td></tr>
<tr><td>大小(重量)</td><td>果实大小均匀一致,早熟瓜1.2~2千克,中熟瓜2~4千克,晚熟瓜3~5千克</td><td>果实大小较均匀,早熟瓜1~2千克,中熟瓜1.8~4千克,晚熟瓜3~6千克</td></tr>
</table>

**续表 7-33**

<table>
<tr><th colspan="3">项目</th><th>一等品</th><th>二等品</th></tr>
<tr><td rowspan="4">感官指标</td><td rowspan="4">缺陷</td><td>碰压伤</td><td>总数 5%的单瓜轻微碰压伤，且单瓜损伤面积总和不超过 2 厘米$^2$</td><td>允许总计缺陷不超过 10%，占总数 8%的单瓜轻微碰压伤，且单瓜损伤面积总和不超过 3 厘米$^2$，果肉和外表皮有轻微变色</td></tr>
<tr><td>裂缝</td><td>不允许</td><td>外表有轻微裂缝，但未达果肉部分</td></tr>
<tr><td>刺划磨伤</td><td>不允许</td><td>占总数 5%的单瓜轻微伤，且伤面总和不超过 5 厘米$^2$，无瓜体受伤流汁现象</td></tr>
<tr><td>病虫斑</td><td>不允许</td><td>不允许</td></tr>
<tr><td rowspan="3">理化指标</td><td colspan="2" rowspan="3">可溶性固形物含量（中心糖）</td><td>早熟瓜≥12%</td><td>早熟瓜≥11%</td></tr>
<tr><td>中熟瓜≥13%</td><td>中熟瓜≥12%</td></tr>
<tr><td>晚熟瓜≥12%</td><td>晚熟瓜≥11%</td></tr>
</table>

注：早熟瓜指全生育期 80～85 天的哈密瓜。例如，黄旦子、黄醉仙、米子瓜等。中熟瓜指全生育期 85～110 天的哈密瓜。例如，芙蓉、红芙蓉、皇后、红心脆、网纹香、红甘露(8501)、新杂密 7 号(8601)、黄麻皮等。晚熟瓜指全生育期在 110 天以上的哈密瓜。例如，炮台红、卡拉克赛、青麻皮等

**2. 晒瓜** 哈密瓜个大皮脆，含水量高，在采摘和运输过程中，瓜皮易受损伤，贮藏过程中，往往由皮而烂。因此，控制瓜皮的腐烂是安全贮藏的关键环节之一。贮前晒瓜，可使采摘、运输过程中的伤口得到愈合，使瓜皮适当失水而柔软，增强耐藏性。一般晾晒 2～5 天即可。晾晒过程中要翻瓜，使瓜晾晒均匀。民间传统采摘后一般晾晒 20 多天。因晒瓜时间过长，增加了瓜的腐烂损耗，加速变软和衰老，造成入贮淘汰率较高。但经此晾晒的瓜较耐贮藏。

### （五）包装和运输

就近销售的瓜，一般散装即可。但外运和贮藏（冷库或气调库贮藏）的瓜，为减少摩擦和磕碰伤，提高贮运能力，需要用纸箱或木箱包装。目前，较多采用抗压力较强的纸箱包装，规格为 50 厘米 × 40 厘米 × 20 厘米（可根据瓜的大小，适当调整箱的尺寸）。每箱装 4 个瓜，共 20 千克左右。为防止瓜与瓜之间的摩擦和碰撞，瓜之间用瓦楞纸隔开，单瓜外套塑料发泡网。外运的瓜，尤其是中早熟品种，采后要进行预冷。预冷后采用冷藏车（船）运输。如用普通车运输，要有保温措施。如采用棉被包裹或塑料泡沫保温箱等。运输温度应根据品种和运输距离而定。早熟品种为 0℃～6℃，中晚熟品种不超过 10℃。保持合理的温度，果实腐烂少，货架期长，到达销地后有较大的市场主动权。搬运、装卸要轻拿轻放，运输中要尽量减少震荡。

### （六）适宜贮藏条件

常温下，哈密瓜（尤其是早、中熟品种）呼吸强度高，瓜肉迅速变软，货架和贮藏期极短，后熟和腐烂较快。晚熟品种适宜贮藏温度为 3℃～5℃，早、中熟品种为 5℃～8℃。与鲜枣、梨等水果要求高湿（相对湿度 90%～95%）贮藏环境不同，哈密瓜贮藏库内相对湿度不可过大，以 80%～85%为宜。

目前，关于哈密瓜适宜气调指标的研究不多。王兰竹（1983）认为，在氧气 3%～5%，二氧化碳 0～2%条件下，可以延长哈密瓜贮藏时间，有效降低腐烂率。但利用硅窗袋气调贮藏哈密瓜，贮藏效果低于苹果和香梨。高丽朴等（1999）研究认为，网纹甜瓜贮藏（15℃）最佳气体条件是氧气 3%～5%，二氧化碳 0～5%。3%的低氧对保持网纹甜瓜的硬度具有重要作用。

## (七)主要贮藏方法

**1. 土窖贮藏** 土窖贮藏的优点是建造投资少、成本低。但传统土窖的缺点是温湿度不易控制,贮藏前期温度高,后期随着温度的下降湿度增大,造成贮藏期短,腐烂损耗大。土窖贮藏的技术关键在于温湿度的管理。即贮藏前期降低窖温,中后期降低窖内湿度。在土窖的一端安装轴流风机,利用晚秋、初冬(9~11月份)夜间低温进行强制通风,具有良好的降温、排湿效果(其设计思路和管理方法详见第六章),可大大提高贮藏效果。一般晚熟品种用土窖可贮藏2~3个月。土窖贮藏一般采用吊藏、架藏和沙藏三种形式。

(1)吊藏 利用3根帆布带(或1厘米左右粗的线绳)悬挂在窖顶,每隔50厘米左右打一个死结,每个结上放一个瓜,每一吊绳挂3~4个瓜,定期检查。此种方式的优点是通风良好,检查方便,不易形成"褥疮"而腐烂;缺点是库容利用率不高,操作比较麻烦。

(2)架藏 架的形状类似于蒜薹贮藏架。架高根据窖高而定,架宽以放两排瓜为宜,每层间距30~40厘米(间距过大影响贮量),平放一层瓜,定期检查、翻转。

(3)沙藏 在窖内地面铺5~10厘米厚的细沙,瓜单层竖立排列放置或平放3~5层,其间用稻草相隔以通风和减少摩擦、碰压。

**2. 冷库贮藏** 冷库一般采用箱装贮藏。由于冷藏效果好、贮期长,冷藏的比例逐渐增大。冷库贮藏温湿度容易人工控制,采用合理的码放方式,在3℃~5℃和相对湿度80%~85%条件下(冷库内基本不用加湿),晚熟品种一般可贮藏3~4个月,有些品种可贮藏4~5个月或更长。

**3. 其他贮藏方法和处理措施** 采用气调贮藏、辐射处理(γ、β射线等),在一定程度上可延长贮藏期,减少腐烂。但因多种原因,目前在生产上的应用尚不普遍。

### (八)注意事项

第一,哈密瓜不适合高湿贮藏环境,腐烂率随着湿度的提高而增加,因此,哈密瓜贮藏不适宜采用塑料薄膜袋、帐等保鲜措施。

第二,采用0.05%的抑霉唑或0.1%的特克多、托布津、多菌灵等药物处理,具有明显的防腐效果。但处理过程中严防产生新的磕碰及内伤。

第三,与苹果、梨、枣等大多数水果相比,哈密瓜个大、体重(一般在3千克以上),贮运过程中与包装或贮藏架板接触面较小,自重压伤(褥伤)十分严重。贮藏中往往采取定期翻瓜以减少褥伤。此种方法费工费力,较为麻烦,若能采用合适的塑料泡沫托盘或草绳托瓜的底部以增大与瓜的接触面积,可大大降低因自重压伤而造成的腐烂。

## 十三、石 榴

石榴原产于伊朗及阿富汗等中亚国家。纪元前经丝绸之路传入我国,在我国栽培已有2000多年历史。目前,我国南北各地多数地区都有石榴分布。其中在陕西临潼,山东峄城,新疆叶城,四川攀西地区,云南蒙自、巧家,安徽怀远等地,已形成集中连片的商品生产基地。据不完全统计,1995年全国年产石榴鲜果10余万吨。近年来,为满足人们对水果多元化的需要,石榴发展速度很快。石榴采后自然存放易失水皱皮,鲜度下降,腐烂损失较大。我国全年只在8~10月份有石榴鲜果供应市场,因此搞好石榴贮藏,对于延长供应期和保证该产业健康发展有着重要意义。

### (一)品种和采后生理特点

**1. 品种**　不同品种的石榴耐贮性不同。一般不易裂果的品种耐贮性较好。较耐贮的品种有陕西的天红蛋、大红甜、大红酸、净皮甜、三白甜石榴，山东的青皮甜、大马牙甜、钢榴甜、青皮酸石榴，安徽的玛瑙子石榴，南京的红皮冰糖石榴，四川的大青皮石榴，云南的铜壳石、青壳石，广东的深沃石榴等；不耐贮藏的品种有安徽的玉石子、玛瑙子石榴，云南的甜石榴、红壳石榴等。

**2. 采后生理特点** 石榴属于非呼吸跃变型果实，采后无呼吸高峰。在贮藏过程中，不仅产生的乙烯量少，而且对外源乙烯反应不敏感。但是气调贮藏有助于抑制果皮褐变，提高果实商品性状。

### (二)采收及采后处理

**1. 采收** 石榴花期长，坐果时期很不集中，同一株上有头花、二花、三花和晚花果的说法，造成果实成熟期差异很大，因此应根据品种特性、果实成熟度及气候情况分期采收。红色品种果实成熟后籽粒呈鲜红色或深红色，汁液多，味甜，籽粒近核处“针芒”状物极多；白石榴成熟后籽粒晶亮透明，粒大，汁多，味浓甜，籽粒近核处“针芒”状物也很多。一般准备长贮的果实应适当早采，采后即投放市场销售的可适当晚采。采收过早，果实品质风味不佳，采收过晚则易裂果，容易受到病原菌侵染而导致腐烂。

采摘时要用采果剪，一手持果，一手用剪子将果实从果枝上剪下。果梗不要留长，以免刺伤包装袋或其他果实。采时还要尽量避免撕、碰、刺、磨伤果实和碰掉萼片，否则会影响果实外观和降低贮藏性能。采收时注意轻采轻放，采果袋、采果篮不要装得过满。采下的果实要先在院内阴凉处或冷库内进行初选，将病虫果、伤(内、外伤)果、裂果挑出。已选好的果实不能放在阳光下曝晒。初选合格的果实，应及时分级包装，进行贮藏或运输。

**2. 分级和包装** 将初选合格的果实，进一步根据市场的需要和果实的大小进行分级。经过分级的果实，大小一致，优劣分开，便于销售和贮藏。表 7-34 列举了陕西临潼产区石榴分级标准，可供参考。用于外销或贮藏的果要达到特级、一级果标准，等外果及伤果只能近销或加工。

**表 7-34 陕西临潼石榴果实分级暂行标准**

| 级 别 | 单果重(克) | 果数/千克 | 色 泽 | | 允许刺、碰、裂、磨、虫伤、病疤(干)情况及面积大小 |
|---|---|---|---|---|---|
| | | | 果 皮 | 籽 粒 | |
| 特 级 | >400 | 2.5 | 全红 | 全红 | 无 |
| 一 级 | 300~400 | 3.0 | 2/3 红 | 全红 | 无 |
| 二 级 | 200~300 | 4~5 | 1/2~2/3 红 | 全红 | 无虫伤,病疤、刺、碰、磨伤等,总面积 1~2 厘米$^2$ |
| 三 级 | 150~200 | 5~7 | 1/3~1/2 红 | 粉红 | 无虫伤,刺、碰、裂、病疤、伤,总面积 2~3 厘米$^2$ |
| 四级(等外) | <150 | 7 以上 | 1/3 以下红 | 淡红 | 无虫伤,裂、刺、碰、伤、病疤,总面积大于 4 厘米$^2$ |

为了便于运输和减少损伤,由产地运往销地前必须妥善包装。目前多用纸箱包装。每个果采用薄膜袋或包装纸单果包装,外套塑料发泡网。果层之间用纸板隔开,同一层果由纸格隔开。将果实萼筒侧向一边装入箱内。装箱时要求不破箱,不漏装,果实相互靠紧顶实,整齐美观。纸箱规格有 20 千克、10 千克、5 千克及 2.5 千克等多种。采用 5~10 千克的中小型包装较为理想。

**3. 运输** 果实包装后,要尽快运至贮藏库内或销地。运输途中,既要防止机械伤害,以免给果实贮藏带来不利的影响,又要根据运输条件和天气情况,随时做好降温(北果南运)或保温(南果北运)工作。

**4. 药剂处理** 石榴对贮藏温度要求较高(4℃~5℃),贮前采用 800~1 000 毫克/升的 45% 噻菌灵(特克多)悬浮剂或 500~

1 000毫克/升的多菌灵药液浸果(3~5分钟)或喷洒果面,具有一定的防腐效果。石榴经打蜡处理可抑制果皮失水,保持果皮新鲜度,延长货架期。

### (三)适宜贮藏条件

石榴果贮藏的适宜温度是4℃~5℃,最高不宜超过8℃。果实在0℃即发生冷害。冷害症状表现为果皮褐变,果面凹陷,籽粒退色。贮藏的适宜相对湿度为85%~90%。

### (四)主要贮藏方法

**1. 传统土法贮藏** 在机械冷库出现以前,果区果农在长期的生产实践中创造了利用土窖、井窖、瓮缸、席囤、地沟等适于农户小规模贮藏石榴的方法。其技术要点仍然是控温、保湿及注意堆垛的通气,在管理得当的情况下,一般可贮藏2个月左右。

**2. 塑料小包装贮藏** 选择晚熟耐贮品种,适期无伤采摘。石榴采后经预冷和防腐处理后,装入内衬厚度为0.04~0.07毫米的塑料薄膜袋的纸箱中,每箱装5~10千克,将袋口折叠后封箱置于冷凉的室内、土窑洞、通风库、冷库等场所内贮藏。塑料袋小包装在冷藏库内贮藏3~4个月,果面仍然光洁如初,籽粒色泽、风味不减,好果率可达90%以上。

**3. 塑料袋单果包装贮藏** 刘兴华等(1997~2000)对陕西临潼主栽的的天红蛋、净皮甜、大红甜等石榴采用0.03毫米厚聚乙烯薄膜袋单果包装,在4℃±1℃条件下贮藏4个月,果实外观新鲜,控制了果皮褐变的发生。

## 十四、板　栗

板栗原产我国。是我国特产干果之一。栽培历史悠久,分布广泛。我国20多个省、市、自治区有栗树栽培。其中,山东、河北、河南、湖北等省产量最大，其次是安徽、湖南、江苏、辽宁、广西、浙江等省，再其次是云南、陕西、北京等省、市。我国板栗年产量居世界各国之首，1999年已达53万吨。我国板栗优良品种很多，具有甜、香、糯的独特风味，在国际市场上占据优势地位，目前尚无强有力的竞争对手。近年来外贸出口相对平稳，年出口量保持在3万吨以上。是目前我国农产品出口创汇率最高、数量最大的干果产品。板栗采后既怕热、怕干，又怕湿、怕冻，因此在贮运期间常因条件不当引起失重、发芽，甚至霉烂变质。

### (一)品　种

我国板栗品种有200个左右。由于地理环境、栽培条件及气候的影响，板栗有明显的区域性，大体可分为北方栗和南方栗。北方栗栗果生长期昼夜温差大，降水量较少，果肉糖分及蛋白质含量高，品质优良，适于炒食；南方气温高，降水多，湿度大，栗果颗粒大，含糖量低，适于菜用。

板栗大多数品种(中熟品种)在9月中下旬成熟。早熟品种于9月上旬成熟，晚熟品种于9月底至10月上旬成熟。一般中晚熟品种，如河北红油皮栗，山东红光栗，河南紫油栗、猪腰栗，江苏九家种、大底青，安徽迟栗子等，较耐贮藏；早熟品种，如江浙一带的处暑红等，耐贮性较差。北方栗较南方栗耐贮性强。同一地区，干旱年份的板栗较多雨年份的耐贮藏。同一品种，颗粒愈大，耐贮性越差。

### (二)采后生理特性

板栗属于呼吸跃变型果实。板栗采收脱苞后，由于含水量高，加上自身温度高，呼吸作用十分旺盛(20℃呼吸强度高达80mg$CO_2$ $\cdot kg^{-1}\cdot h^{-1}$左右)，存放不当易发生腐烂、失水、发芽及虫害等。

### (三)采 收

采收时期和采收方法直接关系到板栗的产量、质量和耐贮性。早采、生采、一次性采收,对产量、品质及栗果出口率影响极大。栗果干物质的积累大部分集中在果实发育后期,也就是成熟前的1个多月内,尤其是成熟前2周栗果增重最多。据有关测试,板栗(山东石丰)熟前早采5~6天,减产14.6%。早采、生采的栗果水分含量高,耐贮性差,且采收季节早,气温高,易失水或发热霉烂,极不利于贮藏。

**1. 采收时期** 栗果成熟时表现为刺苞开裂,果皮由黄白色至褐色斑条进而全褐,果座与刺苞能自然分离或接近自然分离。用于贮藏的板栗,应以栗子充分成熟自然脱落为最好。此时采收的栗子成熟度高,品质好,耐贮运。

**2. 采收方法**

(1)*拾栗法* 即待树上的板栗坚果充分成熟后,栗苞自动开裂,坚果落地后拾取。其优点是栗果饱满充实,坚果皮色鲜艳有光泽,糖、淀粉转化积累充分,果皮含水量低,存放失水少,耐贮性强。缺点是采收时间长,比较费工,必须及时捡拾。若捡拾不及时,自然失重率非常高。

(2)*打栗苞法* 以往,人们为提高采收效率,通常采取一次性采收法。即当树上约有1/3左右栗苞开裂,栗果呈棕褐色时,用竹竿一次将栗果都打落,堆放数日(堆放场所应阴凉通风),待大部分栗苞开裂后取出栗果。此法优点是采收集中,节省劳力。但由于板栗成熟度不一致,部分栗苞成熟度低(夹生),打落后减产幅度较大;同时坚果饱满度差,缺乏光泽,极易失水或发热霉烂,大大影响品质和耐贮性能。因此,提倡分期分批将成熟的栗苞轻轻打落,一般2~3天打1次,每次收打成熟栗苞,分批集中脱粒。

打收的栗苞选择背阴冷凉之处,堆苞(苞堆不可过大过厚,以防闷热损伤)暂贮后熟,覆草防晒防干,并于3~5天内及时脱粒。

**3. 注意事项**　采收时应注意天气。下雨、雨后初晴或晨露未干时都不宜采果，否则腐烂严重。最好在连续几个晴天后采收。

## (四)采后处理

**1. 分级**　我国于1989年发布了板栗国家标准(GB 10475—1989)。该标准对板栗的等级指标做出了规定(表 7-35)，并要求(可食部分)含水率：小型果为 49%～53%，大型果为 50%～55%。

**表 7-35　板栗等级指标**　(GB 10475—1989)

| 等　级 | 优等品 | 一等品 | 合格品 |
| --- | --- | --- | --- |
| 千克粒数 | 果粒均匀，小型果不超过 160 粒，大型果不超过 60 粒 | 果粒均匀，小型果不超过 180 粒，大型果不超过 100 粒 | 果粒均匀，小型果不超过 200 粒，大型果不超过 160 粒 |
| 外　观 | 果实成熟饱满，具有本品种成熟时应有的特征，果面洁净 | | |
| 缺　陷 | 无霉烂，无虫蛀，无杂质，风干、裂嘴果两项不超过 1% | 无霉烂，无杂质。虫蛀、风干、裂嘴果三项不超过 3% | 无杂质，霉烂、虫蛀、风干、裂嘴果四项不超过 5%，其中霉粒不能超过 1% |

注：大型品种包括魁栗、处暑红、罗田板栗、迟栗子、紫油栗、中迟栗、蜜蜂球、毛板红、叶里藏、浅刺大板栗、大红袍、粘底板、它栗、岭口大栗、查湾种等；小型品种包括明栗、红栗子、红皮栗、红油皮栗、红光栗、秋分栗、灰拣、明拣、尖顶红栗、九家种、青扎等

**2. 预贮发汗**　栗果收打脱粒后需在阴凉通风处散热、预贮，散发掉坚果多余水分和田间热。适当失水(失水 5%～10%)可以减少贮藏过程中腐烂霉变。对于捡拾的栗果，不需要摊晾散水，部分来不及捡拾有风干现象的还需采取保湿措施。

**3. 防虫处理**　板栗贮藏主要害虫为栗实象鼻虫(栗实象甲)等。被害栗果易霉烂变质，影响贮藏。防治方法可采用二硫化碳或溴甲烷对栗果进行熏蒸处理。可在库房或塑料帐内密封熏蒸。

二硫化碳用量 20 克/米$^3$，熏蒸 20 小时；溴甲烷用量 40～60 克/米$^3$，处理时间 3.5～10 小时。

**4. 防止发芽** 栗果成熟后经40天左右的休眠后，温度达到10℃，湿度适宜时即可发芽。采用 0℃左右的低温贮藏，即可有效抑制板栗发芽。常温贮藏时，采用钴 60 辐照也可抑制发芽。

**5. 预冷** 栗果收打脱粒后应及时预冷、入贮。如果不及时预冷贮藏，即使延长 1 天，对栗果质量都会有影响。采用冷库贮藏，一般运至冷库后，及时打开包装，在 0℃～2℃预冷 12～24 小时后入贮。常温条件下存放，可选择冷凉通风处预冷。一般把栗果摊在通风、冷凉的室内，摊成厚 10 厘米左右的薄层。白天用覆盖物覆盖保湿，夜晚除去覆盖物降温，2～3 天后即可使板栗果温下降，呼吸减弱。

### (五)适宜贮藏条件

板栗适宜冷藏温度北方栗为－2℃～0℃。低于－3℃，栗果容易发生冻害。南方栗含水量大，贮温可控制在 0℃～1℃。贮藏环境相对湿度保持在 90%～95%。气调贮藏氧气浓度为 3%～5%，二氧化碳浓度为 2%～5%。

### (六)主要贮藏方法

**1. 简易贮藏方法或方式**

(1)*湿沙层积法* 在阴凉室内(或室外)的地面铺一层高粱秆(或稻草等)，然后铺 7～10 厘米厚的湿沙。沙的湿度以手攥不成团为宜。其上堆栗果 3～7 厘米后再铺一层沙，如此反复，一层湿沙一层栗果堆至高 60 厘米左右。也可以采用浅沟、地窖、通风库或山洞等形式湿沙堆藏。要注意每隔 30～40 天翻动 1 次，沙干时要及时洒水，以免栗果失水。这种方法发芽严重，腐烂、霉变率高，只能做短期贮藏或预贮。在沙藏条件下，栗果腐烂主要发生在贮藏初期的 30～40 天内。其主要原因是外界气温高，温度、湿度难以控制，若放松管理，极易发生腐烂、发芽。

(2)架藏　南方地区有采用竹排架贮的。具体方法：在阴凉的室内或通风库中，用毛竹制成贮藏架，每架三层，长3米，宽1米，高2米。架顶用竹制成屋脊形。栗果用筐装(25千克/筐)堆码在竹架上，再用0.08毫米厚聚乙烯大帐罩上。定期通风，减少二氧化碳积累。春节过后南方气温回升很快，容易发芽。贮前和翌年3月份气温回升时，用2%的食盐加2%的纯碱混合溶液处理能有效抑制发芽。4月份以后因气温升高，应及时结束贮藏。

(3)带苞贮藏　唐时俊等(2001)研究认为，在自然降温条件下，带苞贮藏的栗果远远优于坚果脱苞贮藏。在120天内带苞贮藏时间越长，脱苞后鲜果率愈高，坚果色、香、味俱佳，品质好，货架期长。带苞贮藏或延迟脱苞后结合其他贮藏技术可提高栗果保鲜效果。具体方法：选择阴凉通风的空房或排水良好、阴凉的露地堆放栗苞。堆放时先在地面铺上10厘米厚的细河沙，上面堆放最高不超过1米的栗苞，堆底直径1～2米，堆上盖一层干栗壳或稻草等。贮藏前期要定期翻动苞堆以防堆内发热，天气寒冷时注意防冻，苞堆干燥时可洒水加湿。

**2. 冷库贮藏**　冷藏是目前板栗贮藏的最好方法之一。在温度-2℃～0℃(南方栗可适当高些)，相对湿度90%～95%的条件下，栗果失水、发芽、霉烂、生虫等现象可以得到有效控制，贮期可达7个月以上。

除了温湿度管理外，堆放方式也很重要。由于栗果个头较小，单位体积密度较大，不利于通风降温。若堆码不当，容易造成内部栗果温度较高，影响贮藏效果。目前栗果包装一般采用麻袋，每袋装90千克左右。堆放方式主要有码垛和货架放置两种。采用码垛方式，一般堆码6～8袋高，垛与垛之间一定要留出通风道，以便降温和通风换气。采用货架放置，能使栗果降温迅速，利于通风换气，包装内栗果温度较为均匀一致，贮藏效果好于码垛。贮藏过程中要定期往地面洒水或向包装外喷水，以增加库内湿度。若库内湿度不够，在麻袋内增衬0.06毫米厚的聚乙烯打孔薄膜袋，可减少栗果失水。

**3. 简易气调贮藏**

(1)打孔薄膜袋贮藏　正常成熟的栗果，经发汗散热后，采用0.04～0.06毫米厚聚乙烯或聚氯乙烯薄膜打孔袋(在袋两侧各打直径1厘米左右的圆孔3～5个)包装。根据外包装容器的大小，薄膜袋的规格有大袋和小袋两种。大袋装果20～25千克，小袋装果10千克。也可采用硅窗气调袋贮藏。此法贮藏板栗不易失水风干，但最好在冷库内使用，适宜温度为-2℃～0℃。采用打孔塑料薄膜袋贮藏，冷库内不用加湿。若在简易贮藏场所采用薄膜袋贮藏，由于环境温度较高且难以控制，加之袋内湿度较大，栗果霉烂增加。

(2)塑料大帐贮藏　用厚度0.1～0.2毫米的聚乙烯或聚氯乙烯薄膜制成大帐，帐的大小根据贮藏量的大小来定。在-2℃～0℃条件下，控制氧气浓度在3%～5%，二氧化碳浓度在2%～5%。此法能有效抑制栗果发芽和霉烂，贮期可达7～10个月，效果良好。

## (七)板栗贮运(外运)技术流程

目前，我国各板栗产区(特别是河北)外贸部门组织板栗出口量在不断增加，促进了板栗产区的栗子生产。板栗外销贮运的关键是贮运冷链化。其技术关键与流程如下。

**1. 中短期贮藏(春节前)和运销技术流程**　具体如下：

适时采收→沙藏预贮(2～4周)→及时收购—挑选分级→防虫、防腐处理→包装(双层湿麻袋)→预冷、保湿→汽车夜间运输(或冷藏运输)→港口冷藏保存→冷藏船外运

**2. 长期贮藏(周年)和远途集装箱运销技术流程**　具体如下：

适时采收→不经沙藏(经沙藏板栗翌年萌芽很难控制，不适合长期贮藏)→及时收购→分级、挑选(剔除病、虫果，一般用5%盐

水漂浮法)→包装(双层加湿麻袋或麻袋内衬打孔薄膜袋)→预冷、保湿→汽车夜间运输(或冷藏运输)→入冷库贮藏(可在贮前或贮后进行药剂熏蒸或辐照等抑芽处理,也可在冷库内进行高二氧化碳抑芽处理)→库房管理(温度－2℃～0℃,相对湿度90%～95%)→冷藏集装箱外运→冷藏销售

# 第八章　南方主要果品采后处理及贮运保鲜

## 一、柑 橘 类

柑橘是我国南方各省普遍生产的主要果品之一。世界亚热带地区均有出产。主要柑橘类果树中,除葡萄柚等个别种类外,绝大多数原产中国,在我国已有4 000多年的栽培历史。从1991年开始,我国柑橘产量已跃居世界第三,栽培面积世界第一。2001年,我国柑橘产量为1160.7万吨(不包括台湾),占世界总产量的11%左右。我国柑橘的主产区分布在湖南、江西、四川、福建、浙江、广西、湖北、广东和台湾等省、自治区。柑橘种类和品种繁多,鲜果供应期长,自秋季至翌年夏季都可上市。利用不同地区生态条件的差异和早中晚熟品种搭配,结合保鲜贮运,柑橘可做到周年供应。

### (一)品　种

我国柑橘主要栽培种类及品种有:甜橙类,主要有新会橙、雪柑、柳橙、改良橙(红江橙)、香水橙、化州橙、红1-7甜橙、伏令夏橙、华盛顿脐橙、哈姆林、脐血橙等;宽皮橘类,主要有蕉柑(桶柑、招柑)、有柑(芦柑、白橘)、大红柑(茶枝柑、新会柑)、砂糖橘、四会柑、年橘、温州蜜柑、红橘等;柚类,主要有沙田柚、琯溪蜜柚、玉环柚、坪山柚、文旦柚、四季柚、桑麻柚、晚白柚等。

不同种类、不同品种柑橘的耐贮运性相差很大。总的来说,柠檬较耐贮藏,其他依次为柚子、甜橙、柑、橘。当然,同一种类不同品种耐贮性也有差别。如宽皮柑橘类中,蕉柑较耐贮藏,砂糖橘、有柑不耐贮藏。晚熟品种比早熟品种耐贮藏。

### (二)采后生理特性

柑橘是典型的非呼吸跃变型水果，果实无后熟作用，在树上完熟的时间相对较长，从成熟到完熟的变化不如呼吸跃变型果实(如苹果、香蕉、芒果等)那样明显。成熟期间果实的化学成分变化，主要是糖分和可溶性固形物逐渐增多，有机酸减少，叶绿素消失，类胡萝卜素形成。柑橘果实可溶性固形物、糖及有机酸含量因不同种类和品种而异。通常可溶性固形物含量为5%～15%，柠檬酸含量为0.3%～1.2%。柑橘果实在贮藏过程中，由于呼吸作用的消耗，糖和有机酸含量不断减少，特别是有机酸含量下降较为明显。

柑橘属浆果类。果形球状，外果皮较厚，内果皮为白色海绵状结构，有一定弹性，对减轻冲击有利。柑橘果实采后容易失重，从而降低果实的新鲜度和商品价值。果实失重有3/4是由于水分蒸发所致，1/4是由于呼吸作用消耗干物质而造成。

柑橘果实的大小、结构与耐贮藏性有密切的关系。同一种类或同一品种的果实，常常是大果实不如中等大小果实耐贮藏。特别是宽皮柑橘类，如有柑和蕉柑，在贮藏过程中很容易出现枯水病。随着果实的成熟度提高，果皮的蜡质层增厚，有利于防止水分的蒸发和病菌的侵染。因此，成熟度较低的青果往往比成熟度高的果实容易失水。通常，柑橘果实白皮层厚而致密者较耐贮藏。据测定，甜橙类果实的白皮层厚0.22厘米，而宽皮柑橘类的白皮层厚仅为0.07厘米，因此甜橙比宽皮柑橘类耐贮藏。

### (三)适期采收

用做长期贮藏的果实，可适当提早采收，以在果面基本转黄、果实较坚实时采收为宜。也可根据果实的固酸比来判断成熟度。一般固酸比达到8:1时才能采收。雨、雾天气或露水未干或中午太阳猛烈时均不宜采收。采收过程注意轻拿轻放，防止机械损伤。

为提高果实的抗病性和耐贮藏性，采前应了解果园的情况和果实的来源。采自生长势衰弱、病虫害多的果园或幼树的果实以及粗皮大果不宜长期贮藏。加强病虫害防治，减少采前病原微生物的潜伏侵染。注意施有机肥或磷、钾肥，切忌偏施氮肥和采收前2～3周灌水。

## (四)采后处理

**1. 选果、分级** 果实采后，首先剔除病虫、伤、烂果以及脱蒂、干蒂果，然后按有关标准或不同销售对象进行分级。我国分别于1991年和2002年发布了鲜柑橘国家标准（GB/T 12947—1991）和常山胡柚农业行业标准（NY/T 587—2002），其主要内容见表8-1，表8-2，表8-3，表8-4。

**表8-1 鲜柑橘外观质量标准** （GB/T 12947—1991）

| 项目 | | 优等品 | 一等品 | 二等品 |
|---|---|---|---|---|
| 果形 | | 有该品种典型特征，形状一致 | 有该品种类似特征，形状较一致 | 有该品种类似特征，无明显畸形 |
| 表皮光滑度 | | 果面洁净，果皮光滑 | 果面洁净，果皮尚光滑 | 果面洁净，果皮轻度粗糙 |
| 色泽 | 红皮品种 | 橙红色或朱红色 | 浅橙红色或红色 | 浅橙黄色 |
| | 黄皮品种 | 金黄色或橙黄色 | 黄色或淡黄色 | 淡黄色或黄绿色 |
| 缺陷 | | 痕斑、网纹、锈螨蚧类、药迹和附着物，其分布面积合并计算，不超过果皮总面积的1/5；不允许有未愈合损伤、褐色油斑、褐斑、枯水、水肿、冻伤等一切变质和有腐烂象征的果 | 痕斑、网纹、锈螨蚧类、药迹和附着物，其分布面积合并计算，不超过果皮总面积的1/4；不允许有重伤、褐斑、枯水、水肿等一切变质和有腐烂象征的果 | 痕斑、网纹、锈螨蚧类、烟煤菌迹、药迹等附着物，其分布面积合并计算，不超过果皮总面积的1/3；不允许有严重枯水、水肿变质果和腐烂果 |

**表 8-2 鲜柑橘内在品质标准** (GB/T 12947—1991)

| 项　目 | 可溶性固形物(平均)≥ | 总酸量(平均)≤ | 固酸比≥ | 可食率(平均)≥ |
|---|---|---|---|---|
| 优等品 | 10% | 0.9% | 10:1 | 70% |
| 一等品 | 9.5% | 1% | 9.5:1 | 65% |
| 二等品 | 9% | 1.2% | 8:1 | 65% |

**表 8-3 鲜柑橘果实最小横径** (单位:毫米)

(GB/T 12947—1991)

| 项　目 | | 优等品 | 一等品 | 二等品 |
|---|---|---|---|---|
| 甜橙类 | 大果型(包括脐橙、化州橙、雪柑、普通甜橙) | ≥65 | ≥60 | ≥60 |
| | 中果型(包括锦橙、大红橙、血橙、夏橙) | ≥60 | ≥55 | ≥55 |
| | 小果型(包括冰糖橙、新会橙、哈姆林、柳橙、桃叶橙) | ≥55 | ≥50 | ≥50 |
| 宽皮橘类 | 大果型(包括椪柑、樟头红) | ≥65 | ≥55 | ≥55 |
| | 中果型(包括温州蜜柑、红橘、槾橘、早橘、蕉柑) | ≥55 | ≥50 | ≥50 |
| | 小果型(包括南橘、朱红橘、本地早、料红、衡橘) | ≥50 | ≥45 | ≥45 |
| | 微果型(包括南丰蜜橘、乳橘) | ≥35 | ≥30 | ≥30 |

鲜柑橘国家标准的基本要求是:果实达到适当成熟度采摘,成熟状况应与市场要求相一致(采摘初期允许有绿色面积分别为:甜橙类≤1/3,宽皮柑橘类≤1/2;早熟品种≤7/10),允许脱绿处理;合理采摘,果实完整新鲜;果面洁净;风味正常。

农业行业标准规定,常山胡柚凡果径大于 100 毫米或小于 70 毫米的果实均为等外果。要求可溶性固形物≥9.0%,可食率≥55%,同一级果实中不符合该级标准的邻等果,按个数计应≤5%,

无隔级果。

表 8-4 常山胡柚感官指标 （NY/T 587—2002）

| 项 目 | 级 别 | | |
| --- | --- | --- | --- |
| | 特 级 | 一 级 | 二 级 |
| 果径(毫米) | 100～85 | ≥80 | ≥70 |
| 果 形 | 果形端正,具有本品种固有特征 | | |
| 色 泽 | 橙黄色 | | |
| 果 面 | 果面光洁,无溃疡病病斑,无影响果实美观的机械伤、日灼斑、病变伤及介壳虫、锈壁虱危害斑,上述危害斑与风伤、烟煤病菌迹、药迹等一切附着物,合并计算其面积不超过果皮总面积的10% | | |

**2. 及时防腐处理** 采收后应在采收当天浸药处理完毕,最晚不能超过 48 小时。目前,防腐处理常用 2,4-D(200 毫克/升)混合各类杀菌剂。常用杀菌剂有:苯并咪唑类如特克多、苯莱特、多菌灵、托布津(500～1 000 毫克/升),抑霉唑(500～1 000 毫克/升),施保功(250～500 毫克/升)等。

**3. 涂果蜡与涂料处理** 果实表面涂一层涂料(如果蜡),可起到增加果皮光泽、提高商品价值、减少水分蒸发、抑制呼吸和减少养分消耗等作用。涂蜡处理一般在上市前进行。涂蜡处理后要及时销售,不宜长期贮藏,以防产生异味。近年我国广东、湖南等地已研制出适合我国国情的采后防腐、分级、涂蜡的生产线。

**4. 包装** 柑橘果实内包装主要有聚乙烯薄膜(厚 0.01 毫米)单果包装,外包装形式主要有纸箱和竹篓包装。此外,出口的柑橘也有采用木箱包装的。采用聚乙烯薄膜单果包装,一定要在果实晾干后才能包装。需要注意的是,采用聚乙烯薄膜包果尤其是宽皮柑橘类,若贮运温度较高,可能会增加腐烂。

**5. 运输** 柑橘运输的技术要点是快装快运、轻装轻卸和防热防冻等。目前我国柑橘运输主要是常温运输。柑橘大量北运主要用铁路棚车。由于铁路棚车无保温防冻设备，所以冬季北运时须用稻草帘、棉被等挂在车厢内四周保温防冻。

## （五）适宜贮藏条件

不同种类和品种的柑橘，对低温的敏感性差异极大。其中最不耐低温的属柠檬和葡萄柚。它们适合的贮藏温度一般为 10℃～15℃。其次是宽皮柑橘类，适合的贮藏温度为 4℃～10℃。甜橙类一般较耐低温，能忍受 1℃～5℃的低温。但宽皮柑橘类中有的不耐低温，如广东的冇柑，适合的贮藏温度为 10℃～12℃。不同种类柑橘对贮藏环境相对湿度的要求也不一样。甜橙类为 90%～95%，宽皮柑橘类为 80%～85%。柑橘尤其是宽皮柑橘类对二氧化碳比较敏感，贮藏中二氧化碳应控制在 1%以下。一般不采用气调贮藏。甜橙稍耐二氧化碳。

## （六）主要贮藏方法

**1. 常温贮藏** 柑橘常温贮藏是热带、亚热带水果贮藏技术中成功的一例，已在各产区普遍应用。如甜橙或蕉柑等大规模贮藏 4 个月，管理得当损耗率可以控制在 5%以下。另据张百超等（1994）报道，沙田柚适时无伤采收后，经防腐处理，采用单果膜（厚度 0.015 毫米）包装，扭紧封口，在常温下贮藏 120 天，好果率达到 100%。柑橘常温贮藏方式主要有窖藏、通风库贮藏、窑洞贮藏等，贮藏期一般可达 2～4 个月。

常温贮藏的管理要点有：入库前期（入库 2～3 周）气温高，果实容易腐烂，要注意及时检查，并充分利用夜间低温，夜间多开门窗和利用排气扇等通风设备，降低库温。贮藏中期（12 月份至翌年2～3 月份）气温较低，贮藏果实的状况相对稳定。如有较多果实腐烂，也应加强通风换气，剔除烂果，但同时要做好保温防冻工作。贮藏后期(3月份以后)病菌活动加强,果实腐烂增多,果实的风味也急剧变劣,应密切注意果实的变化,及时安排贮藏果实上市。

**2. 低温贮藏** 低温贮藏的管理关键是控制适当的低温和湿度,并且要注意通风换气。华南农业大学推荐的贮藏条件(表8-5)贮藏柑橘4个月,风味正常,可溶性固形物、有机酸和维生素C含量无明显变化。

表8-5 不同品种柑橘果实的贮藏条件

| 品 种 | 贮藏适温(℃) | 相对湿度(%) | 贮藏寿命 |
|---|---|---|---|
| 甜 橙 | 1~3 | 90~95 | 4个月 |
| 伏令夏橙 | 1~3 | 90~95 | 4个月 |
| 化州橙 | 1~3 | 90~95 | 4个月 |
| 蕉 柑 | 7~9 | 80~90 | 4个月 |
| 冇 柑 | 10~12 | 80~90 | 4个月 |

(华南农学院,1979)

## (七)主要贮藏病害及其防治

**1. 柑橘青霉病、绿霉病** 柑橘采后最重要的病害是青霉病、绿霉病。一般而言,低温下以青霉病为主,较高温度下以绿霉病为主。就分布来看,广东、广西、福建等地以绿霉病为主,湖南、湖北等地以青霉病为主。绿霉病发展较快,7天内便全果腐烂,青霉病14天才使全果腐烂,二者都是柑橘贮运期间危害性很大的病害。

(1)症状 柑橘青霉病与绿霉病的症状基本相同,都只能危害果实,引起果腐,都自蒂或伤口处开始发病。病部先发软,呈水渍状,组织湿润柔软。青霉病病部稍凹陷,表面稍皱缩,指压易破裂;绿霉病病部较紧实,不皱缩。2~3天后,两种病都先产生白色霉状物(病原菌的菌丝体),然后中部产生青色或绿色粉状霉层(病原菌的分生孢子梗和分生孢子)。以后病部不断扩大,深入果肉内部,很快全果腐烂。病果果肉发苦,不堪食用,干燥时,可干缩成僵果。由于绿霉病发展较快,故有时果实感染了青霉病后又感染绿霉病,全果很快布满绿色霉层。

(2)发病规律　病菌分布很广,仓库内、工具上、空气中、土壤内都有其存在。通常腐生在各种有机物上。产生分生孢子后由气流传播,经各种伤口及果蒂剪口侵入。果实伤口越大越多则越易感病。贮运期间主要通过病果与有伤果接触传播,或箩筐、纸箱在运输途中震动而飞散病果上的病菌而传播,故再侵染频繁。雨后、重雾天或露水未干时采果,果面湿汽大,果皮含水量多,病菌孢子易萌发侵入。贮运中,温度在18℃~27℃,湿度在95%~98%时,发病最重,故薄膜袋密封大包装时,往往发病严重。一般认为,青霉病接触传播的速度远超过绿霉病;但腐烂速度则绿霉病超过青霉病。青霉病分泌的一种挥发性物质可使接触的健果果皮进一步损伤。温度24℃时腐烂最快,但只有当外果皮受伤较深使油胞破裂时,病斑才能迅速发展。

(3)防治　采后用药剂防腐较为有效。用特克多、抑霉唑等防腐杀菌剂有很好的防治效果。但不可忽视其他各种辅助措施。避免雨后或雾天果皮含水量较多的情况下采果。采收湿果不仅增加病菌的接触传播,而且往往增加果实受伤机会。尽量防止一切机械损伤。采果时果柄剪口与果面齐平,切忌将果实连叶带柄装箱装筐。最好用钝头剪刀采果。避免装箱过满,压伤下部或擦伤上部果实。适宜的低温可有效防治柑橘青霉病、绿霉病。

**2. 柑橘酸腐病**　柑橘酸腐病是柑橘贮运中最常见、最难防治的病害之一。若与青霉病、绿霉病、褐腐病混合发生,果实腐败速度大大增快。柑橘类中,尤以柠檬、酸橙最易患酸腐病,橘类、甜橙类的发病也颇严重。

(1)症状　果实受侵后,出现水渍状斑点;病斑扩展至2厘米左右时便稍下陷,病部产生较致密的菌丝层,白色,有时皱褶呈轮纹状,后表面白霉状,果实腐败,流水,并发出酸味。酸腐病只危害果实。发病初期,与青霉病、绿霉病症状十分相似,若轻按病部,酸腐的外表皮更易脱离,且无霉味。

(2)发病规律　病菌广泛分布于土壤内,通过结果部位低的果实与土壤接触,或雨水溅飞孢子、风吹起土粒接触下层果实而传播。田间各种吸果夜蛾危害健果时亦传播病菌。侵入受伤果实,特别是伤口深达内果皮的最易发病。病菌需要相对稍高的温度。在26.5℃时生长最快,15℃以上才引起果实腐烂,10℃以下腐烂发展很慢,在24℃~30℃的温度和较高的湿度下,5天内病果全腐烂,并且邻近果实也会因接触而感染受害。病菌虽为伤腐菌,但对伤口浅的果实不易很快入侵,往往需要较深的伤口,故一些刺吸式口器的昆虫,如吸果夜蛾在造成伤口方面起较重要作用。通常,未成熟果实具有抗性,成熟或过熟的果实则易感病。

(3)防治　①药剂防治吸果夜蛾。②采收时不用尖头剪刀,以避免造成伤口。③低温贮运。一般贮运温度低于10℃几乎完全抑制酸腐病。但柠檬在10℃中贮存时间过长,会引起生理伤害。④抑霉唑是目前防治酸腐病效果相对较好的药剂,常用500~1 000毫克/升浸果处理,美国已广为应用。邻苯基酚钠(SOPP)对防治酸腐病有一定作用,通常以0.8%~1%浓度浸果1~2分钟。多菌灵、苯莱特、特克多均无效。

**3. 柑橘黑腐病**　柑橘黑腐病又称柑橘黑心病。是一种较难防治和较严重的贮藏病害。

(1)症状　本病主要危害宽皮柑橘类,如广东、福建的蕉柑、冇柑,浙江的温州蜜柑、黄岩蜜橘、本地早、早橘等。田间感染,贮藏中后期发病。据陈绍光(1989)的研究,此病在果实上症状变化很大,特别在温州蜜柑上变化更大。

①蒂腐型　果蒂部呈圆形、褐色、软腐病斑,大小不一,通常直径1厘米。轻则蒂部软腐,重则果实中心轴部位腐烂长霉。在甜

橙上，有时病斑呈不规则形，红褐色或黑褐色；潮湿时，病斑上长墨绿色霉，但较少见。

②褐斑型　发生于除蒂部外的其他部位。病斑呈褐色至暗褐色，软腐，大小不一，不规则形，上生墨绿色霉状物。此型在温州蜜柑上发生最多。

③干疤型　发生于果皮，包括蒂部的任何部位。病斑呈褐色，圆形，直径1.5厘米以下，革质，干腐状，手指压而不破。病斑上极少见霉状物。多发生于失水较多的果实。

④心腐型　果实外表无任何症状，而果实内部，特别是中心轴空隙处长有污白色至墨绿色绒毛状霉。此类型以橘类和柠檬发生较多。

(2)发病规律　据陈绍光(1989)报道，对于甜橙类，病菌以蒂部入侵为主，对于温州蜜柑，则主要是在果实成长期从果皮的伤口侵入。从蒂部、脐部入侵时，潜伏期长，需到贮藏后期方可出现蒂腐型或心腐型症状；从果皮伤口入侵时，潜伏期较短，从贮藏中期开始就可出现褐斑型症状。当果实经过一段时间贮藏，生理衰退而抗病性降低时才大量发病。健果即使人工制造伤口后接种病菌孢子，也不发病。通常贮藏3～4周后才陆续出现黑心。果蒂脱落越多，病果越多。据国外报道，此病与果实成熟度有明显关系。在15℃～16℃时，成熟的黄果贮藏1～1.5个月出现黑腐，黄绿色的半熟果贮藏2～2.5个月发生黑腐，而绿色的未成熟果实贮藏3～4个月才发现有黑腐。

(3)防治　采取加强栽培管理为主的综合防治措施。加强栽培管理，增强树势，及时修剪枯枝、衰弱枝，减少果实受伤。目前尚无采后防治该病的高效药剂。一般用200毫克/升2,4-D浸果，可以延缓果实衰老，保持果蒂青绿，推迟该病的发生时间；但不能杀灭病菌，无治疗作用。广东省农业科学院植保所认为，用特克多、抑霉唑、2,4-D等混配浸果处理，除了可防治青霉病、绿霉病外，还能抑制黑腐病发生。

**4. 柑橘褐斑病** 又称干疤病。褐斑是果皮变褐色革质化的统称。该病在橙类冷藏过程中容易发生。一般贮藏1个月左右才出现。发病初期多数在果蒂周围出现不规则斑点，随着时间的延长，颜色变深，病斑扩大，病斑处油胞破裂，最终病部深入到白色内果皮，严重者果实风味也有所变化。甜橙在4℃～6℃发病率最高，1℃～3℃发病率最低，7℃～9℃及以上发病率随贮温升高而下降。防止该病的方法主要是调节好并保持适宜的贮藏湿度。

**5. 柑橘枯水病** 枯水病是限制宽皮柑橘长期贮藏的主要生理病害之一。枯水病果实外观与正常果基本无异，但果皮发泡、皮肉分离、沙囊汁胞失水干缩，降低或失去商品价值。引起枯水病的原因与果实组织疏松及贮藏环境湿度过高等有关。控制枯水病的措施有：选择大小中等(如蕉柑的横径以60毫米为宜)、皮薄、果重的果实做贮藏之用；适时采收和采前约20天喷10～20毫克/升赤霉素或采后用50～150毫克/升赤霉素浸泡果实；控制适宜的温、湿度贮藏条件；贮前晾晒一段时间，使其失重3%～5%，可明显减轻枯水病的发生。

**6. 水肿病** 贮藏温度过低、通风不良及二氧化碳积累较多均易发生水肿病。发病初期果皮颜色变淡、无光泽，按之稍觉软绵。随病发展，果实肿胀，果肉略带异味。最后果皮颜色转暗，冇柑出现浅褐色斑点，甜橙果实变褐，果肉异味重，无食用价值。

## 二、香　蕉

香蕉是岭南四大水果之一。原产亚洲地区，属热带水果，世界可栽培地区仅限于南北纬30°以内。2001年，我国香蕉产量为527万吨(不包括台湾省)，占世界当年产量的7.7%，世界排名第三。我国广东、广西、福建、云南、海南及台湾等地均为香蕉的主产区。香蕉也是目前华南地区产量最大的水果之一。

香蕉可以周年生产，四季上市。因此，香蕉采后的重点是运输和销售过程中的保鲜而非贮藏。香蕉全年产量以夏、秋季为旺季，冬、春季为淡季。目前我国香蕉生产发展很快，栽培面积较大，但由于生产管理和流通体制的限制，优质高档香蕉不多，出口量很少，而且采后损失相对较严重。

### (一)品　种

我国香蕉的主要栽培品种有：香蕉类有天宝矮蕉、赤龙高身矮蕉、广东香蕉 1 号、广东香蕉 2 号、东莞中把、威廉斯 6 号、高身矮脚屯地蕾、大种高把、台湾 8 号、仙人蕉、垂叶高脚屯地蕾，大蕉类有顺德中把大蕉、灰蕉，粉蕉类有粉蕉、西贡蕉、中山龙牙蕉等。

### (二)采后生理特性

香蕉是典型的呼吸跃变型果实，并且对乙烯非常敏感，极微量的乙烯即可启动并促进香蕉的成熟。在开始成熟之前，果实本身致熟的成分(乙烯)急剧增加，呼吸高峰出现，果皮变黄，涩味消失，淀粉转化成糖，风味变甜，果实变软，并散发出诱人的香味。如果不需要果实过快后熟，一定避免与产生乙烯的水果混放。

在采前及采后处理过程中，由于处理不当、昆虫叮咬、风吹雨打、堆叠挤压、与包装物的摩擦等，均可引起香蕉的机械损伤。受伤后的香蕉，呼吸作用增强，提早变黄，而且病菌易从伤口入侵引起腐烂；此外，受伤的香蕉果皮在成熟前虽然看不出明显的症状，但成熟后果面的伤痕处变黑，会严重影响果实的外观。

### (三)采收成熟度及采收

判断成熟度最简单易行的办法是看果形的饱满程度。当果面棱角明显突出时，成熟度为 7 成以下；果面接近平满时，成熟度约为 7 成；果面圆满但尚显棱角时，成熟度为 8 成；果面圆满无棱时，成熟度为 9 成以上。若要长途运输或长期贮藏，其采收饱满度一般在 7.5 ~ 8 成。成熟度越高，耐藏性越差。另外，根据果皮与果肉的比率来确定。当果肉重量是果皮重量的 1.5 倍时,即达 7 成熟以上。也可根据果实横断面长径与短径的比率决定成熟度。取果实中部横断面测量,当果实横断面的短径是长径的 75%时,即达 7 成熟以上,果实完全成熟时,横断面几乎呈圆形,其长、短径基本相等。还可根据生产季节、品种、地区、积温等来判断香蕉的采收期。

香蕉采收时要尽量避免机械伤,最好两人合作,先割下一片完整的蕉叶铺在地上,以备放果穗,一人砍蕉株,一人扛蕉。蕉采下后不要堆放在地面,可立即扛到加工厂处理或用垫有海绵、棉被等柔软物的运输工具运往加工厂。国外大型蕉园有采用挂在吊缆上拉至加工厂的(图 8-1)。但要注意,不要在雨天或台风天采收。

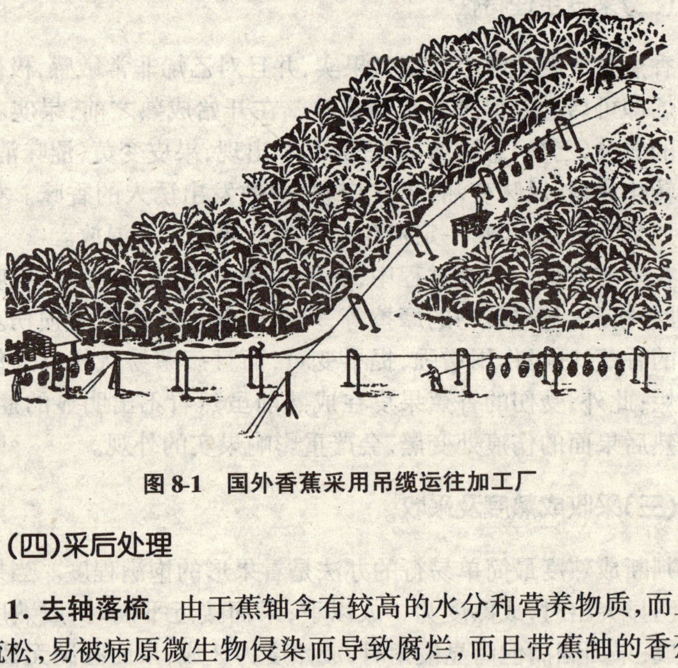

**图 8-1 国外香蕉采用吊缆运往加工厂**

## (四)采后处理

**1. 去轴落梳** 由于蕉轴含有较高的水分和营养物质,而且结构疏松,易被病原微生物侵染而导致腐烂,而且带蕉轴的香蕉运输、包装均不方便,因此,香蕉采后一般要进行去轴落梳。可采用特制的弧形落梳刀进行落梳。落梳后用刀修整好切口。将质量较差的尾梳（果轴上最后的一梳蕉果）、鬼头黄蕉（一梳中个别蕉指变软并呈黄色）、回水蕉（蕉轴在采收前蕉身已死亡，蕉指呈现陈旧软弱状）以及机械损伤的蕉果剔除。

**2. 分级**　我国于1988年发布了香蕉国家标准（GB/T 9827—1988）。2002年发布了青香蕉农业行业标准（NY/T 517—2002），其外观等级规格见表8-6。

**表8-6　香蕉外观等级规格**　（NY/T 517—2002）

| 项　目 | | 优等品 | 一等品 | 合格品 |
|---|---|---|---|---|
| 饱满度（%） | | 75～90 | 75～90 | 70以上 |
| 果实规格 | | 梳型完整，每千克果指数不超过8只，但不少于5只。果实长度20～28厘米。每批中不符合规格的果数≤5% | 梳型完整，每千克果指数不超过11只，但不少于4只。果实长度18～30厘米。每批中不符合规格的果数≤8% | 梳型完整，每千克果指数不超过14只。果实长度15厘米以上。每批中不符合规格的果数≤10% |
| 果面缺陷 | 机械伤 | 无 | 允许轻微碰压伤，每梳蕉轻伤面积＜1厘米$^2$ | 允许轻微碰压伤，每梳蕉轻伤面积＜2厘米$^2$ |
| | 日　灼 | 无 | 允许轻微日灼，每梳香蕉按只数计，不得超过3% | 允许轻微日灼，每梳香蕉按只数计，不得超过5% |
| | 疤　痕 | 无 | 一梳香蕉中水锈或干枯疤痕按只数计，不得超过5% | 一梳香蕉中水锈或干枯疤痕按只数计，不得超过10% |
| | 冷害、冻伤 | 无 | 无 | 无 |

续表 8-6

| 项目 | | 优等品 | 一等品 | 合格品 |
| --- | --- | --- | --- | --- |
| 果面缺陷 | 病虫害 | 无 | 无 | 允许轻微病虫害伤痕，每梳香蕉中按只数计，伤痕不得超过 1 厘米$^2$ |
| | 裂果 | 无 | 无 | 无 |
| | 药害 | 无 | 无 | 允许轻微药害，每梳香蕉中按只数计，伤痕不得超过 1 厘米$^2$ |

**3. 清洗** 由于香蕉在生长期间果面附生大量的微生物，可能会导致香蕉在贮运期间的腐烂，因此在贮运前要进行清洗。清洗时可加入一定量的次氯酸钠溶液。在水槽中用清水洗去切口流出的蕉汁和果身上的污物，同时去除果指的残花。

**4. 防腐处理** 一般可采用1 000毫克/升的特克多 + 1 000毫克/升的扑海因进行防腐处理，也可用施保克等防腐剂。处理方法可采用浸泡法或喷淋法。

**5. 包装** 可采用纸箱或竹箩包装。采用纸箱内衬聚乙烯薄膜，可减少运输途中的机械伤，而且起到一定的保鲜作用，提高产品档次。在包装内加入浸有高锰酸钾的蛭石、碎砖或其他的轻质多孔材料，可大大延长香蕉的贮运保鲜时间。目前，香蕉的包装基本上是用人工包装。首先准备好包装容器(竹箩或纸箱)，再衬垫上塑料薄膜袋，然后把经药物处理过而且已沥干的香蕉一梳梳紧密有序地装好。装竹箩时要蕉背朝上，由小梳到大梳，最后扎好塑料袋口，再加箩盖，用小铁丝穿过箩边固定箩盖。目前，国内香蕉生产上有采用在装竹箩前先在竹箩内衬垫一层再生纸，再用塑料袋，然后再装香蕉，对保护香蕉有一定效果。但不能为了节省运输成本而将香蕉堆得超出箩面,再硬塞入箩内,否则会造成严重的机械损伤。

装纸箱时,有两种装法。其一是整梳装。要求蕉头朝下蕉指向上,相互靠紧。具体装箱过程如下:先在纸箱内部套好聚乙烯薄膜袋,在靠近纸箱一端放入两梳香蕉,垫上海绵纸或其他柔软的衬垫物,然后在离纸箱壁较近的一端再加上一梳蕉,在另一端视情况加 1~2 梳蕉,各梳蕉间要用海绵纸隔开(图 8-2),再将聚乙烯塑料袋口扎紧,盖上顶盖。二是分梳型的装法。在落梳时就把梳蕉分成 3~5 个一把的小梳,装时蕉指对蕉指,蕉头靠箱边分成两排。这种装箱形式在国外使用较多。无论是对分包装上超市,还是对不需要一次消费一整梳香蕉的消费者来说,都较为方便。我国深圳亦欢迎此种包装形式。

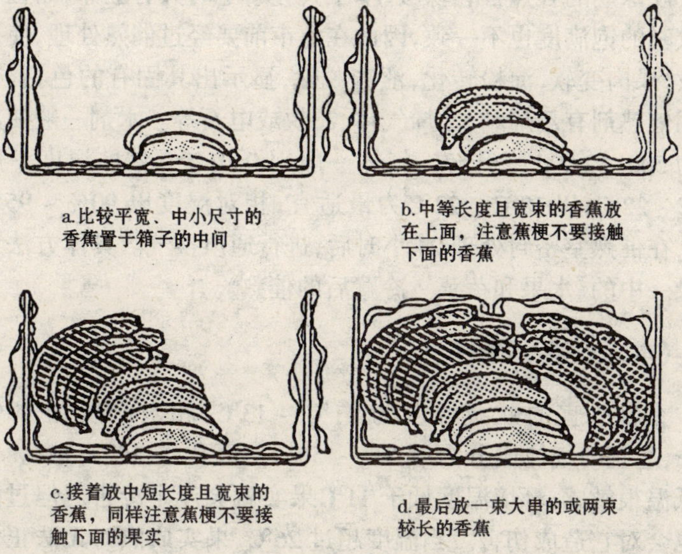

a.比较平宽、中小尺寸的香蕉置于箱子的中间

b.中等长度且宽束的香蕉放在上面,注意蕉梗不要接触下面的香蕉

c.接着放中短长度且宽束的香蕉,同样注意蕉梗不要接触下面的果实

d.最后放一束大串的或两束较长的香蕉

图 8-2　香蕉包装过程

假如要较长期贮藏或在温度较高时贮运,要在塑料袋封口前放入乙烯吸收剂。切记吸收剂不能直接与香蕉接触。乙烯吸收剂

可用打孔(多孔)小塑料袋装。

纸箱包装,国内一般每箱装 13 千克,国外一般每箱装 18 千克左右或 12 千克。运往日本或中东地区的香蕉一般每箱装 12 千克。也有按箱内香蕉的梳数来计算的。如每箱 4 梳、5 梳或 6 梳蕉。梳数的多少也可以作为其等级规格。包装上注明重量或梳数以及日期、产地。

**6. 运输** 运输所要求的条件与贮藏类似甚至更严格。在运输途中要防晒、防雨、防寒防冻。特别是在夏季和冬季运输时,要防止“青皮熟”和“冷害”。因此,夏季运输时最好用冷藏车,而冬季则要用保温车或普通车加保温措施。

### (五)催 熟

硬绿期的香蕉含有鞣酸(单宁)物质,吃时具有涩味,而且果实采收时的饱满度也不一致,因此在上市前要经过催熟处理,使果皮变黄,果肉变软,淀粉转化,涩味脱除,显示出其固有的色、香、味。常用催熟剂有乙烯利、乙烯气体、乙炔或电石等。水剂一般使用浓度为 500 ~ 2 000 毫升/升,气体一般用 0.01%。催熟温度一般在 14℃ ~ 22℃,以 18℃ ~ 22℃为最适宜;相对湿度以 90% ~ 95% 为宜。在催熟室密封处理 24 小时后,进行通风换气。具体方法详见附录一中的《水果和蔬菜 冷藏后的催熟》。

### (六)适宜贮运条件

香蕉适宜的贮藏温度为 11℃ ~ 13℃,相对湿度为 90% ~ 95%,适宜的气体成分为氧 3% ~ 5%,二氧化碳 5% ~ 7%。香蕉对低温很敏感,环境温度低于 11℃果实就会产生冷害。但过高温度也会对它造成伤害。当温度超过 26℃,果实成熟时无法正常转黄,超过 35℃,就会引起高温烫伤,使果皮变黑,果肉糖化,失去商品价值。在贮藏环境中加入乙烯吸收剂,可以大大延长香蕉的贮藏寿命。香蕉属于比较耐贮藏的果品,如果保鲜处理得当,在适宜温度下可贮藏 3～4 个月。

### (七)主要贮运方法

**1. 低温贮运** 无伤采收的香蕉,经防腐处理和利用聚乙烯袋包装,在适温下可贮藏 60～100 天,果实青硬新鲜。若在包装内加入乙烯吸收剂,贮运保鲜时间可更长。

**2. 常温贮运** 在加有乙烯吸收剂的情况下也可在常温下贮运,但贮运保鲜时间较短,一般在 10～20 天,特别在夏季常温下,一般 3～5 天后果实即失去商品价值。若在贮运前用 1-MCP 处理,可延缓果实的成熟时间。但采后必须尽快处理,否则 1-MCP 对香蕉保鲜的效果随着处理的延迟而大大降低。据 Jiang 等(1999)报道,0.5～1.0 微升/升 1-MCP 处理结合使用聚乙烯保鲜袋,20℃条件下香蕉可贮藏 58 天,而对照仅贮藏 16 天,只是用 1-MCP 处理的初期香蕉果皮转色不均匀。目前,该方法在香蕉上尚未大规模商业应用。

### (八)主要贮运病害及其防治

**1. 黑腐病** 为香蕉贮运期间的主要病害之一。该病从伤口感染香蕉的冠部、指梗和果指,引起香蕉轴腐、冠腐、果指断落和果实腐烂。

香蕉轴腐:病菌从蕉轴的损伤部位侵入,开始主轴变暗褐色水渍状病斑,以后迅速扩展,病部变黑、变软,病轴裂开。在潮湿条件下,病斑上长满绿色菌丝体,严重时整条香蕉受害。

冠腐:病菌从切口处侵入,症状与轴腐相似。

指梗腐烂:病菌从果冠部扩展至果梗或者直接侵入果梗,果梗呈水渍状褐变,以后病菌进一步向果指发展,整个果梗变黑,呈湿腐状,果梗易断裂并从冠部脱落。

果指腐烂:多发生于催熟库内,病菌从果实顶端的花瓣残留物开始侵入,然后扩展蔓延,而多数是从果梗处蔓延至果实。另外在田间时，病菌就潜伏侵染在果实中，直到采收后果实成熟时才表现症状。最初果皮变淡褐色，随着病斑发展变成灰黑色并且皱缩，果肉变软腐烂。病斑上出现灰绿色至暗褐色菌丝体，有时上有粉红色霉层。青蕉冠部发病后，很快扩展到指梗和果肩，催熟后容易引起断指。机械伤、高温、高湿都诱发其流行。

防治方法：去轴落梳后，用含氯溶液清洗果实，再用45%特克多1 000倍液加25%扑海因500倍液浸果。

**2. 炭疽病** 这是世界范围内香蕉种植地区的一种最常见的病害。病菌多在田间即侵染于果实上，在贮运期间随着果实的成熟发生危害，引起损失。

按侵染方式，此病可分非潜伏侵染型和潜伏侵染型两种。前一种通常发生在收获期间或收获后果实上的损伤处，病菌没有休眠期；后一种通常发生在田间未受损伤的绿色果实上，病菌多以菌丝体潜伏在表皮下，从外观很难看出，在采后贮运中随着果实变黄软熟时才表现症状。

病斑有两种类型：一种病斑发展快，危害大。最初多发生在近果端部分，以后向中间蔓延。开始呈现小的、圆形黑色或黑褐色斑块，以后病斑凹陷并迅速扩展，连续成不规则的大斑块。有时病斑外缘有黄褐色晕圈。在严重感染下，整条果实变黑，病斑上产生大量橙红色的黏质团，即病菌的分生孢子盘和分生孢子团。此时病菌已由果皮蔓延至果肉，使果肉变暗、软化、腐烂出水，有时果指收缩或变硬。果梗及果轴受害时呈褐色水渍状斑，后期病斑变黑下陷，上有粉红色孢子堆。另一种症状，果实表面开始散生褐色或暗红色小点，果实发出特异香味，这些斑点逐渐扩大，并向果肉深入造成腐烂。广东称为“芝麻蕉”或“梅花点香蕉”。本病的危害与香蕉的品种、果实含糖量等有关。

防治方法：从田间抽蕾开花起对果穗喷施4次1 000毫克/升的多菌灵、特克多、苯莱特或抑霉唑，每次间隔10天左右；采收后24小时内用500～1 000毫克/升的多菌灵、托布津、特克多等浸果或喷洒处理。

**3. 黑星病** 该病主要发生在果实上，也可侵染叶片和叶柄。在果实发育的各个阶段均可发病。当果实成熟时，危害较严重。被害果上布满黑色突起的小斑点，上有黑色小粒为病菌的分生孢子器，斑点外缘油渍状。果实成熟时，小斑点变成椭圆形或圆形的褐色小斑，不久病斑呈暗褐色或黑色，周围淡褐色，病斑下陷处组织腐烂，其上的小黑堆突起。感病果实成熟不均匀，大大影响果实外观。

**4. 冷害和高温伤害** 香蕉是一种热带水果，对低温很敏感，贮运温度低于11℃会导致果实遭受冷害。香蕉冷害的典型症状是果皮变暗无光泽，呈暗灰色，严重时则变为灰黑色。催熟后，果皮颜色更加深黑，果心变硬，果实不能正常成熟，并迅速出现很长的白霉。我国有些香蕉经营者用加冰保温车北运香蕉。但有的由于加冰量太多，车厢内温度低于10℃，导致香蕉受冷害，损失严重。过高温度也会对它造成伤害。当温度超过35℃，就会引起果实高温烫伤，使果皮变黑，果肉糖化，失去商品价值。

预防方法：在冷害临界温度以上及25℃以下温度范围内贮运，避免温度大幅度波动。在香蕉包装内加入乙烯吸收剂也可减轻或延缓冷害或高温伤害的发生。

**5. 青皮熟** 香蕉在贮运或催熟时，如果温度高于25℃，则易发生青皮熟。即果肉已经软熟糖化，而果皮仍为青绿色，不能正常转黄，严重影响果实的外观和风味。

预防方法：在催熟适温范围内进行催熟，避免在高于25℃环境中进行贮藏和催熟。

**6. 二氧化碳伤害** 其症状表现为果皮青绿如常，但内部果肉已软腐，略带酒味，后期果皮变成暗褐色，不能正常催熟。二氧化碳中毒一般发生于塑料袋密封包装的香蕉。产生伤害的果实进一步被镰刀菌侵染，造成严重的冠腐，并加速果实软腐，出现大量流水以至烂成一堆。

预防方法：在适温下贮藏。使用的塑料薄膜厚度不要过厚，一般以0.03~0.04毫米厚为宜。在包装中加入乙烯吸收剂。

**7. 乙烯伤害** 乙烯可以加快香蕉果实的成熟。如果催熟时使用乙烯浓度过高，则会引起乙烯伤害，表现为果皮表面出现黑褐色斑，果肉软烂。

**8. 裂果病** 病蕉凸面的果皮沿心室与心室的交界线纵裂，露出果肉。通常发生于久旱逢雨的蕉园。果皮开裂后易遭根霉侵染而腐烂。

## 三、荔　枝

荔枝原产我国，至今已有2000多年的栽培历史。目前，我国荔枝的品种数量、种植面积、产量均居世界之首。据统计，1999年我国荔枝产量达126万吨。其中广东省产量居国内第一，达79万吨，其次为福建、广西、海南等省、自治区。荔枝产量近年还在不断增长中。2002年，我国荔枝种植面积在各种水果种植面积中排第四位，已经成为我国一种重要的潜势发展水果之一。

荔枝是南方水果中最不耐贮运的水果之一，即所谓“一日而色变，二日而香变，三日而味变，四五日外色香味尽去矣”。荔枝采后主要问题是果实极易失水、褐变和腐烂，这是由于其果实特殊形态结构、采后代谢旺盛、容易带菌染病和盛夏高温季节成熟所致。我国荔枝品种多，分布地域广，鲜果上市时间比世界其他国家长。海南、广东省的早熟品种5月上中旬开始上市，福建、四川省的晚熟品种8月上中旬才成熟，成熟期先后相差约110天，结合贮藏保鲜，可使鲜果供应时间大大延长。

### （一）品　种

我国荔枝品种众多，栽培的品种有淮枝、桂味、黑叶、糯米糍、白蜡、白糖罂、圆枝、妃子笑、大造、三月红、陈紫、兰竹、元红、新兴香荔、挂绿、雪怀子、下番枝等160多个。其中大面积种植的有20多个。不同品种荔枝耐贮性差别较大。一般而言,中晚熟品种较早熟品种耐贮藏。桂味、淮枝等耐贮性较好,糯米糍、三月红等耐贮性较差。

## (二)采后生理特性

荔枝属非呼吸跃变型果实。但采后呼吸强度高。如果有机械损伤与环境改变,呼吸强度会更大。随着贮藏延长,呼吸强度有所下降。但有时随果实的衰老腐烂,贮藏后期又有上升的趋势。低温可有效地抑制荔枝果实的呼吸强度和乙烯释放(表8-7)。另外,成熟荔枝果皮释放的乙烯占全果乙烯释放量的90%以上,果肉释放的乙烯量很小,因此乙烯可能与荔枝果皮的褐变有关。降低温度可明显抑制乙烯的释放。不过当将果实从低温移到高温环境下,乙烯释放量会大大提高。

**表8-7 不同温度下荔枝(桂味)呼吸强度及乙烯释放量**

| 温 度<br>(℃) | 呼吸强度<br>($mgCO_2 \cdot kg^{-1} \cdot h^{-1}$) | 乙烯生成量<br>[微升/(千克·小时)] |
|---|---|---|
| 5 | 20 | 0.15 |
| 10 | 25 | 0.20 |
| 20 | >55 | >1.0 |

(李堂察等,1983)

## (三)适期采收

**1. 采收期** 荔枝果实由深绿色转为黄绿色并局部出现红色是成熟的开始,成熟时果皮全部呈鲜红色,一旦转为暗红色已是过熟。从开始着色至完全成熟历时7~10天。为了保证商品质量并获得较长的保鲜期,应当在果皮80%至全部呈红色,即果实刚成熟时采收。皮色转暗是果实衰老的信号,不宜远运,只宜近销。

**2. 采收方法**　正确的采收方法要求在考虑母树翌年生产的同时保证商品质量。荔枝果穗基枝顶部节密粗大，俗称“葫芦节”。在密节处折果枝，留下粗壮枝段的采收方法称短枝采果。由于该枝段营养积累多，萌发的新梢生长快且健壮，利于培养优良结果母枝，故一般实行短枝采果。折果枝不带或少带叶，应视品种、树龄、树势而定。采收宜选晴天或阴天。雨天或中午烈日均不宜进行，否则不利于贮运保鲜。采收时自上而下逐层采摘。大树应备长果梯，盛果篮用长绳从枝丫处往下吊运。要轻采轻放，以防损伤果皮。

## （四）采后处理

**1. 挑选、分级**　荔枝采后尽快剔除病虫果、机械伤果、畸形果、褐变果、青果、过小果和过熟果等，同时整理果穗和果梗。我国于 2002 年发布了荔枝农业行业标准（NY/T 515—2002），适用于荔枝鲜果的生产和销售。该标准的果实规格要求见表 8-8。

**表 8-8　荔枝主要品种的果实规格**　（粒/千克）

| 品　种 | 优等品 | 一等品 | 二等品 |
|---|---|---|---|
| 三月红 | <30 | 30~38 | <46 |
| 妃子笑 | <35 | 35~40 | <50 |
| 圆　枝 | <40 | 40~48 | <56 |
| 白糖罂 | <40 | 40~48 | <54 |
| 电白白蜡 | <40 | 40~48 | <54 |
| 糯米糍 | <38 | 38~50 | <56 |
| 状元红 | <42 | 42~54 | <58 |
| 桂　味 | <56 | 56~62 | <68 |
| 黑　叶 | <38 | 38~44 | <52 |
| 陈　紫 | <50 | 50~60 | <70 |
| 淮　枝 | <38 | 38~44 | <52 |

续表 8-8

| 品　种 | 优等品 | 一等品 | 二等品 |
| --- | --- | --- | --- |
| 灵山香荔 | <48 | 48～58 | <66 |
| 鸡嘴荔 | <38 | 38～48 | <58 |
| 兰　竹 | <40 | 40～50 | <56 |

注：1. 未列入的其他荔枝品种，可根据品种特性参照近似品种的有关指标；

2. 荔枝鲜果国内销售允许带少量果枝，果枝长度控制在果穗基部 5 厘米或果枝质量控制在总质量的 5%以内；

3. 表中果实千克粒数按不带枝叶的单果计算

**2. 防腐处理**　荔枝采后病害主要是由真菌引起，而且大部分真菌属果园感病，特别是危害严重的霜疫霉病。应以防为主，采后再辅以杀菌剂处理。如果贮藏期较长，可以先浸果防腐，然后边晾干边挑选、包装，再预冷。如空运，可以先挑选后再浸入冷水，最后包装。不同方法与处理程序可根据具体情况而定。原则是三者须密切配合，时间越快越好。从采摘下树至包装入库，最好不超过 6 小时。

**3. 果皮护色处理**　为防止果皮褐变，国外多采用二氧化硫熏蒸处理。具体做法是：采用高压钢瓶液态二氧化硫，按照 1%的浓度熏蒸处理 15 分钟。也可采用硫黄熏蒸，使用量为 100 克/米$^3$。熏蒸后果皮退红转成黄绿色，随后会部分恢复。二氧化硫熏蒸处理后的果，若用 1 摩的稀盐酸（HCl）浸果，可使果皮恢复到均匀的红色。

二氧化硫护色要掌握好使用剂量和处理时间，以免引起二氧化硫伤害或二氧化硫残留过量。熏蒸处理排出的二氧化硫对环境和人体有一定的毒害，处理设施必须有一个气体净化系统。近年来，国内一些科研单位研制了一些荔枝专用保鲜护色剂。

**4. 预冷**　及时预冷降温是荔枝低温贮运成败的关键。荔枝在采收后第一天的呼吸强度最大，代谢旺盛，加上这时气温高，果皮容易失水加快果实的衰变，故应及时预冷降温。荔枝预冷可采用冰水预冷、冷库预冷、强制通风预冷等方式。有些国家(美国)要求进口荔枝必须采用在1.38℃以下连续处理14天以上，目的是杀死荔枝蒂蛀虫。但这样的低温处理，荔枝可能会产生冷害。

**5.包装及运输** 荔枝的包装形式多种多样。包装物可用小竹箩、纸箱、塑料框等内衬塑料薄膜袋。包装大小视具体情况而定。可以是小包装，也可以是10千克大包装。

荔枝的运输最好在低温条件下进行。长途运输一般需用冷藏车、冷藏集装箱。也可采用飞机空运，可以最好地保证果实的质量，但运输费用高。如果采用常温车运输，可采用泡沫塑料箱加冰的方式。一般在泡沫塑料箱内果、冰的比例为2:1。在车厢内四周围用泡沫板、棉被或稻草等保温，基本可满足荔枝果3~4天的运输要求。若在装泡沫塑料箱前先将果实预冷，再在泡沫塑料箱内加冰，效果会更好。具体做法是：

首先准备好泡沫塑料箱。泡沫箱规格一般为长60厘米，宽40厘米，高50厘米。箱板厚1厘米左右。一箱可装荔枝10~15千克。准备25厘米×40厘米的小塑料袋用于包碎冰，90厘米×60厘米，厚0.03毫米的大塑料袋用于包装荔枝以及碎冰块。也可用500毫升或1000毫升的矿泉水瓶装400或800毫升的水(注意不能装满，否则结冰后易把瓶子撑破)，放入冷冻间冻成冰备用。或使用专用的冰袋。荔枝采后要迅速进行挑选，除去有病虫、机械伤、褐变等不正常果。然后最好先用冰水预冷5~10分钟，稍晾干后倒入内衬塑料薄膜袋的泡沫塑料箱，称重，扎好袋口，在上面铺上一层用塑料袋包装的碎冰或矿泉水瓶冻好的冰。一般加冰量占果实重量的1/3~1/2及以上。然后盖好泡沫塑料箱盖，用封箱胶封好。运输装货时，泡沫塑料箱之间应该堆紧。在整堆的顶部和四周可用泡沫塑料板或棉被围起，以延长保温时间。

这种方法进行短期运输、贮藏后要迅速销售。因为一旦打开包装袋，果实很快变色。时间超过5天，果实会有异味。

**6. 销售** 荔枝贮藏后的主要问题是货架寿命短。经过保鲜处理和 1 个月的贮藏后，一般货架期为 24～36 小时。冷藏期越长，货架期越短。货架上最好采用低温冷柜保鲜销售，这样可适当延长货架期。

### （五）适宜贮藏条件

荔枝虽起源于亚热带地区，但对低温不甚敏感，果实能忍受较低温度。荔枝的贮藏适宜温度是 3℃～5℃。温度低于 3℃，15 天后果实受到冷害，表现为内果皮水渍状，移出室温后很快会褐变。贮藏适宜相对湿度为 90%～95%，气体成分为氧气 5%、二氧化碳 3%～5%。

### （六）主要贮藏方法

**1. 常温贮藏** 随着我国荔枝栽培面积和产量的迅速增加，加之目前冷藏贮运设备比较缺乏，生产上迫切需要荔枝的常温短期保鲜贮运技术。

据 Scott(1982)报道，荔枝采后用 500 毫克/升的 52℃的苯莱特浸果 2 分钟，用小型塑料盒包装，再用极薄的聚乙烯薄膜密封，可在 20℃～28℃条件下保鲜 10 天左右。华南农学院(1984)用 1 000 毫克/升的苯莱特加入相同浓度的乙磷铝浸果，再用 0.015 毫米厚的醋酸聚乙烯薄膜(EVA)包装，在 30℃～35℃的温度下贮藏 7～9 天，好果率在 90%以上。此外，也可采用 1 000 毫克/升的扑海因、特克多加 1 000 毫克/升的柠檬酸混合液浸果 2 分钟，晾干后用 0.01～0.03 毫米厚的聚乙烯盒或聚乙烯袋包装，在常温条件下也有一定的保鲜效果。

然而，实践证明，大规模生产性常温贮运往往不能取得满意的效果。因其贮运温度通常超过 30℃，保存期只有 1 周左右。如果利用空调环境，稍微降低环境的温度，在良好的包装条件下，可以稍微延长荔枝的贮藏期。

**2. 机械冷藏** 果实经过预冷，达到适宜温度后即可进行冷库贮藏。低温贮藏是荔枝中长期贮藏最常用的方法。据研究，荔枝的最适贮藏温度为3℃~5℃。在此温度范围内，荔枝可贮藏1个月左右，基本保持果实的色、香、味，加上合适的包装，可以有1~2天的货架期。贮藏温度若低于3℃，贮藏时间超过10天，则果实容易产生冷害，特别是离开低温后容易出现果皮变褐，果肉变味。贮藏温度超过5℃，无法有效地抑制果实的生理代谢，营养消耗较快，贮藏期缩短。但国外也有报道，荔枝在7℃以下温度贮藏时会出现冷害。这可能与荔枝的品种有关。我国荔枝的贮藏适宜温度基本都是在3℃~5℃。

**3. 自发气调贮藏** 荔枝的自发气调贮藏是目前生产上大量应用的方法。一般需要结合低温和药物处理才能取得较好效果。采用聚乙烯薄膜袋包装，膜的最佳厚度为0.02~0.03毫米。太薄，抑制荔枝代谢的作用有限，同时袋子的强度不够，很容易在贮运中损坏而失去自发气调的作用；太厚，则易导致袋内氧气浓度过低和二氧化碳浓度过高，引起果实无氧呼吸，产生异味。

**4. 气调贮藏** 据陈维信等(1981)报道，采用气调贮藏方法保鲜荔枝的效果较自发气调为好。不但表现在好果率有所提高，而且果实风味更接近于贮藏前。对广东几个主要荔枝品种的气调贮藏研究表明，贮藏中的气体比例因品种而异，在1℃~3℃的贮藏温度下，氧浓度为5%时，糯米糍和淮枝合适的二氧化碳浓度是3%，而桂味为5%。当二氧化碳浓度超过8%时果实容易褐变，在贮藏1个月后果肉出现异味。

尽管气调贮藏的效果较好，但由于我国特别是在南方商业性气调库尚未普及，而且还存在荔枝移出气调条件后的货架寿命短的问题，因此目前生产上仍多采用自发气调贮藏。

**5. 速冻贮藏** 荔枝速冻保鲜，可贮藏1年之久。其具体工艺如下：

适时采收→挑选→果皮护色处理→冷却至0℃→－30℃以下

低温单体速冻或装入聚乙烯塑料小袋速冻→聚乙烯薄膜包装→-18℃贮藏→冷链流通及销售

荔枝果皮易褐变,通常采用热水或热蒸汽处理进行果皮杀酶护色。处理时,一般加入柠檬酸或食盐等,可提高护色效果。采用热处理时需要掌握好处理时间的长短,以防伤及果肉。也可采用柠檬酸+食盐+亚硫酸氢钠混合溶液护色,不需热源,较为简单易行。具体做法是:用10%柠檬酸、2%食盐、2%亚硫酸氢钠混合液浸果2分钟。浸果时间因品种而异。

### (七)主要贮运病害及其防治

**1. 荔枝霜疫霉病** 此病是荔枝果实上最主要的病害。病原体为荔枝霜疫霉菌。我国广东、广西、福建、台湾等荔枝产区均有发生。由此而引起的损失可达30%~80%。特别是在结果期遇上连续阴雨的天气,发病更加严重。此病主要危害果实,也危害花穗和嫩叶。病部呈水渍状,褐色,上生白霉状病原菌,致使果实腐烂脱落,花穗腐烂或干枯。连续数天下雨,大气湿度高,气温在22℃~25℃,通风透光差的果园发病迅速。采后贮运期间该病继续发展,导致果实迅速变褐腐烂。病斑上长出白而稀疏的霉状物,流出汁液,散发出难闻的气味。特别是阴雨天采收的果实,在贮运期间受危害更为严重。

防治方法:该病的防治须贯彻"预防为主,综合防治"的方针。具体措施是:①采果后修剪清园,减少初次侵染病源;②合理施肥。若偏施氮肥则多病。③喷药防治。通常用90%乙磷铝500倍液或25%瑞毒霉600倍液,58%瑞毒霉锰锌300~400倍液,64%杀毒矾600倍液,开花前后喷施,共喷施3~4次。④采后可用40%特克多500倍液或特克多+普力克1000倍液浸果1~2分钟。⑤在适宜低温下贮运。

**2. 荔枝炭疽病** 由半知菌亚门胶孢炭疽菌引起的真菌病害。果实发病时病斑圆形或不定形,褐色,边缘棕褐色,湿度大时,病部表面出现朱红色针头大液点，受害果肉变味腐败。24℃～28℃最适合其发病。

防治方法：①冬季清园，减少病源。②在田间及时喷药防治。可喷50%甲基托布津可湿性粉剂1 000倍液，或灭病威400倍液，或69%安克锰锌＋75%百菌清可湿性粉剂（1∶1）1 000～1 500倍液，或50%施保功可湿性粉剂1 000倍液，或25%炭特灵可湿性粉剂600倍液。③采后可用45%特克多1 000倍液，或25%施保克悬浮剂500倍液，或50%施保功可湿性粉剂1 000倍液进行处理。

**3. 荔枝酸腐病** 这是荔枝常发生的一种病害。多发生于虫伤果和成熟的果实。一般自果实蒂部开始发病，病斑呈褐色不规则形小斑，以后逐渐扩大为暗褐色大斑，最终全果变暗褐色腐烂，果肉腐败酸臭，果皮硬化，转暗褐色，流出酸水，病部长出白色霉层，霉状物呈湿水棉花状或白色粉状。

防治方法：①采前加强栽培管理，防治虫害；②采收及采后处理尽量避免机械损伤；③适时采收；④采后用1 000毫克/升的双胍盐或1 000毫克/升的抑霉唑浸果处理。

**4. 低温冷害** 荔枝若在3℃以下超过15天，则易发生冷害。表现为果皮变褐，内果皮呈水渍状。防止方法：①在3℃以上适温范围内进行贮藏；②采用热水加酸处理后再在低温下贮藏。

## 四、龙　眼

龙眼又名桂圆。原产我国，是我国南方主产水果之一，具有2000多年的栽培历史。我国是世界龙眼的主产国，栽培面积和产量均居世界之冠。我国龙眼主产区为广东、广西、福建三省、自治区。2000年，全国龙眼产量61万吨左右。近几年，我国龙眼生产发展非常迅猛，产量急剧增加。虽然龙眼与荔枝、芒果相比更易于加工，但随着产量的增加，人们对龙眼鲜果的需求量及其品质要求也提高了。另外，龙眼作为我国特产水果，由于采后技术的薄弱，鲜果的出口受到极大限制。

## (一)品　种

我国目前主要栽培的龙眼品种有石硖、储良、双孖木、大乌圆、广眼、东壁、福眼、赤壳、水涨、乌龙岭、油潭本、红核仔、鼓山二号、粉壳、八月鲜等。

龙眼品种不同,其耐贮能力也不相同。通常果实干苞、品质优良的耐贮藏,皮壳坚硬的耐贮藏,晚熟品种较早熟品种耐贮。具体而言,广东的石硖较储良耐贮藏,福建的东壁、乌龙岭、普明庵等较福眼、水涨、赤壳等耐贮藏。

## (二)采后生理特性

龙眼属非呼吸高峰型的果实,在贮藏过程中没有因呼吸跃变而导致的迅速成熟衰老的现象。但其呼吸强度较高,果实贮藏的养分消耗很快。龙眼也不是乙烯衰老型果实,乙烯不是龙眼果实衰老的主要因素。不耐贮藏的原因主要有以下几方面的因素:①龙眼起源并生长于热带、亚热带地区,形成了适合于亚热带地区的生理代谢特征,一般难以长期贮藏。②果实成熟于高温季节,生理代谢旺盛,尤其呼吸作用强烈。③果肉多汁,高糖低酸,而且果实容易失水,导致营养失调,迅速衰老,因此其贮藏寿命很短。若不采取薄膜包装,果实裸露在高温空气中(≥30℃,广州)2~3天后,果皮褐变发干,果实变软,但还能食用;5~6天后,果肉失水收缩,呈乳白色,继而逐渐变质至完全腐烂,发酸、流水、长霉,出现酒味,果皮结构崩溃。可见,龙眼果实是一种较难贮藏的亚热带水果。其贮藏难度并不亚于荔枝,在某些方面甚至比荔枝更不耐贮藏。这一点已引起龙眼保鲜工作者的重视。

## (三)采　收

龙眼果实采后的用途不同,所要求的采收成熟度也稍有差异。

采后就地鲜销或加工成桂圆肉、桂圆干的，采收成熟度必须在9成以上。而用于制作糖水罐头的果实，要求采收成熟度以8~9成为好。供贮藏、远运的果实宜在8成熟采收。

采收前的气候条件对龙眼采收后的品质和耐贮藏性影响很大。如果采收前一直是阴雨天气，或是久旱骤雨，则采收后的果实带病虫害多，或者大量裂果、落果，这种果实不能做贮藏用。采前1周一般不宜灌水，否则造成果实含水量多，不但易裂果，而且收获后果实的品质不佳，在贮运过程中易感染病害而造成腐烂。采摘时间一般以早晨或傍晚为好，不宜在雨天、台风天、雾天或早晨露水未干时采果。采摘时要求整穗采果，宜在果穗基部3~6厘米处带2片复叶剪断，断口要整齐。采下的果穗要小心轻放，并在阴凉处散热，以利于保存养分和延长保鲜期。

### (四)采后处理

**1. 挑选、分级** 果实采后选果应在通风凉爽的地方进行，有条件的可在低温冷库或空调房进行。挑选时剔除病、虫、损、伤、裂、畸形、过熟果等。选果同时摘除果梗上的叶片和过长的果梗。龙眼分级要做到每批销售果的品种一致和成熟度一致、形状大小一致。龙眼分级基本上是采用人工分级。可根据果实的外观、大小、重量等进行分级。我国分别于1989年和2002年发布了鲜龙眼国家标准（GB 12049—1989）（表8-9）和农业行业标准（NY/T 516—2002），将龙眼分为优等品、一等品和合格品三个等级，可参照执行。

**表8-9 鲜龙眼的技术要求** （GB 12049—1989）

| 项 目 | 优等品 | 一等品 | 合格品 |
|---|---|---|---|
| 果 实 | 果实为同一品种，具该品种成熟果的固有色泽，无裂果，无变质果 | | |
| 穗 梗 | 穗梗不得超过“葫芦节”，不带叶，无空果枝 | | |

**续表 8-9**

| 项目 | | 优等品 | 一等品 | 合格品 |
|---|---|---|---|---|
| 果形 | | 正常,具有该品种特征 | 较正常 | 尚正常,无严重畸形果 |
| 果穗整齐度 | | 果粒分布均匀紧凑 | 果粒分布均匀较紧凑 | 果粒分布均匀尚紧凑 |
| 果肉 | | 肉质新鲜,风味正常,厚度均匀,有弹性 | | |
| 污染物与病虫害 | | 无外物污染,不得有病虫害果 | 无外物污染,不得有病虫害果 | 无外物污染,病虫害果不得超过 3% |
| 成熟度 | | 果实饱满具弹性,果壳表面鳞纹大部分消失而种脐尚未隆起 | | |
| 果实横径 | 大型果 | >28 毫米的果不少于 70% | >25 毫米的果不少于 70% | >22 毫米的果不少于 70% |
| | 中型果 | >26 毫米的果不少于 70% | >24 毫米的果不少于 70% | >22 毫米的果不少于 70% |
| | 小型果 | | >22 毫米的果不少于 70% | >20 毫米的果不少于 70% |
| 可食率(%) | 鲜食果 | ≥65 | ≥60 | ≥55 |
| | 焙干果 | ≥55 | ≥52 | ≥50 |
| | 制罐果 | ≥70 | ≥65 | ≥55 |
| 可溶性固形物(%) | 鲜食果 | ≥20 | ≥18 | ≥18 |
| | 焙干果 | ≥19 | ≥16 | ≥14 |
| | 制罐果 | ≥14 | ≥12 | ≥11 |
| 六六六(毫克/千克) | | ≤0.20 | | |
| 滴滴涕(毫克/千克) | | ≤0.10 | | |

注:大型果包括福眼、赤壳、水涨、乌龙岭、油潭本、大乌圆等,中型果包括东壁、普明庵、泸圆 20 号、大鼻龙等,小型果包括红核仔、广眼、蕉眼等

**2. 护色、防腐处理**　护色、防腐保鲜技术国内研究不多。主要有福建省漳州市农业科学研究所潘一山等人研究出的绿色系列保鲜剂，福建省亚热带植物研究所 FISB 系列保鲜剂，以及泉州鲤城区经作站苏玉润等人筛选出的护色剂 HSJ 系列保鲜剂。泰国利用二氧化硫及其释放剂有效地防止了贮藏期间果皮褐变的发生。

**3. 包装**　龙眼包装容器种类不少，有竹篓、木箱、纸箱、塑料筐等。过去多用竹篓装运，商品性不强。现在除用纸箱外，多用塑料周转箱。采用纸箱或塑料周转箱包装，每箱装果 10～15 千克，通常内衬或外套 0.02～0.04 毫米厚的聚乙烯、聚丙烯薄膜袋，便于运输且贮运效果可大大提高。也可以用塑料薄膜小袋包装，每包 1 千克，15～20 小袋装一箱。装箱时箱内垫上塑料薄膜或其他衬垫物，防止失水和贮藏环境中的病菌再感染。装果时果穗朝外，果梗朝内，轻装轻放，以防挤压，减少脱粒。包装外面注明商标、品名、等级、重量、产地、特定标志及包装日期。为了提高果实的商品率，还可以尝试运用更美观、坚固、有形的小包装，然后装入大包装中。

**4. 预冷**　龙眼可采用强制通风预冷和冰水预冷等方法尽快降低果实的温度。预冷最好在产地进行，以最大限度地保持龙眼的新鲜度和延长贮藏寿命。如果不具备条件，也应尽快运至集中处理地，放在冷库或通风凉爽的地方进行冷却，或者利用其他措施使果温尽快下降。

### (五)适宜贮藏条件

龙眼的最适贮藏条件为温度 2℃～4℃，相对湿度 85%～90%，适宜气体成分为氧 6%～8%，二氧化碳 4%～6%。

### (六)主要贮藏方法

**1. 常温贮藏(热烫处理法)**　把整穗龙眼果实在沸腾的开水中烫 30～40 秒钟，以不烫伤果肉为度。一定要掌握好热烫时间和温度。热烫时间短了没有效果，热烫时间长了则容易对果实造成伤害，反而加速果实腐烂。烫后立即取出挂在阴凉通风处自然风干，或者用鼓风机吹干，使果皮逐渐干硬，但果肉仍保持新鲜状态。虽然果肉会蒸发掉一部分水分，但不会影响果肉的风味，甚至还会变甜。经过这样处理的果实放置 15～20 天后不腐烂，仍保持龙眼原有风味。

此法还可以与现代冷藏法相结合，即热烫、吹干、装箱后果实在低温条件下贮藏。福建省农科院果树研究所施清的研究结果表明，油谭本龙眼果实经沸水热烫 5～15 秒钟，果实外观颜色与鲜果相似，内果皮均匀褐变，果肉风味正常。烫后用冷风吹干，装入塑料袋中并装箱贮藏于 2℃ ± 1℃ 的冷库中。贮藏 22 天好果率为 100%。

热烫处理可以起到一定的杀菌作用，但果皮结构同时也被破坏，果实失水加快；一些氧化酶虽然被杀死或钝化，但果皮细胞内含物彼此接触机会增大，与外界氧的接触也增多，反而促进了氧化褐变的发生。所以，如何处理热烫后的果皮褐变是采用此法的一个实际问题。

**2. 低温贮藏结合药剂防腐**　这种方法是龙眼保鲜工作者研究得较多的一种保鲜技术，在商业中也是最普遍应用的一种方法。低温贮藏库温控制在 2℃～4℃。

（1）仲丁胺防腐保鲜　仲丁胺熏蒸法在生产上的应用以薄膜袋（帐）密闭方式结合低温贮藏为好，能够保鲜到 30 天以上（福眼）。薄膜袋可用 0.045 毫米厚的聚乙烯薄膜做成 30 厘米 × 50 厘米的袋子，每袋装果 2 千克。也可用 0.06 毫米厚的高压低密度聚乙烯膜做成 100 厘米 × 80 厘米 × 180 厘米的小帐。每小帐可套罩 16 箱（果箱 2×2×4 堆叠），可处理 125 千克。药剂处理以 0.15 毫升/千克仲丁胺熏果。两种包装对气体含量也有影响。大帐内二氧化碳浓度高于小包装，氧气则相反，说明大帐内低氧和高二氧化碳浓度有利于抑制龙眼的呼吸作用。

运用仲丁胺防腐保鲜具有较好的效果，成本又较低，在生产上有一定的应用价值。但是该法不能解决贮藏后期内果皮褐变的问题，护色效果不好。

(2)二氧化硫保鲜法　龙眼的各种保鲜方法中，目前以熏硫处理的效果最好。泰国首先借鉴了葡萄的二氧化硫保鲜技术，将其应用于龙眼保鲜，并在商业生产流通中使用，是较为成熟的龙眼保鲜技术。使用熏硫处理结合冷藏，龙眼果实的贮藏期和货架期都得到大幅度的延长，效果很好。果实贮藏期间，不会发生果皮褐变现象。

(3)其他类型保鲜剂的应用　试验表明，多菌灵、甲基托布津、苯甲酸、特克多、抑霉唑、2,4-D、赤霉素、细胞分裂素等对龙眼果实均具有一定的防腐保鲜作用。华南农业大学筛选出的龙眼防腐保鲜剂A配方，保鲜效果均优于以上各种药剂。常温贮藏7天，好果率87.0%。在此基础上，添加2,4-D和赤霉素，效果更好。

**3. 气调保鲜**　叶式秀等(1981)报道，福眼龙眼运回后经过2天的预冷，剪果、选果，并用0.1%甲基托布津淋洗消毒杀菌，稍晾干后进行装袋、抽气、充氮处理，然后低温贮藏。贮藏30~40天后仍能保持较新鲜状态。倘能选用耐贮藏品种，严格采收技术要求，采后立即运到贮藏场所，贮藏期还可延长。吕荣欣等人于1992年报道了关于龙眼气调保鲜措施氧气与二氧化硫浓度配比试验研究。结果表明，龙眼果实气调贮藏，气体成分以二氧化碳4%~6%，氧气6%~8%为好。可以延长贮藏寿命，降低损耗。二氧化碳浓度偏高(高于13%)或偏低(低于3%)不利于龙眼贮藏。

### (七)主要贮运病害及其防治

龙眼的贮运病害类型及防治方法基本与荔枝相同，包括霜疫霉病、炭疽病、酸腐病等。

## 五、芒　果

芒果是世界上五大名果之一，有“热带果王”之称，具有很高的经济价值。它属热带、亚热带水果。我国在20世纪80年代中后期开始在广东、广西和海南等地有较大规模的栽培，在南方农村经济中占有重要地位。据FAO（联合国粮农组织）官方网站统计，2000年我国芒果产量为321万吨（包括台湾），约占当年世界产量的12.6%，在世界排名第二位。

### （一）品　种

我国芒果主要栽培品种有泰国白花芒、吕宋芒、白象牙芒、白玉芒、椰香芒、秋芒、紫花芒、桂香芒、粤西1号、台湾金煌、马切苏芒等。其中吕宋芒、白象牙芒、紫花芒等较耐贮藏。

### （二）采后生理特性

芒果属呼吸高峰型水果。果实成熟到一定程度后呼吸强度和乙烯产生量迅速上升，达到高峰后下降。此时果实的色、香、味发生显著的变化。果肉软化，皮色转黄，淀粉、维生素C及酸含量下降，可溶性固形物和糖分含量增加，耐贮藏性和抗病性明显下降，极易腐烂变质。

做好芒果的贮藏保鲜，关键要抓好以下几方面的工作：一是加强病虫害的防治，生产优质耐贮藏的果实。例如，芒果的炭疽病和蒂腐病菌在采收前就可潜伏侵染，在采后贮运期间引起大量的腐烂，因此仅靠采后药剂处理是难以取得好的效果的。二是适时采收。采收成熟度过高，采后易黄熟腐烂。三是延迟果实呼吸高峰的出现。如采取低温贮运或加入乙烯吸收剂等方法。但要注意温度不能过低，否则会导致芒果冷害。四是在采收及采后处理、贮运、销售的整个过程中严防机械损伤。

### (三)采收成熟度及采收

适时采收对芒果果实的风味和贮藏寿命有重要的影响。采收成熟度过低,果实内含物质积累不充分,风味淡;采收成熟度过高,果实易自然脱落,采后易黄熟腐烂,不耐贮运。

芒果果实的成熟度,可根据果实外观颜色变化、比重、厚度、可溶性固形物含量及开花至成熟的天数等指标来判断。当果皮颜色由绿色或深绿色转成淡黄绿色,由富有光泽转为暗淡,果肩由扁平转为浑圆,果体由薄转厚,果皮花纹蜡层出现,皮孔微裂,斑点由不明显转为明显,果肉由白色转为黄色(白肉种除外),表明果实进入成熟阶段。当总可溶性固形物含量达到12%,相对密度(比重)为1.01~1.02时,成熟果沉水底,未熟果浮水面。硬度为1.75~2.0千克/厘米$^2$时,表示果实可以采收。

采收宜用"一果二剪"的方法。第一剪留果梗长约5厘米,第二剪留果梗长约0.5厘米。采收宜在晴天清晨进行,不宜风雨后采收。采收及采后处理过程中应尽量避免机械损伤。

### (四)采前采后处理

芒果采前采后贮藏保鲜处理流程如下:

采前防病防虫→适时采收→选果、分级→清洗→杀菌剂或热处理→包装→贮藏或运输→催熟或自然后熟→销售

**1. 采前防病防虫** 引起芒果采后腐烂的病菌大多在采前就已潜伏侵染在果实中。防治方法是彻底清园。采果后结合修剪,清除枯枝病叶。修剪后喷1%等量式波尔多液或30%氧氯化铜胶悬剂600~800倍液。花期和果实发育期加强常规的防病工作。如能在田间进行果实套袋,效果更好。

**2. 选果、分级** 采收后尽快将果实集中在阴凉的地方。剔除机械伤、病虫害、畸形、过熟果或过青果实,以免影响整批果实的贮藏效果。我国于2002年发布了芒果农业行业标准(NY/T 492—

2002)，把芒果分为优等、一级、二级(表 8-10)。

表 8-10　芒果质量等级　(NY/T 492—2002)

| 等　级 | 要　求 |
|---|---|
| 优等品 | 有优良的质量，具有该品种固有的特性。无缺陷，但允许有不影响产品总体外观、质量、贮存性的表面疵点 |
| 一等品 | 有良好的质量，具有该品种的特性。允许有不影响产品总体外观、质量、贮存性的轻微表面缺陷：轻微的果形缺陷；对于 A、B、C 三个大小类别的芒果，机械伤、病虫害、斑痕等表面缺陷分别不超过 3 厘米$^2$、4 厘米$^2$、5 厘米$^2$ |
| 二等品 | 不符合优等品、一等品质量要求，但符合基本要求。允许有不影响基本质量、贮存性和外观的缺陷：果形缺陷；对于 A、B、C 三个大小类别的芒果，机械伤、病虫害、斑痕等表面缺陷分别不超过 5 厘米$^2$、6 厘米$^2$、7 厘米$^2$；一级和二级芒果中零散栓化和黄化面积不超过总面积的 40%，且无坏死现象 |

注：1. 大小类别 A 为 200～350 克，B 为 351～550 克，C 为 551～800 克；

2. 每个包装件中的芒果，果重最大允许差，三个类别分别为 75 克、100 克、125 克，最小的芒果不小于 200 克

**3. 清洗、防腐或热处理**　清洗可用清水或漂白粉溶液洗去果实表面所粘灰尘、果汁及其他污物。采后用杀菌剂或热水处理，可有效地减少芒果贮运销售过程中的腐烂。防腐处理可采用 1 000 毫克/升的特克多、250～500 毫克/升的施保克等。也可用 52℃～54℃的热水处理 5～10 分钟，能有效地减少芒果炭疽病的发生。但是必须注意，这些处理均对芒果蒂腐病没有什么效果。要减少蒂腐病，必须从采前加强栽培管理和防病措施着手。

**4. 包装**　芒果的外包装可采用纸箱、竹筐、塑料筐等，内包装可采用聚乙烯薄膜袋，最好用纸单个果实包装。包装时一定要注意不能堆叠太多层，以免压伤下部的果实。一般用瓦楞纸箱包装时只装一层果实，排列要整齐。如果装两层，层之间一定要用柔软

的衬垫物隔开。

**5. 运输** 长距离运输芒果，应在适宜的低温条件下进行。如果在常温下运输，则要注意通风透气，防晒防雨。同时，也要防止运输途中剧烈的振动引起芒果的机械损伤。

**6. 催熟或自然后熟** 芒果上市前可在自然条件下后熟。后熟时间与气温有关。但在商业操作上，为了让芒果成熟一致，一般采用人工催熟的方法。催熟可使用500～800毫克/千克的乙烯利、1毫升/升的乙烯或乙炔气体。催熟的适宜温度为20℃～28℃，相对湿度为85%～90%。先在密闭容器中处理24小时，然后打开容器通风换气，3～5天后果实即可达到半熟。

### （五）适宜贮藏条件

大多数品种芒果的贮藏适温为10℃～13℃，相对湿度为85%～90%。温度过高，芒果易黄熟腐烂；过低，则易造成冷害，导致果实变色，不能正常后熟且有异味。在芒果包装内加入乙烯吸收剂，对延长芒果的贮藏期有一定的效果。

芒果气调贮藏适宜气体成分为2%～5%的氧气，1%～5%的二氧化碳。不同品种所适宜的气体比例有所差别。目前，芒果气调贮藏尚未有商业规模的应用。

### （六）主要贮藏方法

**1. 机械冷藏** 芒果属热带果树，对低温极敏感。不同品种、不同产地芒果其最适贮藏温度不一。一般认为，芒果的安全贮藏温度为10℃～13℃。低于此温度，果实易发生冷害。但印度早期研究表明，在3.9℃～8.9℃，多数品种芒果可成功地贮藏4～7周。季作梁等研究认为，紫花芒冷害的临界温度为5℃，商业上的安全贮藏温度为8℃，可贮藏40天。一般主张，芒果经过预冷后在9℃～12℃，相对湿度85%～90%，空气循环率20%～30%的条件下冷藏。

**2. 气调贮藏** 利用厚度0.01～0.02毫米的薄膜袋密封包装，可延长芒果的贮藏期。若在包装中加入乙烯吸收剂，贮藏效果更好。但若贮藏时间过长，果实易产生异味。冯双庆(1991)提出，芒果在13℃下适宜的气调贮藏气体比例为2%～5%氧气，1%～5%二氧化碳。

### (七)贮藏病害及其防治

**1. 芒果炭疽病** 此病是芒果最普遍的一种真菌病害。它造成芒果采后贮运期间的大量损失。这是一种潜伏侵染性病害，其发病程度取决于采前的防病措施和采后的贮运环境。本病可引起叶斑、茎斑、花疫、果实糙皮、污斑和腐烂等症状。

(1)*症状* 果实接近成熟时感病，产生形状不一、略凹陷、有裂痕的黑色病斑，病部常深入到果肉内，使果实在园内或贮运中腐烂。果实接近成熟至成熟时，如有大量孢子从病枝或花序上冲淋到果实上，则果实表皮发生大量小斑而形成所谓“糙皮”症或“污果”症。不同品种的芒果对炭疽病的抗病性有明显差异。泰国象牙芒、云南象牙芒、湛江吕宋芒、白花芒、金钱芒、扁桃芒等都是抗病力较强的品种；印度2号、印度3号、鹰嘴芒等抗病力较弱。

(2)*防治方法* 首先必须控制田间危害，否则单靠采后防腐、冷藏或热处理难以取得很好效果。种植时需注意果园卫生，对病残枝叶集中烧毁。采前使用药剂防治，自2/3的花开放起，喷布甲基托布津800倍和氧氯化铜800倍的混合液6～8次，每次间隔10～14天，效果较好，兼防细菌角斑病。采后用52℃～55℃热水、热特克多、苯莱特等药液杀菌剂处理15分钟，可较好防治贮运期的炭疽病。也可利用500毫克/升的施保克、施保功处理，也有一定的效果。

**2. 芒果球二孢蒂腐病** 本病是芒果贮运期的主要病害。国内常称焦腐病、黑腐病。可引起芒果采后贮运期间的大量损失。除芒果外，该病还可危害其他热带、亚热带水果(如香蕉、柑橘、番石榴、番木瓜等),引起果实变黑腐烂。在广东、广西、海南和云南等地均有此病发生。在国外也有此病报道。

(1)症状　较常见的症状是蒂腐。初时蒂部暗褐色、无光泽,病健部交界明显。在湿热条件下,病部向果身扩展,病果皮由暗褐色变为深褐色或紫黑色,同时,果肉组织软化、流汁,有蜜甜味,3~5天全果腐烂变黑,病果皮出现密集的黑色小粒,此为病菌的分生孢子器。孢子角黑色、有光泽。从果皮伤口或皮孔侵入,引起皮斑。

(2)防治方法　由于该病在采后难以防治,因此关键在采前做好防病工作。果园通过修剪,及时将枯枝、烂叶清除。果实在幼果期就要进行套袋。采果时采用"一果二剪"方法。采后用52℃热特克多药液处理5分钟或45%的施保克500毫克/升处理。利用低温贮藏可延缓本病的发生和发展。

**3. 芒果小穴壳属蒂腐病**　此病也是芒果采后贮运的重要病害之一。果实感病后发生腐烂,影响果实的商品性。

(1)症状　在黄熟果上表现的症状有3种:①蒂腐型。此类型较常见,发生比较严重。发病初期果蒂周围出现水渍状的浅黄褐色病斑。在高温高湿条件下,病菌迅速向果身扩展,病健部交界模糊,病果迅速腐烂、流汁,病果皮上出现大量深灰绿色的菌丝体;在湿度较低的情况下,病果皮上出现大量的黑色小粒。②皮斑型。此类型的症状与炭疽病症状相似。初时病斑为浅褐色,下凹,圆形,后逐渐扩展,病斑常见轮纹。后期出现小黑粒。潮湿时可见深灰绿色的菌丝体。③端腐型。果实端部发生腐烂。此类型在贮藏期较常见。

(2)防治方法　果园应做好病虫害防治,修剪后及时清除枯枝烂叶。幼果期每隔14天用40%多硫铜悬浮剂500倍液喷施果面,共3次。果实在幼果期进行套袋。采果时采用"一果二剪"的方法。果实采收后尽快使用52℃,1 000毫克/升的特克多或苯莱特浸果5分钟。在适宜的低温(10℃~13℃)下贮藏。

**4. 芒果拟茎点霉蒂腐病**　本病国内常称褐色蒂腐病。在果实上仅表现为蒂腐。初时果蒂周围出现浅黄褐色病变，扩展慢，病健部交界明显，病部褐色，果皮无菌丝体出现。但剖开病果可见果肉中有大量的白色菌丝体，果肉逐渐液化、有酸味，果核常自靠果柄的一端变褐，逐渐扩展，后期果皮逐渐出现微小黑粒，孢子角白色或淡黄色。该病也可引起茎、枝条流胶病。病原体为半知菌亚门拟茎点菌属。初侵染源来自枯枝和树皮，主要是从果蒂侵入果实。防治方法可参照球二孢蒂腐病。

**5. 芒果垢斑病**　主要危害果实。污染果面，降低果实商品价值，同时也易诱发其他病害，缩短果实贮藏寿命。本病也危害枝条和叶片。广东、广西、云南和海南等地均有此病发生。果实上的病斑初为暗黑色，近圆形或圆形，直径 2～5 毫米，每个病斑由几十个微小圆点组成。一个病果上病斑多达 5～20 个，多集中于背光一侧。病斑后期联合成片，全果变为污黑色。但病部局限于表皮。老熟枝条发病也极为普遍，其症状与果实基本相似。病原体为半知菌亚门粘壳孢菌属。该菌在枝条及叶片上越冬，成为翌年的初侵染源。在广东省湛江地区和海南省芒果产区病菌可终年繁殖。传播途径主要是雨水。分生孢子受雨水冲刷到新梢或果实上，潜伏期2～3 个月，在枝条老熟后或果实生长后期开始出现病斑。

防治方法：清洁果园，整枝修剪，改善果园的通风透光性。及早喷药防治。对一些较易感病的品种应加强巡园，重点喷药保护。一旦发现病害，即连续喷药控制。可使用 70%托布津＋75%百菌清可湿性粉剂（1∶1）1 000～1 500 倍液，或 30%氧氯化铜悬浮剂 600 倍液，或 10%可杀得悬浮剂 800 倍液，或 50%施保功可湿性粉剂 1 000倍液，或 69%安克锰锌＋75%百菌清 1 000～1 500 倍液，连续交替喷施 2～3 次。隔 7～15 天喷 1 次，前密后疏。收获前 10 天停止喷药。

**6. 芒果曲霉病**　属于偶发性病害，可引起贮运期果实大量腐烂。广东省和海南省有此病发生，国外也有此病报道。初期果皮出现大片浅褐色至褐色的不规则斑，病部后期密布黑色或黄色的霉状物，病果软腐、流汁。该病自果蒂侵入也可引起蒂腐病。病原体为黑曲霉菌和黄曲霉菌。初侵染源来自受污染的包装材料或工具。在高温的条件下或果实抗性下降的情况下，从伤口侵入果实。

防治方法：注意做好采后处理场所和包装材料的卫生。包装场所可经常用45%特克多胶悬剂喷雾杀菌。受潮包装材料应在阳光下曝晒，以杀死杂菌。果实采后可用热特克多(52℃±1℃)处理6~8分钟。处理后应及时取出用冷水冷却，防止热伤害。在采后处理和搬运过程中，应避免机械损伤。贮运过程中，温度应控制在10℃~13℃。

**7. 芒果细菌性黑斑病** 主要危害叶片、枝条和幼果。果柄受害后，组织易坏死引起落果。幼果受害出现不规则暗绿色斑块，周围有油渍状晕圈，变色范围达3~15毫米，后期果肉变褐色，深度达8~15毫米。潮湿时靠近果蒂处的病部有菌脓溢出，严重的引起落果。病原体为细菌，即黑腐黄单胞杆菌芒果的致病变种。初侵染源来自带病种苗及田间越冬的病残体。病菌也可在树上老叶越冬。果园的传播主要是台风雨。侵染途径是通过叶片和果实上的自然孔口(如气孔、水孔、蜡腺、油腺和叶痕)或伤口侵入。

防治方法：清洁果园，收集病枝病叶集中烧毁，以减少侵染源。及时喷药预防。根据天气预报，在台风暴雨前后喷施农用链霉素150单位，或30%氧氯化铜或70%可杀得胶悬剂600~800倍液，或600倍川化-018液1~2次。上述药剂各加入70%托布津或50%混杀硫1000倍液，还可兼治炭疽病和蒂腐病。

## 六、菠　萝

菠萝原产巴西。由于菠萝果实风味独特，加工成罐头制品可保持果实原有的色、香、味，为水果之冠。菠萝鲜果及其加工制品在国际鲜果及食品市场占有一定地位。据FAO官方网站统计，

2000 年我国菠萝产量为 121.4 万吨(包括台湾),约占当年世界产量的 8.8%,在世界排名第五位。目前,我国菠萝主要栽培地区有广东、广西、台湾、福建、海南等省、自治区。

## (一)品 种

不同品种的菠萝,其耐贮藏性有所差别。神湾较耐贮藏,室温下贮藏 3 周未有明显变化;卡因类和菲律宾类耐贮藏性中等;本地种耐贮藏性较差。

## (二)采后生理特性

菠萝与芒果、香蕉一样,是热带、亚热带水果,对低温较敏感。但菠萝属非呼吸跃变型果实,没有明显的成熟变化。

## (三)采收成熟度及采收

**1. 采收成熟度** 菠萝的耐贮藏性与采收成熟度关系很大。成熟度越高,越不耐贮藏。但采收过早,果实肉质硬而脆,风味差。果实成熟标志是果皮由绿色逐渐转变成草绿色,进而变成该品种成熟时所特有的黄色或橙黄色,具光泽;果肉由白色逐渐转变成淡黄色或黄色,呈半透明状,且由硬变软,果汁明显增加,糖分提高,具浓郁香味。菠萝采收成熟度可按果皮颜色分为 4 个等级,即小果草绿、1/4 小果转黄、1/2 小果转黄、大于 1/2 转黄。依用途、市场远近决定采收期。近销或就近加工的,在 1/2 小果转黄时采;远销及远运加工的,在 1/4 小果转黄时采(表 8-11)。

我国菠萝生产有 4 个集中成熟季节。如皇后类 4~5 月份成熟的叫春果,6~7 月份成熟的叫正造果,10~11 月份成熟的叫秋果,12 月份至翌年 1 月份成熟的为冬果。卡因类果实比皇后类迟 20~30 天。

表 8-11 鲜菠萝采收的技术要求 (SB/T 10063—1992)

| 采收成熟度 | 果实外表特征 |
|---|---|
| 草 绿 | 果眼饱满,白粉减少,全果呈草绿色,有光泽,但果缝已呈绿黄色 |
| 1/4 黄 | 果眼饱满,果实基部 1 ~ 2 层果眼呈现黄色,其余果眼呈草黄色,果缝浅黄色 |
| 1/2 黄 | 整果有一半果皮呈黄色,其余呈浅绿色 |
| >1/2 黄 | 整果大部分果皮呈黄色 |

**2. 采收方法** 采收时用利刀砍断果柄,留 2 ~ 3 厘米长削平,除净果柄上的托芽及果实基部过长的包叶。根据销售需要留顶芽或不留顶芽。加工用果应削去顶芽。采收全过程要轻采轻放,防止损伤果皮。采后及时剔除坏果、受伤果,及时分级包装调运,以减少损失。

**3. 采收注意事项** 菠萝果实皮薄、肉软、汁多、糖高,不耐贮运。正造果采前应注意田间果实防晒、病虫防治、增施一次根外钾肥,以提高果实商品率与品质。菠萝有任何一点损伤都会快速腐烂,采收时必须轻采轻放,避免任何损伤。采收应在早晨雨露干后进行,并根据鲜果用途按不同成熟度分批采收。雨天不宜采收。外销菠萝须保留顶芽,除净托芽、苞叶,果柄切留 2 厘米。作为鲜果销售的应放到临时包装棚进行分级、预冷和包装,加工原料果应立即装车调运。

### (四)采后处理

**1. 挑选、分级** 菠萝采后剔除病虫害果、过熟果、不正形果、日灼果、污染果,将正常果按标准进行分级。我国于 1992 年发布了鲜菠萝商业行业标准(SB/T10063—1992)。该标准适用于卡因类和皇后类鲜菠萝的收购和批发销售,其他菠萝品种可参照使用

(表 8-12)。

**表 8-12　鲜菠萝质量标准　(SB/T 10063—1992)**

<table>
<tr><th colspan="3">项　目</th><th>优　等</th><th>一　等</th><th>二　等</th></tr>
<tr><td colspan="3">果　形</td><td colspan="3">具有该品种的特征,果形正常。果实发育良好,无影响美观的果瘤或果瘤芽,无畸形</td></tr>
<tr><td colspan="3">果　面</td><td colspan="3">具有同一品种的特征,具有该品种成熟时的固有色泽,新鲜干爽,无外来污染物。无日灼斑块、裂口、流胶、虫伤及可见昆虫</td></tr>
<tr><td colspan="3">果　肉</td><td colspan="3">具有该品种成熟时所固有的色泽和风味,无黑心</td></tr>
<tr><td rowspan="4">果重(克)</td><td rowspan="2">卡因类</td><td>带顶芽</td><td>1750 ~ 2000</td><td>1500 ~ 1750</td><td>1250 ~ 1500</td></tr>
<tr><td>无顶芽</td><td>1500 ~ 1750</td><td>1250 ~ 1500</td><td>1000 ~ 1250</td></tr>
<tr><td rowspan="2">皇后类</td><td>带顶芽</td><td>1250 ~ 2000</td><td>1000 ~ 1250</td><td>750 ~ 1000</td></tr>
<tr><td>无顶芽</td><td>1100 ~ 1800</td><td>850 ~ 1100</td><td>600 ~ 850</td></tr>
<tr><td colspan="3">顶　芽</td><td>单顶芽,长度不低于 10 厘米,但不超过果长的 1.5 倍,顶芽与果实结合良好</td><td>单顶芽,长度不低于 10 厘米,但不超过果长的 2 倍,顶芽与果实结合良好</td><td>单顶芽,顶芽与果实结合良好</td></tr>
<tr><td colspan="3">腐　烂</td><td colspan="3">不允许</td></tr>
<tr><td colspan="3">机械伤</td><td colspan="3">不得有导致腐烂的擦伤、压伤、碰伤、刺伤等</td></tr>
<tr><td colspan="3">果　柄</td><td colspan="3">切口平整光滑,干燥发白,长 2 ~ 2.5 厘米,无苞片</td></tr>
<tr><td colspan="3">可溶性固形物</td><td colspan="3">12%以上</td></tr>
</table>

**2. 药物处理**　为了防止菠萝在贮运过程中的腐烂和提早成熟,在采后需要使用药物进行处理。一般在果柄切口用 2.5%苹果酸或 300 毫克/升特克多或苯莱特溶液、1%水杨酸或二苯胺、

250毫克/升施保克等浸涂。也有的采用250毫克/升2,4-D或250毫克/升萘乙酸及100毫克/升赤霉素浸果或喷果处理来延长货架寿命。

**3. 包装** 根据市场的不同需求可采用不同的包装。单果包装所用包装纸可用1%二苯胺或山梨酸浸泡晾干后再进行包果,按果顶向上整齐分层排放在内衬垫1～2层粗纸的板条箱或竹篓中,果间衬纸,每箱(篓)净重25千克。每批或每箱(篓)果的品种、级别应一致。贴上标签,标明品种、等级、净重、发货单位、日期、到站及收货单位,以便于检验。对于外销果,用药液处理过的纸包果,装入两端上下各有5个直径1厘米通气孔的硬纸板箱,每箱装10千克,封口捆扎后贴上标签,立即发运。

### (五)适宜贮藏条件

菠萝的贮藏适温与果实的成熟度有关。一般成熟果为8℃～9℃,未熟果为11℃～13℃。贮藏相对湿度为85%～90%。未熟果一般可贮藏2～4周。

### (六)主要贮运方法

**1. 常温贮运** 由于菠萝从初夏至秋冬均有生产,而且菠萝适宜贮温较高,所以可根据气候状况进行常温贮藏。一般可贮7～10天。主要是解决货源组织及运输问题。

**2. 低温贮运** 菠萝经预冷后,在温度8℃～12℃,相对湿度80%～90%,一般可贮藏2～3周。南非推荐冷藏前或冷藏后用35℃干热处理24小时可控制内部褐变,贮藏温度为8.5℃。象牙海岸贮运温度在8℃。美国夏威夷无刺卡因类品种在7℃～12.5℃可贮藏2周,货架寿命1周。

**3. 气调贮藏** 降低贮藏环境中氧气的含量,适当提高二氧化碳浓度,可以抑制菠萝的呼吸强度,延迟果实成熟1～3天。但气调贮藏对果实的颜色保持不利。

## (七)主要贮藏病害及其防治

**1. 黑腐病** 果面初期出现暗色软斑,后变黑,散发出特殊气味。本病还危害幼苗引起苗腐。病原菌只能从伤口侵染,在运输与贮藏期间,通过接触传染而蔓延。

防治方法:①封顶、去托、起苗应在阴天或晴天进行,使伤口干爽,或用25%多菌灵1000倍液浸涂伤口。②采果、装卸、运输和贮藏期避免造成机械伤。如有伤,用70%甲基托布津1000倍液喷涂。③剔除病果、病苗,以防传染。④种苗伤口须晒干或晾干后再种。果园四周开排水沟排水。

**2. 小果褐腐病** 又称黑心病。是世界菠萝种植区普遍发生的一种病害,以卡因类菠萝发生较普遍。该病主要危害成熟果。被害果的外观与健康果无区别,但剖开果实时,可见症状。被感染的小果变褐色或形成黑色病斑,感病组织略变干和变硬,一般不容易扩展到邻近的健康组织。另一种症状是剖开病果时,近果轴处变暗色,水渍状,以后变黑色。

防治方法:①避免造成伤口。从采收至销售的整个过程尽量避免机械损伤。②淘汰病果。发现后应立即淘汰,防止传染。③贮藏温度不要低于8℃,以免造成冷害。

**3. 细菌病害** 开花时病菌从蜜腺管和花柱沟侵入。果实进入成熟期病菌活跃,向花腔盘和聚合果果心扩大侵染伸延。多数是个别小果感染,但严重时也危及半个果或整个果。

防治方法:在花开时喷波尔多液,3周喷1次,同时增施钾肥。

**4. 日灼** 正造果于6~8月份高温与日照强烈季节发生。灼伤后果皮具褐色疤痕,果肉组织局部坏死、失水、空心,或随后受病菌侵染腐烂。卡因类品种果皮薄,易遭日灼,发病严重的地块日灼果常达50%之多。

防治方法:收获前1~2个月用自身叶覆盖或用草盖果。

## 七、番 木 瓜

番木瓜原产美洲热带地区。为番木瓜科番木瓜属多年生软木质乔木。200多年前引入我国栽培。番木瓜适种于冬季气温较高地区,故在华南无霜地区的广东、广西、福建、海南、云南及台湾等省、自治区都可种植。自从20世纪60年代开始因受番木瓜病毒病影响(至今尚无法根治),生产上采用冬育措施,改多年生栽培为1年生栽培。

番木瓜果为长圆、卵圆或洋梨形,果重0.5~2.5千克。皮色似黄桃而又接近橘、橙之色。肉似南瓜,但比南瓜柔软,味甜有清幽香味,可消食化积,是南方人爱吃的水果,也是热带的名果之一。

### (一)品　种

我国栽培的主要品种有兰茎、苏罗、岭南种、穗中红、泰国红肉和杂优种。其中苏罗、岭南种引自夏威夷。

### (二)采后生理特性

番木瓜属呼吸跃变型果实。大约80%着色时,呼吸量与乙烯释放量均达到顶峰,随之便迅速下降,果实衰老,室温下5~7天之内自然黄熟。树上的果实如此,采后果实的变化规律也相似。

番木瓜属热带水果,不耐低温,成熟果实低于7℃贮藏,易发生冷害,未熟的青番木瓜15℃以下贮藏不易转黄成熟。果实中度冷害症状是后熟推迟,转色不均匀,易受微生物入侵而腐烂,果肉异味,发苦;严重冷害症状是后熟进一步推迟,着色呈斑点状,有时呈烫伤状;最严重冷害时不能后熟,味道和香味极差,极易腐烂。

### (三)采收成熟度及采收

番木瓜的采收要掌握正确的采收期和防止机械伤。番木瓜由开花至果实成熟经历的时间因季节、品种而不同。短则110天，长可达210天以上。因此，必须准确掌握采收标准。番木瓜成熟度按果皮颜色变化可分为6个级别：1级，果实营养物质积累到合适时期，果色浅绿；2级（俗称“三线黄”），果实中部的两个心皮间刚出现一点黄色条纹，至果皮皮色小于1/4黄，可采收；3级，果皮皮色1/4～1/2黄；4级，果皮皮色>1/2～3/4黄；5级，果皮皮色>3/4黄；6级，果皮皮色橘黄到黄。果实成熟度为2级时，是保证品质风味的最适采收期。

### （四）采后处理

**1. 药剂处理** 采后可先用含氯0.1%的漂白粉溶液洗果，然后结合采用热水处理等防腐技术。一般采后24小时内，先以50℃热水处理10分钟，再以500毫克/升的咪鲜胺或特克多液浸泡，可达到较好的保鲜效果。此外，生产上可先用49℃热水处理20分钟，取出在流动冷水中降温20分钟，然后再用750Gy（戈瑞）γ-射线照射。这样不但可杀死果蝇，对炭疽病菌也有抑制作用，还可以延长4～5天的采后寿命。如果在热水中加进0.05%～0.1%的杀菌剂则效果更佳。但热水处理易出现果实脱绿不均匀的现象。

**2. 贮运包装** 每个果用保鲜纸单独包装后，再用单层纸箱包装。装时瓜蒂向下，将果竖立环排其中，是防止机械伤及采后病害引起烂果的有效方法。

### （五）适宜贮运条件

番木瓜贮运的安全温度为10℃以上，相对湿度为85%～90%。在21℃～27℃催熟出售。刚采收的三线黄果实在25℃经5～7天可完全转黄，达到软化完熟的食用程度。

### （六）主要贮藏方法

**1. 冷藏** 目前，我国番木瓜极少冷藏。为了延长贮藏期，在呼吸跃变之前低温贮藏并保持在合适的温度，使番木瓜果实能正常后熟。贮藏适温与品种有关。一般以13℃～16℃为佳。低于10℃，易发生冷害。也有报道使用自发或人工气调贮藏，用聚乙烯薄膜包装可以延长番木瓜贮藏寿命。

用特克多加在巴西棕榈蜡中预处理成熟的番木瓜果实，然后在10℃保存14天后，再放到室温(18℃～23℃)下，5～6天才后熟，并能有效控制其果腐。

**2. 气调贮藏**　番木瓜贮藏采用气调贮藏也有较好的效果。低氧能有效延长番木瓜果实的货架期。经热水或辐射处理的果实，于1%～4%氧气、10℃以下气调贮藏6～12天，比存放在正常空气中的货架期延长2天。但气调贮藏对番木瓜果实无减轻冷害的效果。国外报道：在10℃～15℃，5%二氧化碳和1%氧气的条件下，贮藏番木瓜果实21天，仍获得了满意的品质；在10℃，8%二氧化碳、3%氧气，相对湿度较高的条件下，番木瓜果实可贮藏31天。

**3. 减压贮藏**　低压贮藏也有保鲜效果。10℃下2～20毫米汞柱低压下贮藏番木瓜果实，比仅进行10℃低温冷藏的果实受炭疽病的损坏率低。

### (七)主要贮藏病害及防治

**1. 炭疽病**　目前我国番木瓜果实的微生物病害主要是炭疽病。该病在广东、广西、福建等地普遍严重发生。在广州市郊发病率常高达20%～50%。在树上周年均可发病，高湿时特别严重，并可危害贮藏期间的果实，导致严重损失。被害果实最先出现1个污黄白色或暗褐色的小斑，后发展成略凹陷、中心有些突起的圆斑。老病斑可具同心轮纹，上面生许多小黑点，潮湿时形成无数橙红色黏质粒，有时边缘长出白色菌丝。病斑下的果肉呈硬化的圆锥结构，轻挖即可脱落。

防治方法：由于番木瓜果实存在炭疽菌等田间采前潜伏侵染

真菌，并造成贮运期间严重的果腐，因此，番木瓜果实的防腐应从田间抓起。必须在番木瓜开花结果时，就开始使用杀菌剂来控制潜伏侵染的菌量。可于冬季清园消灭病菌；田间适时喷药保护，开花坐果后喷布1%等量式波尔多液4次(间隔10～15天)，或喷布70%甲基托布津1500倍液3次，或灭菌丹、代森锌、代森锰锌、百菌清、多菌灵等。

据国外资料介绍，采前每隔15天喷1次0.1%多菌灵，共喷2～6次，能明显减少贮藏期间炭疽病的发生。喷的次数越多，效果越好。采收时避免擦伤，特别是果梗端。采收后，用49℃～50℃的0.1%特克多或甲基托布津液浸果15～20分钟，防病效果很好。用500毫克/升的咪鲜胺水溶液处理，也有较好的防治效果。

**2. 焦腐病(蒂腐)** 此病常发生于果蒂周围。病部较大，明显黑色，下面果肉也发黑。后期生出许多黑色小粒。镰刀菌的病斑多发生于明显的机械伤处，无定形凹陷，其上生出白色絮状的菌丝体和分生孢子，病斑下部的果肉发暗或呈紫红色，与炭疽病病斑有显著区别。至于番木瓜上常见的环斑(病毒病)病斑与炭疽病区别更大，只影响外观，不至引起腐烂。

防治方法：主要是搞好田间卫生，减少病源。果实生长期间有规则地喷药保护。采后尽快用0.1%漂白粉水浸泡2分钟，对防治蒂腐效果很好。

## 八、枇　杷

枇杷原产我国，是南方特产水果之一，迄今已有3000多年的栽培历史。主要分布在长江以南各省。其中浙江黄岩、余杭塘栖、福建莆田、安徽歙县三潭、江苏吴县洞庭山等为我国枇杷著名产区。枇杷成熟季节在晚春至初夏，正值一年中的鲜果供应淡季，加上果肉柔软多汁，甜酸适口，营养丰富，风味鲜美，因此很受消费者欢迎。枇杷为时令水果，鲜果采后应及时销售或加工。

枇杷除了供鲜食外，也是加工的良好原料。我国生产的枇杷糖水罐头，在国际市场很受消费者青睐。此外，枇杷也可加工果酱、果胶和枇杷酒，也可制枇杷膏或枇杷露供药用，有润肺、止咳、健胃、清火之功效。枇杷果实采后主要问题是易受机械损伤和病害，极易失水皱缩，不耐久贮。在室温下存放20天，果实即大量腐烂，失去食用价值和商品价值。

### (一)品　种

根据原产地的不同，我国枇杷可分为南亚热带品种群和北亚热带品种群两大类。生产上通常分为红肉类(红砂)、白肉类(白砂)和黄肉类三种类型。通常红肉类抗性较强，栽培容易，耐贮运性较好，但肉质较粗，风味稍差，适合罐藏加工。

我国主要栽培的枇杷品种有大红袍、夹脚、白砂、解放钟、长红3号、洛阳青、太城4号、森尾早生、白梨、大乌脐、青边等。其中白梨品质优，但果实易碰伤，不耐贮运。一般晚熟品种耐贮性好于早熟品种。

### (二)采后生理特性

枇杷属非呼吸跃变型果实。采后的呼吸和乙烯产生均呈下降趋势。低温能显著抑制果实的呼吸和乙烯生成。但是，常温下枇杷果实呼吸强度极高。据郑永华等(1993)报道，20℃时，夹脚、杨墩、白砂等枇杷果实采后呼吸强度高达150$mgCO_2 \cdot kg^{-1} \cdot h^{-1}$以上，大红袍甚至接近200$mgCO_2 \cdot kg^{-1} \cdot h^{-1}$。采后20天，枇杷果实呼吸强度逐渐下降至50～60$mgCO_2 \cdot kg^{-1} \cdot h^{-1}$，乙烯释放也表现出相同的规律，只是枇杷果乙烯释放量很低，在0.1微升/(千克·小时)左右，最高也不超过0.7微升/(千克·小时)(大红袍)。1℃时果实呼吸强度约为20℃时的1/3，乙烯的产生约为1/10。枇杷属于非冷敏果实，可在1℃下贮藏。枇杷采后贮藏过程中，酸度下降较快，造成果实风味变淡。

### (三)采收成熟度及采收

由于枇杷果实无后熟作用,所以要在它基本完熟时采收。采收过早会影响果实的品质和产量,采收过迟则影响果实的耐贮藏性,而且易遭受机械损伤。枇杷的采收期依地区、品种等而异。一般福建、广东等地4月上旬至5月上旬采收,而江浙一带早生种5月间,中晚生种6月上旬至7月中旬成熟。枇杷成熟的标志是果实充分长大,果面和种子充分着色,果肉组织软化、含酸量降低和糖分迅速增加。枇杷花期长,成熟期不一致,要分期分批地进行采收。

枇杷果肉柔软多汁,皮薄,易脱毛,易被碰伤而降低耐贮性和商品性。采果用的篮、箱要衬垫草纸或其他柔软材料,采果要用果梯和采果钩。采摘人员采收前要把指甲剪平。采果时要手持果柄,防止触摸果面,并轻拿轻放、浅装轻挑,以防止碰压。外运和出口的果实,在果园就地进行选果、包装,以减少机械伤和绒毛脱落。套袋的果实最好连袋运回室内再打开分级包装。

### (四)采后处理

**1. 分级** 枇杷采收后,首先要把受伤果、落地果、裂果和病虫害果挑出,然后分品种、分等级进行包装。我国于1992年发布了鲜枇杷果国家标准(GB/T 13867—1992)。该标准规定了鲜枇杷果的质量分等(表8-13)、果实大小级别(表8-14)、卫生标准(按GB 5009.38、GB 5127等有关国家规定执行)及制罐用鲜枇杷果质量要求(一般质量规格不能低于三等果,单果重不能低于20克)。

表 8-13　枇杷果实质量分等规格　(GB/T 13867—1992)

| 项　目 | 一　等 | 二　等 | 三　等 |
| --- | --- | --- | --- |
| 果　形 | 整齐、端正、丰满，具该品种特征，大小均匀一致 | 尚正常，无影响外观的畸形果 | 次于二等果者 |
| 果面色泽 | 着色良好，鲜艳，无锈斑或锈斑面积不超过 5% | 着色较好，锈斑面积不超过 10% | |
| 毛　茸 | 基本完整 | 部分保留 | |
| 生理障碍 | 不得有萎蔫、日灼、裂果及其他生理障碍 | 允许褐色及绿色部分不超过 1 厘米$^2$，裂果允许风干一处，其长度不超过 5 毫米，不得有其他严重生理障碍 | 次于二等果者 |
| 病虫害 | 无 | 不得侵入果肉 | |
| 损　伤 | 无刺伤、划伤、压伤、擦伤等机械损伤 | 无刺伤、划伤、压伤，无严重擦伤等机械损伤 | |
| 果肉颜色 | 具有该品种最佳肉色 | 基本具有该品种肉色 | |
| 可溶性固形物 | 白肉类不低于 11%，红肉类不低于 9% | | |
| 总酸量 | 白肉类不高于 0.6 克/100 毫升果汁，红肉类不高于 0.7 克/100 毫升果汁 | | |
| 固酸比 | 白肉类不低于 20:1，红肉类不低于 16:1 | | |

注：二等果所允许的缺陷，总共不超过 3 项。各类枇杷必须品种纯正，果实新鲜；具有该品种成熟时固有的色泽、正常的风味及质地；果梗完整青鲜；果面洁净，不得沾染泥土或为外物污染；果汁丰富，不得有青粒、僵粒、落地果、腐烂果和明显腐烂象征的果实以及病虫严重危害的果

同等枇杷果实依据单果重量(克)，分为特级(特大果，2L)、一级(大果，L)、二级(中果，M)和三级(小果，S)四个级别，其规格见表 8-14。凡单果重量达 80 克以上者，列为超大果(3L)，将 30～40 克者，列为特小果(2S)。

**表 8-14　枇杷果实大小分级规格　(单位:克)**

**(GB/T 13867—1992)**

| 项　目 | 品　种 | 特　级 | 一　级 | 二　级 | 三　级 |
|---|---|---|---|---|---|
| 红肉枇杷类 | 大红袍(浙江) | ≥35 | 30~35 | 25~30 | 20~25 |
| | 夹　脚 | ≥35 | 30~35 | 25~30 | 20~25 |
| | 洛阳青 | ≥40 | 35~40 | 25~35 | 20~25 |
| | 富阳种 | ≥40 | 35~40 | 25~35 | 20~25 |
| | 光荣种 | ≥40 | 35~40 | 25~35 | 20~25 |
| | 大红袍(安徽) | ≥45 | 35~45 | 25~35 | 20~25 |
| | 太城四号 | ≥50 | 40~50 | 30~40 | 25~30 |
| | 长红三号 | ≥50 | 40~50 | 30~40 | 25~30 |
| | 解放钟 | ≥70 | 60~70 | 50~60 | 40~50 |
| 白肉枇杷类 | 软条白沙 | ≥30 | 25~30 | 20~25 | 16~20 |
| | 照种白沙 | ≥30 | 25~30 | 20~25 | 16~20 |
| | 白　玉 | ≥35 | 30~35 | 25~30 | 20~25 |
| | 青　种 | ≥35 | 30~35 | 25~30 | 20~25 |
| | 白　梨 | ≥40 | 35~40 | 25~35 | 20~25 |
| | 乌躬白 | ≥45 | 35~45 | 25~35 | 20~25 |
| 可食部分 | 福建红肉品种 | ≥68% | ≥66% | ≥64% | ≥62% |
| | 其他品种 | ≥66% | ≥64% | ≥62% | ≥60% |

**2. 包装**　常用的有塑料小盒、竹篮、木箱、纸箱、子母箱包装等。木箱高 26 厘米、长 45 厘米、宽 33 厘米,每箱装果 20 千克左右。台湾省台中县外销枇杷是采用纸质子母箱包装,先将果实按 1 千克顺序排列于小纸盒中,然后在每个母箱中装入 10 小盒。

**3. 运输**　枇杷果实最好以船或火车运输,以防震动碰伤。装卸中要轻拿轻放,不得摔跌。有条件的,尽可能采用低温(10℃以下)运输或空运。

### (五)适宜贮藏条件

一般枇杷贮藏适温为1℃～5℃,相对湿度为85%～90%,适宜的气体成分氧气为2%～5%,二氧化碳为0～1%。在此条件下可贮藏15～30天。

### (六)主要贮藏方法

**1. 简易贮藏** 民间简易贮藏方法多种多样。主要有沟藏、室内地面摊铺贮藏、吊篮贮藏、缸藏等。沟藏、缸藏干耗较少,但如果湿度过大,腐烂会增多;室内地面摊铺贮藏、吊篮贮藏等,虽然腐烂较少,但干耗较大。福建省莆田县果农将枇杷果贮于缸中(缸底铺上松针),晚熟品种山里本贮藏1个月,外观仍很新鲜。简易贮藏虽然形式多样,但其核心主要是控温、保湿和适当透气(容器底部或放果的地面铺松针或稻草等)以防腐烂。采用上述方法,一般可贮藏15～20天。

**2. 机械冷藏** 温度1℃～3℃,相对湿度90%～95%,在此条件下可贮藏1个月,腐烂损耗不超过10%,但风味变淡。

### (七)主要贮藏病害及其防治

**1. 炭疽病** 该病主要危害成熟果实,引起贮运过程中的损失。初发生时在果实上发生淡褐色圆形小病斑,以后病斑逐渐扩大,果面凹陷,表面密生黑色小点,天气潮湿时溢出粉红色黏质物并蔓延至全果,致使全果腐败呈暗褐色,最后病果僵缩成僵果挂在树上或落于地面,不堪食用。病原体为炭疽菌,在高温高湿环境中危害严重。

防治方法:在树上喷施50%多菌灵1 000倍液或70%甲基托布津700倍液2次。

**2. 枇杷灰斑病** 主要危害叶片,偶见侵染果实。受害果实产生紫褐色圆斑,后期病部凹陷,散生小黑点。病原体为枇杷大斑盘多毛孢菌和烟色盘多毛孢菌。

防治方法:发病前喷70%甲基托布津800倍液或50%苯莱特1 500倍液。

## 九、杨　桃

杨桃又名阳桃、羊桃、五敛子。是著名的岭南佳果之一。原产亚洲东南部热带地区。主要分布于东南亚一些国家及我国的广东、广西、福建、台湾、海南等省、自治区。我国栽培杨桃的历史已有2 000多年。

杨桃果实为肉质浆果,椭圆形,通常5棱,横切面呈5角状。青绿色至蜡黄色。单果重50~250克,最大350克。种子5枚以上。杨桃营养价值很高,含糖10%,柠檬酸0.78%,蛋白质0.72%,脂肪0.75%,还含有多种维生素和矿物质。杨桃除鲜食外,还可加工成果干、果酱、果汁及糖渍、盐渍品等。

### (一)品　种

主要栽培品种有猎德甜杨桃、吴川甜杨桃、红种甜杨桃、大果杨桃和蜜杨桃等。

### (二)采后生理特性

杨桃为一种不耐贮藏的水果。采后贮藏过程中呼吸强度和乙烯发生量不断上升,细胞膜透性逐渐增加,可溶性固形物、维生素C、酸含量逐渐减少。采后在常温下贮藏,果实很快变软、失水、腐烂。

### (三)采收成熟度及采收

杨桃采收分青果采收和红果采收两种。在果实已发育饱满,尚未充分成熟,仍保持青绿色时采收,称青果采收;青果继续留树充分成熟,果色转为黄红蜡色时采收,称红果采收。红果较青果品质更佳,但易遭风、鸟、虫害及造成落果。采果时,不能碰伤果实。装果容器要光滑,而且不能装果太多。

## (四)采后处理

**1. 分级** 我国于2002年发布了杨桃农业行业标准(NY/T 488—2002)。标准规定了杨桃的基本要求、等级要求(表8-15)、大小类别(80~129克为A类,130~190克为B类,>190克为C类)等内容。

基本要求:果形完整,未软化,新鲜完好,无影响消费的腐烂变质,无可见异物,无明显虫害,无明显瑕疵,无低温引起的损伤,无异常外部水分(但冷藏取出后形成的冷凝水除外),无任何异味,发育充分,达到适当的成熟度。杨桃的发育和状况适宜运输和处理,运抵目的地时处于良好的状况。

**表8-15 杨桃等级要求**

| 等级 | 要求 | 质量容许度 | 大小容许度 |
|---|---|---|---|
| 优等品 | 须具有优良的质量,具有该品种固有的特征。果形好,没有瑕疵,允许有不影响产品整体外观、质量、贮存性的极轻微的表皮缺陷 | 允许有5%重量的杨桃不符合优等品的要求,但应符合一等品的要求 | 允许有5%不符合要求。但不符合要求的部分,应该是在该大小类别所示的上下限附近(下同) |
| 一等品 | 须具有良好的质量,具有该品种固有的特征。果形良好,较少瑕疵,允许有不影响产品整体外观、质量、贮存性的非常轻微的表皮缺陷,但不超过果面的5% | 允许有10%重量的杨桃不符合一等品的要求,但应符合二等品的要求 | 允许有10%不符合要求 |

续表 8-15

| 等级 | 要求 | 质量容许度 | 大小容许度 |
| --- | --- | --- | --- |
| 二等品 | 质量次于一等品，但符合基本要求。具有该品种的基本特征，果形较好，较少瑕疵，允许有不影响产品整体外观、质量、贮存性的轻微的表皮缺陷，但不超过果面的10% | 允许有10%重量的杨桃不符合二等品的要求，也不符合基本要求，但是腐烂和变质的影响不能使其不适于消费 | 允许有10%不符合要求 |

**2. 包装及处理** 由于杨桃的棱角较脆嫩，极易发生机械损伤，导致棱角变黑，影响商品价值和食用价值。因此，在杨桃采收及采后处理过程中，要尽量避免机械损伤。采收后，剔除受伤果、病果、畸形果、虫果等，将优质果先用塑料薄膜单果包装，再竖直装入内垫碎纸屑的纸箱中。包装内要装实，果实之间用碎纸屑隔开，避免互相挤压、摩擦。杨桃采后应尽快入市销售。若要远运，采后应尽快预冷，再在适温下贮藏或运输。

### (五)适宜贮藏条件

常温下，杨桃果实贮藏2天左右就会失水变软，棱角发生褐变甚至腐烂。马来西亚Lam等(1984)报道，25%变黄的杨桃果实，贮藏适温为5℃，相对湿度为85%～95%。

### (六)主要贮藏方法

杨桃的贮藏方法主要是低温贮藏。利用聚乙烯塑料袋包装好后，可在5℃贮藏1周左右。贮藏过程中应常检查，但不应翻动，避免引起机械损伤。贮藏期过长，风味变淡，品质变劣。

## (七)主要贮藏病害及其防治

**1. 炭疽病** 此病多在果实成熟时才开始表现症状。受害果实腐烂,散发出酒味。

防治方法:清除落果、腐烂果,并深埋;幼果期开始喷 70% 甲基托布津 800~1 000 倍液,或 80% 炭疽福美可湿性粉剂 600 倍液,或 40% 多硫悬浮剂 600 倍液,或 50% 混杀硫悬浮剂 800 倍液,或 50% 复方硫菌灵超微可湿性粉剂 800 倍液。视天气和病情隔20~30 天喷 1 次,共喷 4~5 次,前密后疏,喷匀喷足。

**2. 酸腐病** 果实贮运期病害。病原体为地霉属真菌。果实发病后病部呈褐色水渍状褐腐,有浓烈的酸臭味。

防治方法:采前做好田间病虫害防治工作,采收及采后处理过程中尽量避免机械损伤。

# 十、杨 梅

杨梅原产我国,已有 2 000 多年的栽培历史。我国杨梅生产以浙江省为最多。其次是福建、江苏(苏南)、江西、广东、湖南等省。在浙江,杨梅栽培面积仅次于柑橘,年产量约 10 万吨。杨梅同枇杷一样,成熟季节正值我国水果淡季,加之果实色泽艳丽,风味独特,深受人们喜爱。但杨梅没有果皮,成熟时正值初夏高温季节,极不耐贮运。

杨梅果实为圆形,有红、紫等不同颜色,可食部分是由外果皮外层细胞的囊状突起发育而成的密集肉柱。肉柱顶端圆钝的品种汁多、味甜、品质优;尖形的汁少、风味差,但组织紧密,不易烂果,较耐贮运。含糖 12%~13%,含酸 0.5%~1.8%,富含维生素 C 及其他营养成分。果实除生食外,还可以加工糖水罐头、果酱、果汁、果酒及蜜饯等。

### (一)品　种

主要栽培品种有荸荠种、东魁杨梅、大乌杨梅、乌酥杨梅、八贤道杨梅、山乌杨梅、白蜡杨梅等。其中八贤道杨梅较耐贮运。

### (二)贮藏特性与采后生理

杨梅一般不耐贮运。由于果实汁多易受机械伤,所以采后贮运期间极易腐烂变质。因此,一般不长期贮藏。杨梅对低温不敏感,采后可在0℃~1℃贮藏。

### (三)采收成熟度及采收

**1. 成熟时期**　杨梅的成熟期因产地和品种而异。贵州省的矮杨梅最早4月份成熟,广东、福建及四川等省约在5月上旬开始成熟采收,江苏、浙江等省在6月上旬至7月上旬成熟。这时当地气温已高,而且是梅雨季节,果实成熟后极易腐烂和落果,成熟后要随时采收。

**2. 采收成熟度**　杨梅的成熟度判断标准因品种而异。如乌梅类,当果实转色时,仍然味酸,只有变到紫红或紫黑色时,果实甜酸适度,风味品质才达到最佳状态,此时为采收最佳时期。红色品种如东魁、大叶青、迟色以及大叶细蒂、二色梅等,果实成熟时不会呈紫色,多为深红色或微紫色,且色泽光亮,即为可采收期。白色品种,当果肉柱上的叶绿素完全消失,或略带粉红色时,即为采收适期。一般山坡向阳的先熟先采。

杨梅没有后熟作用,只有充分成熟后,才显示品种所固有风味,这时才能采收。提早采收,由于果实在室内不可能转色,品质也不会增进,所以全树要分期分批采收,采红留青。杨梅因无果皮,肉柱的皮又极薄,刺伤后果汁外流而后腐败,且易引起发酵和细菌寄生,因此采收时应十分注意。

**3. 采收方法及注意事项**　采摘人员采前要剪去指甲,以免刺伤果实。采下的果实先随手放在较浅的果篮里,以免上部果实压破压伤下部果实而引起腐败。果篮四周及底部可垫软纸或其他柔软的材料。果篮容量一般为 3~5 千克。采收时的正确手势是:以 3 个手指握果柄,果实悬于手心中,带柄采下。轻采轻放,防止剧烈摇动。采收时间应在清晨或傍晚。此时气温低,损失少,否则采下后立即装箱,因果实内部温度过高,极易引起发酵。雨后或雨后初晴不宜采收,否则果实水分过多,容易腐烂。一般鲜食用果只能人工采摘,而加工用果可采用振动树冠的方法,但果实损伤大,采后需立即加工。

### (四)采后处理

采收后一般置于阴凉处或室内,剔除病虫害果、机械伤果和过熟果后再进行分级包装。包装可用木箱、纸箱或塑料箱,每箱可装 5 千克、10 千克或 15 千克。箱、篮底及四周可用树叶、纸片或其他柔软材料衬垫,不能完全装满,上部再盖纸,并铺上衬垫物,再加盖打钉,以绳捆缚待运。采后也可用塑料泡沫箱加冰的方式进行运输。杨梅采收后置泡沫箱中,加入相当杨梅重量 1/3 的冰,封上泡沫箱盖,可维持 1 周左右的时间,能满足中短途运输的需要。

### (五)适宜贮藏条件

杨梅适宜贮藏温度为 0℃~1℃,相对湿度为 85%~95%。在此条件下,可贮藏 1~2 周。采后采用适宜的塑料薄膜(无滴膜)小包装,在 1℃~2℃可贮藏 3 周左右。

### (六)主要贮运方法

**1. 低温贮运** 杨梅一般很少进行贮藏。贮藏一般是为了运输。杨梅采后长距离运输,可在低温下进行。在 0℃~5℃,相对湿度 85%~90%条件下,可保鲜 1~2 周。采用塑料薄膜小包装,贮运效果会更好。

**2. 自发气调贮藏** 杨梅采后经挑选后，采用塑料小托盘加无滴膜包装，置于0℃～3℃条件下，可贮藏15～20天，视品种和果实质量而定。

**3. 速冻贮藏** 将新鲜成熟杨梅果实，在－30℃以下低温速冻，冷冻后用塑料薄膜包装，在－18℃下贮藏，贮期可达1年之久。杨梅整果冷冻时一般用砂糖撒于果面，以防变色。杨梅和砂糖的比例为3～6∶1。

# 附录一　我国果品贮藏技术标准摘编

## 一、水果和蔬菜　冷库中物理条件　定义和测量

## （GB/T 9829—1988）

**1　主题内容与适用范围**

本标准规定了水果和蔬菜在冷库条件下物理因素的定义、最佳参数和有效的方法。这些物理因素是：温度、相对湿度、空气环流率和换气率。

本标准适用于水果和蔬菜在冷库中的有关物理因素定义的解释和有关测量的方法。

**2　温度**

2.1　与冷藏品有关的温度

2.1.1　冷藏品的温度

a.致死温度：导致冷藏品组织生理性冰冻并伴随组织死亡的冻结温度。b.临界温度：一般指在规定的贮藏期内能引起果蔬(香蕉、黄瓜、柠檬)内部褐变组织质地改变等生理失调的温度。c.长期贮存的最适温度：在冷藏中使产品维持完好品质的温度。

在短期贮藏的情况下，产品在临界温度或低于临界温度时不会引起组织内部的生理失调。但长期贮存时，产品的贮温必须在临界温度之上。故果蔬长期贮存的最适温度是：临界温度加安全系数。

2.1.2　库房内的空气温度

a.定点温度：在库房内一个适当规定的点上测量的空气温度。b.实际平均温度：系指冷库内温度处于稳定期间的最高和最低温度的算术平均值。

2.2 冷库中的冷点和热点

2.2.1 冷点：库房内空气温度最低的位置点。在风冷式的冷库中冷点常在蒸发器附近的区域内。

2.2.2 热点：库房内空气温度最高的位置点。

2.3 温度的测量 温度可以连续地或间歇地测量。

2.3.1 连续测量 温度的连续测量系指自动记录仪的测量。

2.3.2 间歇测量 温度的间歇测量系指定时测量或补充性测量。

2.3.3 温度测量仪表 目前常用的仪表有如下几种：

a.液体膨胀温度表；b.双金属温度计；c.电阻式温度计；d.半导体温度计；e.热电偶式温度计。

2.3.4 测量点

2.3.4.1 测点的选择 测量仪器应放置在不受冷凝、异常气流、辐射、震动和可能冲击的地方。点的多少取决于冷库的容积。温度计的热敏元件应尽可能地放在冷库中有代表性的点上(包括冷点和热点)。

2.3.4.2 测量的记录 每一次测量时都应注明产品的温度、库房空气温度和测点位置。

2.3.5 温度计的校正

温度计至少每年校正一次以保证精确度和灵敏度。为了减少误差，温度计的检验必须在制冷设备运转稳定期间进行。利用热敏元件的温度计其惯性在流动空气中比在静止空气中或缓慢流动空气中为小，故应在流动空气中进行检验。

在贮藏期间检验温度计时，可用经过授权单位签发合格证的标准水银温度表来进行对比检验。

在任何情况下，都要避免标准温度表受热辐射的影响(如人体、光源等)。建议参考校正温度的方法。

**3 相对湿度**

3.1 概念 相对湿度：在一定温度下，空气中实际水汽压与该温度时饱和水汽压的百分比。

3.2 影响因素 冷库中相对湿度受以下因素的影响：

a.产品和包装的性质；b.库房的入库量；c.蒸发器的表面积和结构，风扇的表面积和排列；d.蒸发器表面温度和空气实际平均温度的差值；e.冷库的绝热状况；f.通风系统（空气环流率、库房中空气环流的方式、换气次数等）；g.制冷机工作时数的变化。

由于上述因素的影响，在整个贮藏期间相对湿度始终是在不断地变化着的。

3.3 测量原则 水果和蔬菜在长期贮藏过程中，要尽量保持稳定的相对湿度，因此，测量相对湿度应在入满库后当相对湿度变化很小时进行测量。

3.4 测量仪器

3.4.1 毛发湿度计

这种仪器在观测较高的相对湿度时（80%以上）精度较低，但使用方便。为了准确起见，可定期（每月一次）用干湿球湿度计（标准仪或旋转式干湿球湿度计）进行校正。如果相对湿度很高时最好使用通风式干湿球湿度计或旋转式干湿球湿度计。

3.4.2 干湿球湿度计

将干湿球湿度计长期固定在观测点上，要经常用软水保持湿球温度表棉纱套筒的湿润。当干球和湿球之间达到稳定的温度差时分别记录两个温度表的温度。若风扇不连续运转时，不要在冷风扇停止或启动时观测。

3.4.3 电湿度计

这种电探针式湿度计可进行远距离测量，它可以测量出货堆之间小气候的相对湿度。当相对湿度不超过95%时，用这种仪器可获得准确的数据。

**4 空气环流**

包含两个概念，一个是库内空气环流；一个是更换库内空气。前者是发生于两个封闭系统中的冷空气循环运动，后者是将外界空气引入库内。

4.1 空气环流

4.1.1 作用 a.用于产品预冷或冷却刚入库的产品;b.使库房内产品的温度和一定范围内的相对湿度保持均匀;c.从包装容器内带出贮藏产品新陈代谢所产生的气体和挥发性物质。

4.1.2 空气环流率 系指一小时内空气通过运动着的风扇口的空气体积与冷库内整个空间的体积之比。它随产品的冷藏期或一定温度的保持期的长短而变化。

4.2 换气

4.2.1 作用 水果和蔬菜在入库期间和进入适温贮存阶段以前以及处于成熟中的水果在贮藏期中的最后几周内,由于代谢作用旺盛将放出大量的二氧化碳、乙烯和挥发性物质。为了避免这些有害物质的积累故更换库房内的气体。

4.2.2 换气率 系指在一小时内导入库房中的外界空气的体积与库房空间体积之比。换气率或换气次数可由库房的贮存量和水果蔬菜的种类和品种来决定。

4.3 空气环流的测量

4.3.1 空气流量和环流的测量原则

库房中的空气环流和换气是为了使产品和空气之间达到尽可能的最佳接触,有利于降温和排除有害气体。因此,必须考虑两个因素:a.在一定的时间内导入的空气流量(换气率)和环流的空气流量(空气环流率);b.新鲜空气或环流空气分布的均匀度。

空气环流率的测量应尽可能地在空气冷却器(蒸发器、冷风机)的空气出口或入口处进行;换气率的测量最好在库房的空气入口处进行。

4.3.2 测量仪器

空气流速的测量:a.若空气流速在 2m/s 以上,则用定向仪器测量空气动态压力(皮托压差计、杯式风速表等);b.若空气流速在 2m/s 以下,则用非定向仪器测量(如热球式风速计等)。

## 二、水果和蔬菜 冷藏后的催熟

## （GB/T9830—1988）

**1 主题内容与适用范围**

本标准规定了使水果和蔬菜在冷藏后能得到良好成熟条件的方法。

本标准仅适用于在可采成熟度采摘的或者经过短期或长期贮藏以后的水果和蔬菜。不适用于过早采收的水果和蔬菜。

**2 冷藏后催熟的目的**

有些水果是成熟后收获和贮藏的（葡萄、樱桃、荔枝、橙类）；有些水果是在接近成熟时收获和贮藏的（杏、草莓、菠萝）；而另一些水果是在离成熟还差很远的生理阶段（可采成熟度）采收和贮藏的（苹果、梨、桃、李、香蕉）。因此，催熟的目的就是当水果在冷藏后还不充分和不完全成熟时，进行催熟，促进水果达到食用成熟度的最佳品质。

**3 温度区**

——最适冷藏温度区：在此温度时，水果的代谢活动减慢到最低限度，而不出现生理失调；

——成熟开始温度区：从此温度开始和在此温度以上开始成熟；

——临界成熟温度区：在此温度和低于此温度，不能正常地成熟，出现生理失调。

当最佳冷藏温度与成熟始温相同时，并且冷藏期又满足成熟所需要的时间（如苹果在4℃冷藏），则水果在冷藏结束时便可达到成熟。但在这种情况下不会出现成熟的色泽，还必须通过催熟增色（苹果、宽皮橘、柠檬等）。

当上述两种温度区不相同时，水果在冷库中尚未达到充分成熟阶段，因此，出库后必须进行催熟处理。

催熟处理的方法基本上是物理作用(温度、湿度)或物理作用与化学作用(例如乙烯)相结合。使用方法的性质、持续时间和处理结果取决于水果的种类、生态变化过程、冷藏结束时的生理状态以及所用的冷藏技术。

**4 各种因素对冷藏后催熟的影响**

4.1 水果生理状态的影响

水果在冷藏结束时(或采收后立即进行催熟处理)的生理状态会制约水果在催熟温度下的成熟。如苹果、梨、桃、柠檬等采摘过早(成熟度不够、过硬)往往得不到良好催熟结果。

在冷藏期间不明显的生理病变,在冷藏后进行催熟处理时可能会暴露出来(如苹果、梨的内部褐变、萎蔫等)。

4.2 贮藏温度的影响

多数水果如果贮温太低,或者在允许的正常温度下贮藏时间太长时,出库后都不能得到很好的催熟结果,并且在催熟室期间还会加重真菌、细菌和生理病变的发展。

4.3 冷藏期间相对湿度的影响

冷藏期间相对湿度太高时,在催熟期间香味的形成就会受到影响(如苹果、梨等)。

4.4 水果质量的影响

冷藏后催熟处理的水果必须是完好的,应没有机械伤、真菌病斑和生理病变,否则将降低催熟质量。

**5 冷藏后催熟处理的最适条件**

5.1 催熟室

催熟处理可在冷库中进行,但最好能有大小合适的专用催熟室,其容量大小为能得到比较一致的物理条件(温度、相对湿度、气体成分)为准。

用小的催熟室的优点是:可将生理状态相近似的一批水果单独进行催熟处理。

催熟室可参考香蕉催熟室来建造(见图1),在结构上应包括以下几方面的内容：

——四壁和房顶要有隔热处理；

——通风系统要达到 30 ~ 50 的换气率(是指 1 小时内外部空气引入冷库的容积与空库容积之比)以利于气体交换和热交换；

——要有调节相对湿度的设备(增湿器和恒湿器)；

——用恒温器调节的加热装置和冷却器；

——换气装置；

(以上设备可组装成一个组合体以便缩小占用空间的体积和易于安装)；

——有观测或记录室内温度和相对湿度的控制装置。

若使用乙烯时，催熟室应尽可能密闭。

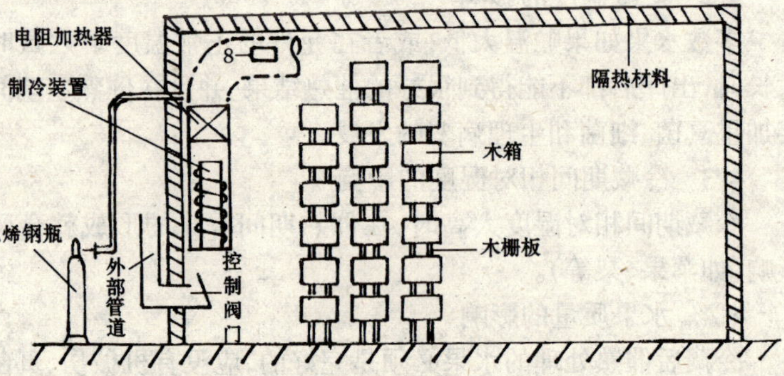


**图 1　催熟室示意图**

图 2 表示可在厂棚里或地窖里建造的简易催熟室。这种催熟室没有冷却装置和空气更新设备。空气更新可利用顶部的通气窗进行，用风扇使室内的空气均匀一致。在冬天必须有供热装置(热水、电或蒸汽)以便保持必要的温度(15℃ ~ 22℃)。

5.2　温度

大多数水果催熟所需温度在 15℃ ~ 22℃之间。催熟过程中水果代谢活动比较旺盛，因此，产生大量的呼吸热使室温增高。若没有降温设备，可在每天晚上或早上通风降温，以保持适宜的催熟

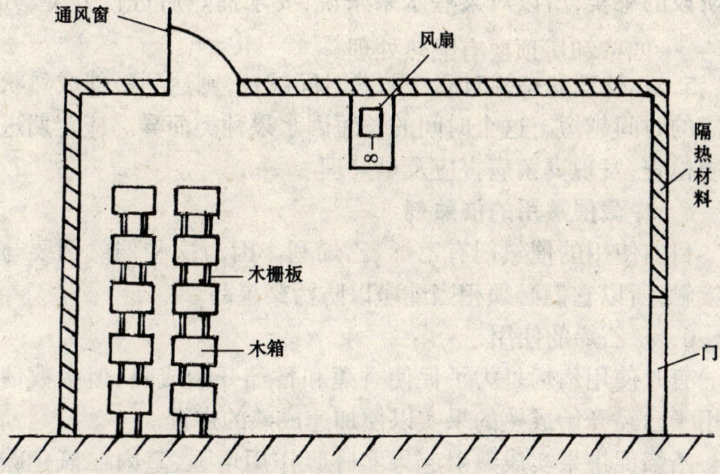


图2 简易催熟室示意图

温度。

5.3 相对湿度

一般应保持在90%~95%。若没有增湿器可经常在地面上洒水来保持。

5.4 气体的更新

催熟室内的气体每天更新一次,时间一小时。以排除水果代谢活动所产生的有害气体。可利用通风系统的装置来进行。若无此设备,可同时打开门、通风窗和室内风扇以达到换气的目的。

5.5 催熟的方法

5.5.1 包装 为了催熟均匀,可把需催熟的水果改装在板条箱内或竹筐内交错堆放码垛,以利通风换气。

5.5.2 催熟室内水果箱的排列 水果箱应排在中间通道的两侧以便于处理和管理。近地面的木箱应使用垫木,箱垛之间应留出小的通道。垛顶距天花板应留出40厘米的空间。

5.5.3 催熟水果的处理 由于不是所有的水果一旦接触乙烯后,就立即开始成熟,因而可能导致在催熟过程中会出现不同成熟阶段的果实，所以对某些水果来说，要求催熟后进行分类、分等级。

5.6　处理的持续时间　贮藏时间越长，则达到最佳成熟状态所需的时间越短。这个时间的长短因水果种类而异。应定期进行品质检查，发现真菌病害应及早处理。

**6　冷藏催熟用的催熟剂**

目前使用的催熟剂有乙烯、乙烯利。因为这些催熟剂要与果品接触，所以它们必须相当纯净以防污染果品。

6.1　乙烯的使用

有时使用乙烯是为了促使香蕉和番茄开始成熟，但多数情况是用于已经开始成熟的果实以便加速成熟的进程。

乙烯促进果实成熟引起果实呼吸作用增强，室内二氧化碳增多，反而使成熟速度减缓，因此，必须更新室内空气以排除过多的二氧化碳。如没有换气装置，可利用通风窗和门来更新室内空气，室内乙烯的浓度保持在0.1%～0.2%。

如催熟室漏气应不断补充气体。当短时间通风换气时，同样需要补充混合气体。

乙烯-空气混合气可燃性的最低限量比为2.75%（体积比）。为了防止爆炸的危险，最好用氮气-乙烯混合气，乙烯含量5.5%（体积比），这样的混合气不会爆炸。乙烯或氮气-乙烯混合气用压缩气体钢瓶保存，应将钢瓶放在室外通风的走廊里。

应使用流量计来控制流入室内的气体量。

乙烯对正在转色的番茄催熟效果最好，使用浓度为0.025%～0.5%。当番茄呈粉红色时应停止处理。其继续转色过程可在普通空气中完成。

多数情况下，西洋梨经处理3～4次便可获得理想的结果。

对某些水果种类，只有在收获后（呼吸跃变期以前）立即用乙烯处理才有效，否则效果不佳。

6.2　乙烯利的使用

一般用40%的商品乙烯利,配成一定浓度的溶液,喷洒或涂抹果品的整体或局部,便可达到催熟的目的。

## 三、苹果冷藏技术(GB/T8559—1987)

**1 本标准适用于下列品种的新鲜苹果冷藏贮存**

1.1 中熟品种:元帅、红星、红冠、红玉、金冠。

1.2 晚熟品种:鸡冠、秦冠、倭锦、甜香蕉、青香蕉、大国光、国光、富士。

**2 本标准参考了以下标准(略)**

**3 入库苹果的质量要求**

3.1 适于冷藏的苹果适期采收成熟度的确定方法

3.1.1 感官指标,各品种的果实应具有本品种的果型、大小、色泽(含果肉、种子的颜色)、质地和风味,可借助标准色谱表或经验来判断。

3.1.2 硬度 采用硬度计来测量见表1。

3.1.3 化学成分的测定,适宜的糖(或可溶性固形物)、酸含量和固酸比可反映果实的成熟度。一般采用糖量计来测定可溶性固形物,滴定法测定酸的含量。

3.1.4 果实生长发育天数。各品种从盛花到果实成熟都需要一定的天数,不应早采。

3.1.5 果实生长积温,指从开花起到第九周止每天记录最高和最低温度,平均后减去基础温度数,累计至第九周末的温度数,可决定苹果的成熟度和采收期。

每日计算公式:

$$\frac{\text{最高温度}+\text{最低温度}}{2}-7.2℃ \quad \cdots\cdots (1)$$

3.1.6 果实淀粉含量的碘显色反应参见附录B。

3.1.7 果实乙烯含量,在果园内分片定株定期取样测果心内乙烯含量,确定适期采收。

3.2　入库前苹果的基础指标

产地入库时的基础指标见表1,销地入库前应重新抽样检测确定。

3.3　入库果的质量要求

入库的苹果应当是洁净新鲜的,无明显的机械伤,无虫口,无任何可见的真菌或细菌侵染的病斑。产地入库时机械伤果不能超过3%;销地入库时机械伤果不能超过10%。

**表1　入库前苹果的基础理化指标**

| 品　种 | 硬度(千克/厘米$^2$)<br>不低于 | 可溶性固形物(%)<br>不低于 | 总酸量(%)<br>不高于 | 固酸比 |
|---|---|---|---|---|
| 元　帅 | 6 | 11 | 0.4 | 27.5 |
| 红　星 | 6 | 11 | 0.4 | 27.5 |
| 红　冠 | 6 | 11 | 0.4 | 27.5 |
| 红　玉 | 7 | 12 | 0.9 | 13.3 |
| 金　冠 | 7 | 12 | 0.6 | 20.0 |
| 鸡　冠 | 8 | 11 | 0.8 | 13.8 |
| 倭　锦 | 7 | 11 | 0.8 | 13.8 |
| 大国光 | 7 | 11 | 0.8 | 13.8 |
| 秦　冠 | 7 | 11 | 0.4 | 27.5 |
| 甜香蕉 | 8 | 11 | — | — |
| 青香蕉 | 8 | 11 | 0.6 | 18.3 |
| 国　光 | 8 | 13 | 0.8 | 16.3 |
| 富　士 | 8 | 13 | 0.6 | 21.7 |

3.4　预处理及入库,果实采收后应作必要的药物和其他处理,并迅速预冷降温及时入库冷藏。

**4　冷藏技术和质量要求**

4.1　库房准备

4.1.1　入库前进行库房灭菌消毒并及时通风换气,见附录C。

4.1.2　入库时库房温度应预先降至0℃～－2℃。

4.2　入库量

4.2.1　根据不同包装容器合理安排货位、堆码形式和高度。货垛排列方式、走向及间隙应力求与库内空气环流方向一致。

4.2.2　按品种分库、分垛、分等级堆码，为便于货垛空气环流散热降温，有效空间的贮藏密度每立方米不应超过250千克，箱装用托盘堆码允许增加10%～20%的贮量。

4.2.3　为便于检查、盘点和管理，垛位不宜过大，入满库后应及时填写货位标签和平面货位图。

4.2.4　货位堆码要求

4.2.4.1　距墙0.20～0.30米。

4.2.4.2　距冷风机不少于1.50米。

4.2.4.3　距顶0.50～0.60米。

4.2.4.4　垛间距离0.30～0.50米。

4.2.4.5　库内通道宽1.20～1.80米。

4.2.4.6　垛底垫木(石)高度0.10～0.15米。

4.3　适宜冷藏条件

4.3.1　温度　苹果预冷后入库有利于迅速进入适温贮藏环境。入库期间库房温度尽量避免出现波动，库房入满后要求48h内库温进入技术规范温度状态。不同品种苹果贮藏适宜温度如表2所示。

**表2　不同品种苹果贮藏适宜温度**

| 品　种 | 贮藏温度(℃) | 预期贮藏寿命(月) | 贮藏期间易出现的伤害 |
|---|---|---|---|
| 元　帅 | －1～0 | 6 | 苦痘病、虎皮病、果肉粉质褐变、裂果、水心病 |
| 红　星 | －1～0 | 6 | |

**续表 2**

| 品　种 | 贮藏温度<br>(℃) | 预期贮藏寿命<br>(月) | 贮藏期间易出现的伤害 |
|---|---|---|---|
| 红　冠 | -1～0 | 6 | |
| 红　玉 | 2(1个月)→1<br>(1个月)→0 | 4～5 | 红玉斑点病、炭疽病、低温内部褐变 |
| | 3～4 | 3 | 贮藏时间过长，内部褐变 |
| 金　冠 | -1～0 | 7 | 仅用于收获时已成熟变红的果实 |
| | 2～4 | 5 | 虎皮病、轮纹病、苦痘病 |
| 鸡　冠 | 0～2 | 6 | |
| 大国光 | 0～2 | 7 | |
| 倭　锦 | 0 | 6 | 虎皮病、果肉粉质褐变、裂果 |
| 秦　冠 | 0～1 | 6 | 虎皮病、水心病 |
| 甜香蕉 | -1～1 | 6～7 | 虎皮病、苦痘病、果肉粉质褐变、水心病 |
| 富　士 | -1～1 | 6～7 | |
| 国　光 | -1～1 | 7 | 虎皮病、苦痘病 |

注：同一品种苹果产于海拔高处则贮藏寿命可延长

4.3.1.1　温度的测定，库房温度可以连续地或间歇地测定。温度的连续测量可用具有直接读数的记录仪来完成，没有记录仪时应人工观测。

4.3.1.2　测量温度的仪器，温度计的精度不得大于0.5℃。

4.3.1.3　测温点的选择和记录　温度计应放置在不受冷凝、异常气流、辐射、震动和冲击的地方。点的多少视库容而定。既有测果体温度的点，又有测空气温度的点（应包含射流起始回流点）。每次测量后都应详细记录。

4.3.1.4　温度计的检验　为使测量度数精确，温度计至少每年要进行一次校正。

4.3.2　湿度

4.3.2.1　贮藏期间的最适相对湿度为85%～95%。

4.3.2.2　测量湿度的仪器，精度要求在±5%，测点的选择与测温点同。

4.3.3　空气环流　库房内的冷风机应最大限度地使库内空气温度分布均匀，缩小温度和相对湿度的空间差异，从包装中带出贮藏产品新陈代谢产生的气体和挥发性物质。货间风速为0.25～0.5米/秒。

4.3.4　通风换气　由于苹果的代谢活动会排出和积累有害气体乙烯和挥发性物质(乙醇、乙醛等)。故贮藏前期可利用夜间或早上低温时适当通风换气，但要防止引起库内温、湿度有较大的波动。

4.4　贮藏寿命及贮藏指标

4.4.1　在任何条件下，贮藏期限不得延长到影响苹果的销售质量。为此，必须定期抽验，发现问题及时处理。各品种苹果的预期贮藏寿命见表2。

4.4.2　苹果出库上市销售时，中期贮藏(4个月以上)的硬度不低于5.5千克/厘米$^2$，甜香蕉、青香蕉、富士、国光分别不低于7.0、6.4、6.8、7.3千克/厘米$^2$；长期贮藏(6个月以上)的硬度不低于4.5千克/厘米$^2$，甜香蕉、青香蕉、富士、国光分别不低于6.0、5.5、5.9、6.4千克/厘米$^2$。

**5　检验规则和检验方法**

5.1　产地，入库果的检验规则按照国家收购标准执行。

5.2　销地，苹果入库前应重新进行检验登记入库质量。

5.2.1　同品种、同等级、同车次到货同时入库时可作为一个检验批次。

5.2.2　检验单填写的项目应和货物完全相符。凡货单不符、品种、登记混淆不清者，应整理后再进行扦样。

5.2.3　扦样人员在扦样同时进行包装检查，包装容器严重破损，果实机械伤严重，失去贮藏价值者，应及时处理。

5.2.4　扦样方法

5.2.4.1　扦取样品必须具有代表性，应在整批货物的不同部位按规定数量扦样，样品的检验结果适用于整个抽验批次。

5.2.4.2　每批苹果的抽验数量：50件以内的扦取2件；51～100件的扦取3件；100件以上的以100件扦取2件为基数，每增加100件增扦1%。

5.3　外观质量检验：将扦取的样品逐件按规定项目检验。以件为单位分项记录在入库检验记录单上，每批果检验完后，计算检验结果，判定该批苹果的入库质量。

5.3.1　检重：以扦样量单件称重的平均数计算入库量。

5.3.2　果体温度：用半导体点温计测定。

5.3.3　果实机械伤和病烂果由目测确定，称重计算百分比。

5.4　理化指标检验

5.4.1　试样准备：于大样中选取个头大小、着色、成熟度适中的果实5千克，将果洗净晾干，选取20个果作为测硬度和可溶性固形物的果样。硬度测定后的苹果逐个分切成8瓣，每个果实取一瓣，去皮和剜取果心不可食部分后将可食部分放在搪瓷盘或玻璃板上，用不锈钢小刀切成1厘米大小的碎块或擦成细丝，以四分法取试样150克，按照1:1加蒸馏水置入高速组织捣碎机中，或用研钵迅速研磨成浆，装入清洁的容器内，制备的样品应当天进行测试。

5.4.2　果实硬度的测定

5.4.2.1　仪器：果实硬度计

5.4.2.2　测定方法：在果品试样胴部中央阴阳两面的预测部位削去果皮，略大于压力计测头面积，将压力计测头垂直地对准果面的测试部位，施加压力，直到压力计的测头规定部分压入果肉止，从压力计表盘上直接读数，果实的硬度以千克/厘米$^2$表示。

5.4.3　可溶性固形物的测定

5.4.3.1　仪器：手持糖量计

5.4.3.2　测定方法：校正好仪器标尺的焦距和位置，打开辅助棱镜，取用白色的确良布挤滤出苹果汁液 1～2 滴，滴在棱镜平面的中央，迅速关上辅助棱镜，静置 1 分钟，朝向光源明亮处，调节消色环，使视野内出现清晰的明暗分界线，与分界线相应的读数，即试样汁液在 20℃下所含可溶性固形物的百分数。当环境温度不是 20℃时，可根据仪器所附表内补偿温度数加减进行校正。连续测定不同试样时，应在每次用完后用清水冲洗洁净，再用镜头纸擦干后才可继续进行测试。

5.4.4　总酸量的测定

5.4.4.1　仪器　碱滴定管(0.05 毫升刻度或半微量滴定管)；容量瓶(250 毫升)；锥形瓶(250 毫升)；移液管(50 毫升)；漏斗、脱脂棉。

5.4.4.2　试剂：

5.4.4.2.1　0.1N 氢氧化钠标准溶液：溶解化学纯氢氧化钠 4 克于 1 000 毫升容量瓶中，加蒸馏水至刻度，摇匀，按下法标定规定浓度。

将化学纯邻苯二甲酸氢钾放入 120℃烘箱中烘约 1 小时至恒重，冷却 25 分钟，称取 0.3～0.4 克(精确至 0.0001 克)，置于 250 毫升锥形瓶中，加入 100 毫升蒸馏水溶解后，摇匀，加酚酞指示剂 3 滴，用以上配制好的氢氧化钠溶液滴定至微红色。

计算公式：

$$N=\frac{W}{V\times 0.2042} \quad \cdots\cdots\cdots\cdots\cdots\cdots\cdots\cdots (2)$$

式中　N——氢氧化钠标准溶液的当量浓度

V——滴定时所消耗氢氧化钠标准溶液的毫升数

W——邻苯二甲酸氢钾的重量(克)

0.2042——1N 氢氧化钠标准溶液 1 毫升相当的邻苯二甲酸氢钾的克数

5.4.4.2.2　酚酞指示剂(1%乙醇溶液)：称取酚酞 1 克溶于

100毫升的中性乙醇中。

5.4.4.3 滴定方法：称取试样液20克(精确至0.01克)于小烧杯中，用煮沸放冷的蒸馏水50～80毫升，将试样冲洗入250毫升的容量瓶中，置75℃～80℃水浴上加热30分钟，并摇动数次促使溶解，冷却后，加蒸馏水至刻度，摇匀，用脱脂棉过滤。吸取滤液50毫升于250毫升锥形瓶中，加1%酚酞指示剂3～5滴，用0.1N氢氧化钠标准溶液滴定至微红色。

计算公式：

$$\text{总酸量}(\%)=\frac{V\times N\times K\times 5}{W}\times 100 \quad \cdots\cdots\cdots (3)$$

式中 V——滴定时消耗氢氧化钠标准溶液的毫升数

N——氢氧化钠标准溶液的当量浓度

K——换算为当量酸的系数。苹果酸为0.067

W——试样重量(试样液20克相当于实际样品10克)

平行试验结果允许差为0.05%，取其平均值。

5.4.5 淀粉含量显色反应的测定：

5.4.5.1 碘溶液的配制：称取碘化钾1克和0.2克碘，溶于100毫升蒸馏水中。

5.4.5.2 检测：选取10个样果观测淀粉含量，将苹果对半切开，取其一半，将碘化钾－碘溶液涂于横切面上，30秒后观测其变色程度(参照附录B)。

## 附录A 生态因素的影响及贮藏期中出现病害的防止
(补充件)

### A1 生态因素的影响

水果是不断地进行着新陈代谢活动的有机体，其个体的寿命除受贮藏条件的影响外，果实生长发育环境和栽培技术也直接地左右着它的耐贮性。因此，从果实采收开始就应考虑选择适于冷藏的果实。

不适于长期冷藏的果实如下：

1. 幼旺树上结的果实；2. 重修剪枝叶茂盛结实少的树上所结的果实；3. 施肥过量或施肥不当，尤其是施氮肥过多的树上所结的果实；4. 大个的果实（同一树上局部所结）；5. 在大雨期间收获的果实；6. 采收前大量灌水的果园所采收的果实。

A2 贮藏期间出现的病害及其防止措施

贮藏病害是影响贮藏质量的重要因素之一。一般区分为病原菌引起的病害和生理失调导致的生理病害两类。贮藏病害产生，既与贮藏管理有关，也与品种特性和栽培技术有关。明确贮藏病害产生的原因，采取防止措施可提高贮藏效果。

A2.1 病原菌引起的病害

在果实的生长和贮藏期间，由病原菌通过皮孔或伤口侵入而引起的病害可采取预防措施加以防止。

A2.1.1 果园中彻底清除污染源和加强防病措施。

A2.1.2 在采收、分级、包装、运输过程中所有操作要小心仔细，尽量做到无损伤或减少损伤，减少病原菌侵染的机会。

A2.1.3 包装材料和冷藏库采用如下方法预先消毒处理。

1. 漂白粉喷洒熏蒸；2. 硫黄粉熏蒸；3. 高锰酸钾 0.5%喷洒；4. 过氧乙酸喷洒；5. 乳酸熏蒸；6. 福尔马林、高锰酸钾混合熏蒸。

A2.2 生理病害 最常见的苹果生理病害见表 3。

**表 3 苹果贮藏期中出现的生理病害及防止措施**

| 病害名称 | 病害症状 | 病害原因 | 防止措施 | 易染病的品种 |
|---|---|---|---|---|
| 斑点病 | 果面形成褐色边缘清晰微凹陷的圆形斑点 | 果实缺钙；收获过晚；未及时降温入贮；贮期太长 | 生长期喷钙；适期采收及时预冷入贮；停止贮藏及时处理 | 红玉 |

**续表 3**

| 病害名称 | 病害症状 | 病害原因 | 防止措施 | 易染病的品种 |
|---|---|---|---|---|
| 虎皮病 | 外皮变褐呈不规则状，微凹陷，严重时遍及整个果面病斑不深入果肉 | 采收太早；着色差的果实；个大的果；施氮肥多的果；库内通风不良；后期贮温偏高 | 适期采收；化学药剂处理虎皮灵纸包果，或用0.25%～0.35%，25℃虎皮灵液浸果；加强通风换气；控制贮藏温度 | 金冠、元帅、青香蕉、甜香蕉、倭锦、国光 |
| 苦痘病 | 果面呈现色较暗而凹陷的小圆斑，在绿色品种上圆斑呈深绿色；在红色品种上，圆斑呈紫红色。斑下果肉坏死深及果肉数毫米至1厘米，味微苦。后变深褐或黑褐色，病斑多发生于果顶处 | 土壤中和果树树体内无机盐不平衡；砧木影响；成熟度差的果；大个的果（幼树果、旺树果）；贮期温度偏高 | 选择适宜品种砧木组合；土壤增施有机肥，后期少施氮肥；谢花后喷0.5%氯化钙或0.8%硝酸钙溶液，每2周1次；采收后用2%～4%钙盐溶液浸果；降低贮藏温度 | 国光、青香蕉、元帅、金冠、倭锦 |
| 果肉（粉质、溃败）褐变 | 粉质褐变：果肉变软呈干碎粉质状，易裂果；<br>果肉溃败褐变：果肉褐变，不变粉质状，不裂果 | 采收过晚，果实衰老；<br>贮期过长，贮温过高，湿度过大 | 生长中后期（7～9月份）喷2～4次0.5%氯化钙液；采收后用2%～4%氯化钙液浸果10分钟；适期采收；控制贮藏温度和湿度 | 倭锦、青香蕉、元帅 |
| 水心病 | 果实近果心部位开始糖化，呈半透明状向四周蔓延至果心 | 树势衰弱，钙营养不足；采收过晚；后期大雨或大量灌水 | 增施有机肥，喷施钙盐；适期采收；中断冷藏 | 元帅、青香蕉、甜香蕉 |

## 附录B 碘-碘化钾染色反应指数图例(淀粉消化比例)
(补充件)

完全染色　果心内消失　维管束带内消失　70%消失　90%消失

5级　4级　3级　2级　1级

注:适于长期贮藏的在3.5~3级;适于中期贮藏的在3~2级;适于短期贮藏的在1级

## 附录C 库房灭菌药物及使用方法
(参考件)

果品冷藏库被有害菌类的污染常是引起霉烂的重要原因。因此,库房在使用前全面进行消毒灭菌是有效的防止措施之一。常用方法如下:

C1　乳酸(又叫2-羟基丙酸和丙醇酸)

C1.1　性质:澄清无色或微黄色糖浆液体,无臭、味酸,对细菌、真菌和病毒均有杀灭和抑制作用。

C1.2　用法:将浓度为80%~90%的乳酸和水等量混合,按每立方米库容用1毫升乳酸的比例,将混合液放入瓷盆内于电炉上加热,待溶液蒸发完后,关闭电炉。闭门熏蒸6~24小时,然后开库使用。

C2　过氧乙酸(又名过醋酸或过乙酸)

C2.1　性质:无色透明酸性液体,腐蚀性较强,使用分解后无残留。能快速杀灭细菌和霉菌。

C2.2 用法：将20%的过氧乙酸按库容每立方米用5～10毫升液的比例，放于容器内于电炉上加热促使挥发熏蒸；或者按以上比例配成1%的水溶液全面喷雾。

C3 漂白粉

C3.1 性质：为白色或淡黄色粉末，有味，具强腐蚀性，稍能溶于水，在水中分解产生新生氧和氯气均可灭菌。

C3.2 用法：将含有效氯25%～30%的漂白粉配成10%的溶液。用上面的清液按库容每立方米40毫升的用量喷雾。

使用时注意防护。用后库房必须通风换气除味。

C4 福尔马林

C4.1 性质：甲醛的水溶液，含甲醛不少于36%，弱酸性，不稳定，长期存放能发生聚合反应，生成多聚甲醛的白色沉淀，但加热后能解聚。杀菌力很强。尤其对真菌孢子杀伤很强。

C4.2 用法：按库容每立方米用15毫升福尔马林的比例，将福尔马林放入适量高锰酸钾或生石灰，稍加些水，待发生气体时，将库门紧闭熏蒸6～12小时，开库通风换气后才可使用库房。

C5 臭氧

C5.1 性质：是一种气体强氧化剂，既可杀菌灭霉，又可除臭。

C5.2 用法：用特制的臭氧发生器放入库房内闭门产生，净化空气灭菌。每立方米库容臭氧浓度达到17～20毫克时，保持3昼夜即可完全杀灭霉菌及其孢子。

C6 高锰酸钾

C6.1 性质：深紫色结晶，味甜而涩。

C6.2 用法：用0.5%溶液喷洒，或与福尔马林混合熏蒸灭菌。

## 四、柑橘储藏(GB/T10547—1989)

**1 主题内容与适用范围**

本标准规定了柑橘储藏用果的基本条件,果实入库前的预处理,库房准备及管理,出库指标,果实检测项目及方法。

本标准适用于鲜甜橙类、宽皮柑橘类的中、长期非制冷储藏。

**2 引用标准(略)**

**3 储藏的基本条件**

3.1 生态条件

3.1.1 宜选择红壤土、黄壤土、紫色土的坡地柑橘园作为储藏用基地。

3.1.2 基地果园要增施饼肥、人畜粪和磷、钾肥,避免过量施用氮肥。

3.1.3 储藏用果不得有植物检疫对象,不得有明显的病虫害症状和严重的日灼斑。

3.2 果实成熟度

3.2.1 甜橙果面着色 2/3,宽皮柑橘果面着色 1/3 时,为储藏用果的开始采收期。手感硬实,皮肉紧贴。

3.2.2 甜橙果实可溶性固形物 $>10\%$,酸(以柠檬酸计)$>0.7\%$;宽皮柑橘可溶性固形物 $>9\%$,酸 $\geqslant 0.5\%$。

3.3 果实大小:甜橙类果实横径为 60~85 毫米;温州蜜柑果实横径为 55~75 毫米。

3.4 采摘条件

3.4.1 采摘前一周停止灌水,雨天,果面水未干前不得采摘。

3.4.2 必须用采果剪采果,采取两剪法。注意剪平果蒂,做到轻拿轻放,尽量避免机械伤。防止果实日晒雨淋。

**4 果实入库前的预处理**

4.1 化学药剂洗果

4.1.1 所用药剂的类型、剂量必须符合国标的有关规定(详见 GB2762、GB2763)。

4.1.2 目前用于柑橘防腐的药剂有多菌灵、托布津、特克多、抑霉唑、双胍盐。浸果药液浓度为 500~1 000 毫克/升。用于柑橘储藏的生长刺激素为 2,4-D,浸果药液浓度为 100~200 毫克/升。

4.1.3 浸药时间必须在果实采摘后 24 小时内,最长不超过 48 小时。

4.2 果实预储

4.2.1 预储时间的长短应根据种类、品种及采摘时天气而定,一般为 3~5 天。

4.2.2 甜橙类预储失重 1%~3%,宽皮柑橘预储失重 2%~4%可作为预储时间长短的参考指标。

4.3 洗果、包果

4.3.1 预储结束后,按照 3.3 条的要求选除过大、过小果和病虫危害果、机械损伤果、浮皮果、沾泥果。

4.3.2 用 0.01 毫米聚乙烯薄膜袋或薄白纸包果后装箱,也可不包果装箱。

## 5 果实入库

5.1 储藏库的类型

5.1.1 地面通风库:指普通储藏库(包括民房)和农家储藏库。适用于宽皮柑橘类储藏。甜橙类如采用塑料薄膜单果包装,也可储藏于地面库。

5.1.2 地下通风库:指全地下式通风储藏库和半地下通风储藏库。适用于甜橙类储藏。宽皮柑橘类若不包果,亦可储藏于地下通风库。

5.2 果实入库前 1 周,库房需采取防止和消灭鼠害的措施,并做好用具、库房的消毒工作;在入库前 24 小时敞开门窗,换入新鲜空气。

5.3 果实应尽量在气温较低时入库。

5.4 果实装箱

5.4.1 盛果容器为瓦楞纸箱、木箱、竹篓等。

5.4.2 采用聚乙烯薄膜包装的果实,可装入瓦楞纸箱、木箱、竹篓中,裸体果最好装入瓦楞纸箱中。

5.4.3 容器上方保留 5~10 厘米的空间,不宜盛满,每件净重不超过 25 千克。

5.5 库内码垛

5.5.1 根据库型条件,每堆宽 3~4 米,长不限,堆间留 50 厘米宽的通道,每件之间保留 10 厘米左右的空隙,四周与墙壁保留 20 厘米左右的距离。

5.5.2 堆码高度依容器的耐压强度而定,但距离库顶棚必须留 60 厘米的空间,一般每平方米存放 250~400 千克。

**6 库房管理**

6.1 用通风换气的方法调节库内的温度、湿度与气体成分。

6.1.1 温度范围: 4℃~20℃。

6.1.2 相对湿度: 甜橙类 90%~95%,宽皮柑橘类 80%~85%。

6.1.3 库内风速(通道): 裸体果储藏时风速为 0.2~0.5 米/秒。

6.1.4 库内气体成分: 氧气不低于 18%;二氧化碳,甜橙类不高于 3%,宽皮柑橘类不高于 1%。

6.2 入库初期,由于果实代谢旺盛,易出现高温高湿,应在外温低于库温时,敞开所有通风口,并开动排风机械,加速库内外气体交换。

6.3 入库中期,当气温低至 4℃以下时,加强库内防寒保暖,必要时所有通风口加挂棉帘或草帘,实行午间通风换气。

6.4 储藏后期,当外界气温上升至 20℃时,白天应紧闭通风口,实行早晚换气。

**7　出库指标**

甜橙类储藏4个月以上，宽皮柑橘类储藏2~3个月，可溶性固形物在8%以上，总损耗不超过10%。

**8　检测项目**

8.1　库内环境条件的测定

8.1.1　温、湿度的测定：根据库房大小，设2~3个测定点，采用自记温、湿度测定仪或干、湿球水银温度计测定，用干、湿球水银温度计测定温、湿度时，应在早、中、晚各观测1次。

8.1.2　风速采用微风仪测定。

8.1.3　空气成分采用奥氏气体分析仪或氧、二氧化碳测定仪测定。

8.2　（略）

8.3　感官测定：果实色泽鲜艳，果蒂青绿，表面光滑，手感硬实，果实甜酸适度，无异味。

8.4　果实内含物的测定（略）

## 五、鲜食葡萄冷藏技术（GB/T16862—1997）

**1　范　围**

本标准规定了鲜食葡萄冷藏用果的质量条件、成熟度、采收条件、冷藏容器、冷藏技术及防腐保鲜措施，果实质量检测方法及出库果实质量指标。

本标准适用于下列葡萄品种的冷藏：

中熟品种：玫瑰露、巨峰、黑奥林、里扎马特、先锋、藤稔、米合等。

晚熟品种：玫瑰香、牛奶、保尔加尔、意大利、红大粒、新玫瑰、伊丽莎白、瓶儿葡萄、粉红太妃、无核白、粉红、峰寿、红蜜、红地球、秋黑等。

极晚熟品种：龙眼、黄金钟、泽香、红鸡心、粉红葡萄、尼木兰格、吐鲁番红葡萄、甲斐露、红意大利、马利欧等。凡其他未列入的品种,可根据上述规定中的类似品种参照执行。

**2 引用标准(略)**

**3 定义(略)**

**4 技术内容**

4.1 冷藏葡萄的基本条件

4.1.1 选择气候凉爽,降水量较少,昼夜温差较大的地区为基地。

4.1.2 山坡、丘陵、旱地沙壤土栽培的葡萄适于长期贮存。

4.1.3 用做贮藏的基地园要多施有机肥和磷、钾肥,过量施用氮肥不适于贮藏。

4.1.4 采前3~10天用植物生长调节剂等处理果穗。喷布乙烯利等催熟剂的果穗不能用做冷藏。

4.1.5 单位面积产量不宜过高,亩产限制在2000千克左右。

4.1.6 花前、后和采前10~15天各喷布对贮藏病害有特效的防治和抑制杀菌剂。

4.1.7 采前10~15天停止灌溉,雨天要推迟采收时间。

4.2 冷藏葡萄的质量要求与采收条件

4.2.1 冷藏葡萄的质量要求

4.2.1.1 冷藏用的葡萄应具有本品种的果型、硬度、色泽(果肉和种子颜色)、风味等特征。

4.2.1.2 果穗要新鲜健壮,无病虫害侵染,无水罐子病,无日灼病,无机械损伤,洁净,无附着外来水分和药物残留。严禁带有水迹和病斑的果穗入库。

4.2.1.3 果粒在主梗上应具有均匀适当的间隙,过于紧密或排列不规则的果穗不选。

4.2.1.4 主梗已木质化或半木质化,呈褐色或鲜绿色,不失水。

4.2.1.5 果实要达到生理成熟度,指标见表4。

表 4 部分葡萄品种入库前理化指标

| 品 种 | 可溶性固形物[1](%) 不低于 | 总酸量(酒石酸)[2](%) 不高于 | 固酸比 |
| --- | --- | --- | --- |
| 里扎马特 | 15 | 0.62 | 24.2 |
| 巨 峰 | 14 | 0.58 | 24.1 |
| 玫瑰香 | 17 | 0.65 | 26.2 |
| 保尔加尔 | 17 | 0.60 | 28.3 |
| 红大粒 | 17 | 0.68 | 25.0 |
| 牛 奶 | 17 | 0.60 | 28.3 |
| 意大利 | 17 | 0.65 | 26.2 |
| 红地球 | 16 | 0.55 | 29.1 |
| 红鸡心 | 18 | 0.65 | 27.7 |
| 龙 眼 | 16 | 0.57 | 28.1 |
| 黄金钟 | 16 | 0.55 | 29.0 |
| 泽 香 | 18 | 0.70 | 25.7 |
| 吐鲁番红葡萄 | 19 | 0.65 | 29.2 |

1)取样方法:随机取 10 穗葡萄,按每果穗上、中、下、左、右取 5 粒,共取 50 粒,压成汁,用玻璃棒搅匀,取 1~2 滴,按 GB12295—90 中 3.4 测定; 2)按 GB12293 方法测定

4.2.1.6 果穗生长发育的天数:每品种从盛花到果穗成熟都有一定天数记载和要求,不应过早、过晚采摘。

4.2.2 采收条件

4.2.2.1 采收时间:葡萄采收须在露水干后的早晨或下午 3 时后,气温凉爽时进行。不宜在阴天、雾天、雨天、烈日曝晒下采收。

4.2.2.2 采收方法:一手握采果剪,一手提起主梗,贴近母枝处剪下,要尽量带有长的主梗。

4.2.2.3 采收过程中做到轻拿轻放,尽量避免碰伤果穗和抹掉果实表面的果粉。

4.2.2.4 对果穗上的伤粒、病粒、虫粒、裂粒、日灼粒、夹叶及

过长穗尖进行剪除、整理。

4.3 冷藏容器

4.3.1 可采用厚瓦楞纸板箱、木条箱、塑料周转箱、条筐等。箱体不宜过高并呈扁平形。

4.3.1.1 纸箱容量以5～8千克为宜,箱体应清洁,干燥,坚实牢固耐压,内壁平滑,箱两侧上、下有直径1.5厘米的通气孔4个。

4.3.1.2 木条箱和塑料周转箱,容量不超过10千克,放1～2层葡萄,内衬包装纸。

4.3.2 内包装宜采用洁白无毒,适于包装食品的高压低密度0.03～0.05毫米聚乙烯袋,袋的长宽与箱体一致,长度要便于扎口,袋的上面、底面内铺纸便于吸湿。

4.4 入库前的准备

4.4.1 库房内需设置格架。

4.4.2 库房消毒:冷库和包装材料必须消毒,可参照GB8559－87中附录C规定进行。

4.4.3 降温:葡萄贮藏前3天即可开机降温,使库房温度稳定在－1℃～0℃。

4.4.4 采后立即对葡萄进行预冷处理,暂不能进行处理的,需把葡萄放置在阴凉通风处,但不得超过24小时。

4.5 冷藏技术

4.5.1 预冷处理后装袋贮藏法

4.5.1.1 预冷处理好的葡萄按4.3.2要求准备装箱。

4.5.1.2 装箱时葡萄要排列整齐,主梗朝上,穗尖朝下,单层斜放,每箱重量要一致,均匀投放防腐药剂,见附录AA1.2。装妥后扎紧塑料袋口,盖上箱盖,放置货架上密封贮藏。

4.5.1.3 根据不同包装容器合理排列货架上。

4.5.1.4 按品种及不同入库时间分等级码箱,以每立方米不超过200千克的贮藏密度排列。

4.5.1.5　入满库后应及时填写货位标签，并制出平面货位图。

4.5.1.6　堆码要求应按 GB8559—87 中 4.2.4 的规定执行。

4.5.2　田间装袋贮藏法

4.5.2.1　葡萄采收时，气温接近贮藏温度，可按 4.3.2 和 4.5.1.2 的规定装箱，直接入库贮藏。

4.5.2.2　摆列存放应按 4.5.1.4 和 4.5.1.5 的规定执行。

4.5.3　塑料大帐堆码贮藏法

4.5.3.1　塑料薄膜帐的规格要求应按 GB8867—88 附录 A 中 A2 和 A3 的规定执行。

4.5.3.2　经预冷处理的葡萄，直接排放在已铺好纸的木箱或塑料箱内(不需加盖)，然后把箱置放在货架上。

4.5.3.3　放满货架后封闭大帐，按附录 A 中 A1.1.1 或 A1.1.2 进行防腐处理。

4.6　库房管理

4.6.1　温度

4.6.1.1　葡萄最佳贮藏温度为－2℃～0℃，不同葡萄品种最适冷藏温度见表 5。

**表 5　不同葡萄品种冷藏最适温度**

| 葡萄品种(中文名) | 贮藏温度(℃) |
|---|---|
| 玫瑰露、玫瑰香、牛奶(宣化白牛奶、玛瑙) | －1～0 |
| 巨峰、红大粒(黑汉、黑罕、黑汉堡)、新玫瑰(白浮士德)、伊丽莎白、瓶儿葡萄、粉红太妃、黄金钟(金后、中秋节)、红鸡心(紫牛奶)、粉红葡萄(西林) | －1.5～0 |
| 保尔加尔、意大利、无核白、龙眼、红密(富尔马、洋红密)、泽香、尼木兰格、吐鲁番红葡萄 | －2～0 |

4.6.1.2　定期检查葡萄贮藏期间病害的发生情况，见附

录 B。

4.6.1.3 在整个贮藏期间要保持库温稳定，波动幅度不得超过±1℃。测定方法参照 GB8559—89 中的 4.3.1。

4.6.2 相对湿度

4.6.2.1 贮藏期间库房内相对湿度保持在 90%～95%。塑料大帐内的湿度不得低于 90%。

4.6.2.2 测湿仪器的精度要求为±5%。

4.6.3 通风换气

为确保库内新鲜空气，要利用夜间或早上低温时进行通风换气（敞开所有通风口，开动排风机械），但要严防库内温、湿度的波动过大。

4.6.4 贮藏寿命和出库指标

4.6.4.1 贮藏寿命随品种、采摘条件和贮藏方法不同而变化。从生物学角度看，葡萄果粒能贮藏 6 个月，但如果果穗主梗保持鲜绿、饱满，则不宜超过 4 个月。

4.6.4.2 出库指标

a）果梗新鲜翠绿，主梗和果梗 90%不干枯、萎蔫，无褐变；b）果粒饱满，有弹性，果粒不易脱落，果刷不褐变；c）好果率达 90%以上，品位正常，无异味；d）可溶性固形物保持或略低于入库时指标；e）总酸量允许略低于入库时指标。

4.6.4.3 出库注意事项

a）出库时内、外温差大，易使葡萄表面结露，为此，要求缓慢升温，以防果实劣变。更不要经常打开塑料袋口；b）冷藏期间的葡萄，要定期进行质量检查，发现问题及时处理。

4.7 辅助措施（药物处理）

4.7.1 为防止葡萄在冷藏条件下因真菌繁殖而发生病害，可采用二氧化硫和仲丁胺进行药物处理。处理方法见附录 A。

4.7.2 如不按附录 A 规定方法进行处理，冷藏的葡萄有可能出现程度不同的药物伤害。轻度伤害会影响葡萄的外观，损害葡萄的商品价值。严重伤害可致葡萄变质、漂白、有异味。

4.7.3 二氧化硫处理葡萄时,因二氧化硫溶于水中生成亚硫酸,对金属设备有强烈的腐蚀作用,故应将金属设备涂以抗酸漆加以保护。

4.7.4 用二氧化硫处理葡萄,在冷藏时不得与其他耐抗力差的果蔬混合存放,以免对其他果、蔬造成损害。

## 附录A 二氧化硫和仲丁胺的防腐处理

(标准的附录)

葡萄贮藏中为了防止真菌的侵染,特别是灰霉菌的病原菌在0℃下仍能生长繁殖,在贮藏期可采用抑制和杀菌防腐剂。目前通用的防腐剂为二氧化硫和仲丁胺两种。葡萄贮藏期间,应用下列任何一种方法便可提高葡萄贮藏品质,延长葡萄的贮藏期。

A1 二氧化硫防腐处理方法

A1.1 周期熏蒸法

A1.1.1 点燃法

A1.1.1.1 使用范围:塑料大帐和吊藏法(葡萄主梗用塑料绳悬挂在货架格栅,同时再在格栅上以葡萄穗首尾衔接摆放数行。)。

A1.1.1.2 方法:按每立方米3~5克硫黄用量,加少许酒精或木屑混合助燃,使硫黄充分燃烧产生二氧化硫。库内布点要多而均匀,使燃烧产生的烟雾均匀一致。

A1.1.1.3 熏蒸时间:每熏蒸1次需12~24小时,贮藏前期每10~15天熏蒸1次,贮藏后期每15~30天熏蒸1次。

A1.1.1.4 注意事项:每次熏蒸完毕后开动风机,打开库门,通风换气或揭帐换气。

A1.1.2 充二氧化硫气法

A1.1.2.1 使用范围:塑料大帐

A1.1.2.2 熏蒸方法：钢瓶自动控制释放二氧化硫。在0℃下每千克压力二氧化硫气化后体积约为0.35米$^3$。根据帐内容积计算后适量放气。

A1.1.2.3 熏蒸时间：占0.5容积比例的二氧化硫应熏蒸0.5小时，每10～15天熏蒸1次。

A1.1.2.4 注意事项：同A1.1.1.4。

注：熏蒸法很难有适当的方法使库内的空气与二氧化硫混合，因此常常使葡萄漂白或出现异味。通风换气会影响库内温、湿度的正常状态。

A1.2 缓慢释放法

为了避免熏蒸法的各种副作用，可将能产生二氧化硫的药剂放在葡萄包装内。

A1.2.1 重亚硫酸氢钠粉剂

A1.2.1.1 使用范围：塑料大帐，塑料袋密封包装。

A1.2.1.2 使用方法：重亚硫酸氢钠2～3份加1份硅胶，用牛皮纸包裹或带微孔的塑料薄膜包成2～3克小包，按葡萄重量0.3%比例投入于密封的帐、袋中。亦可用重亚硫酸氢钠试剂，用树脂复合膜包成若干小包，按葡萄重量0.15%投放。

A1.2.2 焦亚硫酸钠和焦亚硫酸钾混合片剂

A1.2.2.1 使用范围：同A1.2.1.1。

A1.2.2.2 使用方法：焦亚硫酸钠和焦亚硫酸钾按1:1比例混合，加1%淀粉或糊精，1%硬脂酸钙，混合加工成每片重0.625克的片剂，按每千克葡萄4片投放（每小包2～4片）于密封帐、袋的中部和上部。

注：这种剂量的用药量，在整个封闭贮藏期间，就可以保持包装容器内的二氧化硫气体含量在每千克葡萄$80\times10^{-6}$～$300\times10^{-6}$范围内，葡萄无伤害又能抑制灰霉菌的繁殖。

A2 仲丁胺防腐处理方法

用仲丁胺药液熏蒸，对葡萄防腐效果十分明显，而且使用方法简便，用药次数少。

A2.1　使用范围：塑料大帐、塑料袋封闭包装。

A2.2　使用方法：用脱脂棉或布条等吸收一定量药液（用药量每千克为0.2～0.25毫升原液），用绳系之悬挂在塑料大帐的四角和中央部位。用塑料袋贮藏的可将吸有定量药液的脱脂棉放入玻璃小瓶内，然后把小瓶放在葡萄中央，封闭塑料袋口。

A2.3　注意事项：仲丁胺药液不能接触葡萄。贮藏过程中不要轻易打开塑料袋或揭掉塑料大帐，否则仲丁胺散逸，起不到防腐的效果。

## 附录B　葡萄贮藏期病害发生及防治措施

（提示的附录）

葡萄贮藏期病害发生及防治措施见表6。

**表6　葡萄贮藏期病害发生及防治措施**

| 病害名称 | 病害症状 | 发病条件 | 防治措施 |
|---|---|---|---|
| 灰霉病 | 侵染后果面出现褐色凹陷呈圆形病斑，使果粒明显裂纹，轻压可“脱皮”，很快整个果实软腐，长出鼠灰色霉层，果梗变黑色 | 病菌先侵染花柱头，呈“潜伏状态”或伤口入侵。0℃下10天左右发病，－1℃仍缓慢生长 | ①花期前、后及采前喷布甲基托布津或苯莱特、特克多。②入贮时使用葡萄防腐剂。③库温低于－1℃ |
| 青霉病 | 果粒上形成圆形或半圆形凹斑，果皮皱缩，果实软化，果肉呈透明浆状物，有霉味，霉菌呈白色，后期出现青霉 | 采收搬运中造成的机械损伤或裂果处发病。0℃温度下贮藏发病很缓慢 | ①防止机械损伤发生。②贮藏温度低于0℃以下。③使用葡萄防腐剂 |

续表 6

| 病害名称 | 病害症状 | 发病条件 | 防治措施 |
| --- | --- | --- | --- |
| 交链孢霉腐病病原 | 侵染后在果刷内生长呈棕褐色或深褐色的坏死斑,后期罹病果粒从果穗上脱落 | 田间下雨,特别是采收季节前降雨,交链孢霉菌就侵入果柄与果实连结的纤维组织 | ①采前防雨,喷药。②0℃以下贮藏。③使用葡萄保鲜剂 |
| 芽枝孢霉腐病病原 | 侵染后果梗顶端或侧面产生黑色坚硬腐烂病斑,果粒侧面呈扁平状或皱缩状,出库几天即出现绿色的霉层 | 伤口侵染或在果梗末端小的裂纹处入侵(4℃~30℃发病) | ①入库前清除病、伤果粒。②使用葡萄保鲜剂 |
| 根霉腐败病病原 | 变软,果汁流出,常温下,烂果长出粗白色丝体(黑色),冷藏下,烂果呈灰色或黑色团 | 伤口侵入,预冷不好,库温过高引起;或粗暴装卸 | ①加强果园管理。②预冷要好 |
| 黑腐病 | 果粒开始呈紫褐色,后变黑软腐,最后病果粒失水干缩 | 潜伏侵染或伤口侵入。预冷不佳,码垛过于密集,散热慢,果穗温度高发病 | ①加强果园管理。②预冷要好 |
| 白腐病 | 果粒基部变淡褐色软腐,果面密布灰白色小粒点,全穗腐烂,果梗干枯缢缩 | 潜伏或带入库内,库温高发病 | ①进入雨季初(7月上旬至中旬)每隔7~15天喷一次防病药。②严格控制库温 |

## 六、芒果　贮藏导则(GB/T15034—1994)

### 1　主要内容与适用范围

本标准规定了鲜食芒果的贮藏条件及获得这些条件的方法。

本标准适用于主要商品品种,其他品种也可参照使用。

## 2　引用标准(略)

## 3　术语(略)

## 4　收获和贮藏条件

### 4.1　收获

4.1.1　芒果应在生理成熟阶段采摘。如果采摘的芒果用作加工成酸芒果等制品,则采摘果实外表为绿色或橄榄绿、果肉白色,酸度大于2.9%(m/m),pH值小于3.0的果实。如果作为贮藏保鲜、食用商品的应采摘果实外表橄榄绿或浅绿色,果肉米黄色,果实的果蒂基部发育至凹或平,少部分果实的果肩部位出现隐黄,酸度小于2.9%(m/m),pH值大于3.0的果实。

4.1.2　一些品种贮藏的最适采收始期的化学、物理感观特征(表7)。

**表7　芒果最适采收始期的化学、物理感观特征**

| 品　种 | 化学特征 | | | 物理感观特征 | | | | 果龄(天) |
|---|---|---|---|---|---|---|---|---|
| | 总可溶性固形物(%) | 酸度(%) | pH值 | 果皮 | 果肉 | 硬度(手感) | 果肩 | |
| 秋　芒 | 7.2±0.7 | 小于1.9 | 大于3.25 | 橄榄绿 | 米黄色 | 硬实 | 约有50%以上果实的果蒂基部发育至凹,少部分果实果肩部位出现隐黄 | 110~135 |
| 斯里兰卡芒811 | 6.7±1 | 小于1.7 | 大于3.2 | 光滑、浅绿色,具有白色的蜡质绒毛 | 米黄色 | 硬实 | 80%以上果实的果蒂基部发育至凹,少部分果实果肩部位出现隐黄 | 95~123 |
| 桂热芒10号 | 6.2±0.5 | 小于2.9 | 大于3.0 | 光滑,橄榄绿 | 米黄色,柔细 | 硬实 | 约有1/3的果实的果蒂基部发育至平,小部分果实的果肩部位出现隐黄 | 109~132 |

4.2　化学特征测定

4.2.1　酸度　按GB8210可滴定酸的测定——指示剂法(常规法)规定执行。

4.2.2　总可溶性固形物　按《出口柑橘鲜果检验方法》(GB/T8210—1987)总可溶性固形物测定法1—手持糖量计测定法规定执行。

4.2.3　pH值电位法测定。

4.3　贮藏果实的质量标准

4.3.1　果实质量要求　供贮藏的果实生理发育正常、硬实、清洁、无病斑、虫口或其他动物及机械伤害的痕迹。

4.3.2　贮藏前的果实处理　采果时留2~3厘米果柄。处理前剪留在离层以上0.5厘米的果柄,果柄刀口要平滑,以后在清水中小心抹洗果实,晾干。

4.3.3　采收后应在24小时内用热药液处理,在适宜温度下贮藏。

4.4　包装箱和贮藏室

4.4.1　包装箱　果实必须装在纸板盒、木箱或耐压的瓦楞纸箱中。根据果实的大小决定每箱装果实5千克或10千克为宜。纸盒开有圆孔,箱顶、箱底和两长边各开6个孔,两短边各开3个孔,孔径约30毫米,然后置于贮藏室。

4.4.2　贮藏室　包装箱在贮藏室内的排列方式应使空气能够自由流通,建议在整个贮藏期空气循环率为20~30。

4.5　贮藏方法

4.5.1　常温贮藏

4.5.2　温度和相对湿度　经处理后的果实可以贮藏在26℃~32℃,相对湿度60%~85%的通风良好的贮藏室中。

4.5.3　材料和方法

a.用1毫克/升特克多热药液处理果实5~10分钟晾干,用0.01~0.014毫米聚乙烯袋单果包装或双层药纱纸包后用聚乙烯袋单果包装。b.用1毫克/升特克多热药液处理果实5~10分钟晾干,双层药纱纸单果包后放入聚乙烯大袋,每袋2.5千克,袋内放吸附剂1包,10~20克。

4.5.4 贮藏期限 见表8。

**表8 芒果贮藏期限**

| 品 种 | 期里兰卡芒811 | 秋芒 | 桂热芒10号 | 桂香芒 | 紫花芒 | 象牙芒22号 |
|---|---|---|---|---|---|---|
| 贮藏期限(天) | 9~12 | 9~13 | 8~10 | 16~18 | 11 | 20 |

4.6 冷藏 冷藏的芒果要求有一定的温、湿度限,低于或高于此温、湿度限,果实发生变质。但不同的品种要求贮藏的温度不同,不经催熟的芒果一般不能低于12℃。

4.6.1 冷藏材料 a.生果实;b.催熟果实。

4.6.2 冷藏方法

生果实:a.用1毫克/升特克多热药液处理果实5~10分钟晾干,用0.01~0.014毫米聚乙烯袋单果包装或双层药纱纸包后用聚乙烯袋单果包装。b.用1毫克/升特克多热药液处理果实5~10分钟晾干,双层药纱纸单果包后放入聚乙烯大袋,每袋2.5千克,袋内放吸附剂1包,10~20克。

催熟果实:用0.5~2毫克/升乙烯利浸泡果实1分钟,在箱内使果皮黄熟硬实,用聚乙烯袋单果包装。

4.6.3 冷藏期限 见表9,表10。

**表9 生果实冷藏期限**

| 品 种 | 桂热芒10号 | 桂香芒 | 紫花芒 | 秋 芒 |
|---|---|---|---|---|
| 贮藏期限(天) | 15~17 | 25 | 20 | 22~25 |
| 贮藏条件 | 温度12℃~15℃,相对湿度85%~90% | | | |

表 10　催熟果实冷藏期限

| 品　种 | 紫花芒 | 秋　芒 |
| --- | --- | --- |
| 贮藏期限(天) | 30～45 | 30～45 |
| 贮藏条件 | 温度 5℃～8℃,相对湿度 85%～90% | |

4.7　贮藏检查　定期抽样检查贮藏期可能发生的变质情况。不论采用何种贮藏方法,在任何情况下都不能使贮藏期超出果实保持良好质量的期限。

4.7.1　贮藏果实检查指标　贮藏后总损耗率要求不超过 20%,并保持原品种的风味和品质。

## 七、杏冷藏(GB/T17479—1998)

**1　范围**

本标准规定了杏冷藏用果实的基本条件、采收方法、贮藏容器、预处理、冷藏技术、检验方法及果实出库质量。

本标准适用于有贮藏价值的普通杏的栽培品种生长的供鲜食或加工用果实的冷藏。主要有以下品种:红玉杏、红榛杏、红金玉杏、白玉杏、华县大接杏、大偏头、串枝红、骆驼黄、兰州大接杏、玉吕克、仰韶黄、沙金红、杨继元、拳杏、荷苞杏、金妈妈。

**2　引用标准(略)**

**3　定义(略)**

**4　技术内容**

4.1　冷藏杏果实的基本条件

4.1.1　选择树势健壮的成龄果园为冷藏果的基地。

4.1.2　果园应有较高水平的农业技术措施。

4.1.2.1　应多施有机肥和磷、钾肥料。过量施用氮肥的果实,不适于冷藏。

4.1.2.2　应合理修剪。

4.1.2.3 应及时防治病虫害。

4.1.3 果实采收前 7 ~ 10 天停止灌水，遇雨天应推迟采收时间。

4.2 冷藏杏果实的采收条件

4.2.1 应掌握在果实转色期采收，色泽深度依品种而异。已达完熟期的果实不适于冷藏。

4.2.2 采收时间，应掌握天气晴朗，上午 10 时前露水消失后或傍晚采收。阴、雨、雾天气或烈日下采收的果实不适于冷藏。

4.2.3 采收方法，应人工采收，采收人员要剪指甲、带手套，轻轻用手握住果实向上托扭使果实脱落，果实带果梗。采下的果实应轻轻放入带衬的果筐、果箱内。

4.2.4 用采果剪剪平果梗。

4.2.5 采后的果实应及时放在阴凉处，防止日晒、雨淋。

4.3 冷藏杏果实的质量要求

4.3.1 应具有本品种果实大小、形状、色泽、风味特征。

4.3.2 应带果梗。

4.3.3 应无腐烂、伤口、破皮、虫孔、发育性裂口、疮痂、蚧、病虫害、无冰雹及机械伤或其他原因所致的损伤。鲜食果除上述伤害外还应无枝叶磨、锈斑、日灼、污物。

4.3.4 果实成熟度按 4.2.1 执行。

4.3.5 果实饱满，果肉硬。

4.3.6 果实生理指标参考附录 A。生理指标的测定方法：总酸按 GB/T12293 执行；固形物按 GB/T12295 执行；维生素 C 按 GB/T6195 执行。

4.4冷藏包装容器

4.4.1 外包装可采用纸箱、木箱、塑箱、条筐等。

4.4.1.1 纸箱容量以 5 ~ 10 千克为宜。箱体应整洁、干燥、坚实牢固、内壁平滑。箱两侧上下应有 4 个通气孔，孔径 1.5 厘米。

4.4.1.2　木箱、塑箱容量不宜超过15千克。箱体内壁应衬包装纸。装箱前应消毒灭菌，方法按4.6.1执行。

4.4.1.3　条筐容量不宜超过15千克。筐内外壁应光滑，内衬包装纸2层，装筐前应消毒灭菌，方法按4.6.1执行。

4.4.2　内包装可采用高压聚乙烯(PE)或无毒聚乙烯(PVC)膜，膜厚度为0.03～0.05毫米，袋宽应与外包装吻合一致，袋长应考虑装箱后掩口。

4.4.3　标志按SB/T10091规定执行。

4.5　果实预冷及包装

4.5.1　预冷温度3℃～5℃。

4.5.2　预冷应采用风预冷法。

4.5.3　果实包装方法

4.5.3.1　果实预冷后包装。果实在箱内要排列整齐，每箱重应按箱容量设定装入果实，应标、重一致。

4.5.3.2　投放乙烯吸附剂，剂量20克/10千克，参考附录B。

4.5.3.3　果实装箱后内包装应掩口。不敞口，不扎口。

4.5.3.4　封箱，加盖后待码垛。

4.6　入库前库房处理

4.6.1　库房消毒：库房及包装容器在果实入库前应进行消毒，方法按GB/T8559—87中附录C规定执行。

4.6.2　库房降温：库房应在果实入库前3天开机降温，并将库温稳定在0℃。

4.7　入　库

4.7.1　依不同包装容器合理安排货位、堆码形式、货垛大小、高度、排列方式、走向、间距，应力求库房内空气循环流畅，方向有序，管理方便。

4.7.2　按品种、等级、用途、入库时间分库、分垛。有效空间贮量掌握在每立方米不超过250千克。

4.7.3　果实采收后应掌握在24小时内入库。若集中入库时，每天、每次入库量不超过库容量的25%～30%。

4.7.4 货垛堆码方式按GB/T8559—87中4.2.4执行。

4.8 温 度

4.8.1 杏果实冷藏条件及库房管理

4.8.1.1 库房温度应控制在－0.5～1℃。

4.8.1.2 温度测定按GB/T8559—87中4.3.1执行。

4.8.2 湿度(RH)

4.8.2.1 库房湿度应控制在90%～95%(RH)。

4.8.2.2 湿度测定按GB/T8559－87中4.3.2.2执行。

4.8.3 袋内气体成分的二氧化碳气应控制在1%～2%，不得超过3%，超过3%应及时开袋放气。

4.8.4 库房空气应更新环流，但温度和湿度应控制在4.8.1.1和4.8.2.1规定的范围内。方法按GB/T8559—87中4.3.3和4.3.4规定执行。

4.8.5 定期检查果实所发生的伤害，参考附录C。

4.9 冷藏杏果的寿命及出库指标

4.9.1 冷藏果实的寿命

在本标准规定的技术条件下，果实可保存4～5周。

4.9.2 出库指标

1.果实新鲜，应具有本品种的色泽、风味，品味正常，无异味；2、果实总耗不超过10%；3、好果率应在90%以上；4、生理指标可略低于入库前指标。

4.9.3 出库注意事项

4.9.3.1 出库后的果实应缓慢升温，避免果实结露。

4.9.3.2 出库后，果实应轻搬、轻放、轻拿，避免果实伤害。

# 附录 A 部分杏品种的理化指标
（提示的附录）

部分杏品种的理化指标见表 11。

表 11 部分杏品种的理化指标

| 品种名称 | 单果质量（克） | 可溶性固形物（%） | 总 糖（%） | 总 酸（%） | 维生素 C（毫克/100 克） | 产地 |
|---|---|---|---|---|---|---|
| 红玉杏 | 80.9 | 15.9 | 9.83 | 1.67 | 7.99 | 山东 |
| 红金榛杏 | 92.0 | 13.9 | 6.64 | 1.42 | 10.23 | 山东 |
| 华县大接杏 | 84.0 | 13.6 | 8.80 | 0.86 | 7.45 | 陕西 |
| 兰州大接杏 | 72.0 | 10.8 | 8.50 | 0.95 | 5.16 | 甘肃 |
| 大扁头杏 | 72.0 | 10.8 | 8.50 | 0.95 | 5.16 | 甘肃 |
| 玉吕克 | 76.0 | 9.0 | 5.30 | 1.89 | 1.25 | 新疆 |
| 串枝红 | 52.5 | 11.4 | 5.61 | 1.66 | 7.46 | 河北 |
| 仰韶黄杏 | 42.0 | 12.0 | 6.04* | 1.69 | 6.77 | 河南 |
| 骆驼黄杏 | 50.0 | 11.5 | 6.99 | 2.04 | 5.80 | 北京 |
| 金玉杏 | 60.0 | 14.5 | 9.46 | 1.65 | 13.35 | 北京 |
| 沙金红杏 | 57.0 | | 12.60 | 1.01 | | 山西 |
| 白玉杏 | 68.4 | 12.3 | 6.70 | 1.07 | 3.56 | 山东 |
| 杨继元 | 45.0 | 13.2 | 8.20 | 1.62 | 6.78 | 山东 |
| 拳 杏 | 88.8 | 13.6 | 6.40 | 1.20 | 9.30 | 山东 |
| 金妈妈 | 46.0 | 10.6 | 7.04 | 1.45 | 6.78 | 甘肃 |
| 荷苞杏 | 45.33 | 12.1 | 7.80 | 1.83 | 4.07 | 山东 |
| 泽红杏 | 46.0 | 11.0 | 8.10 | 1.78 | 2.18 | 山东 |
| 荷苞榛 | 56.0 | 12.5 | 7.34 | 1.25 | 9.67 | 山东 |

* 原文为 0.04，可能是打印错误。

## 附录B　乙烯吸附剂制作与保存
（提示的附录）

**B1　乙烯吸附剂的制作**

B1.1　原料：高锰酸钾（$KMnO_4$）、珍珠岩（建筑材料）。

B1.2　方法：将高锰酸钾溶于100℃水中，制取饱和溶液（1∶24），将干燥、洁净的珍珠岩浸泡在饱和溶液中2～3分钟，捞出珍珠岩烘干或晒干即成为乙烯吸附剂。

B1.3　包装：将制成的乙烯吸附剂，按设定的重量装入0.06～0.08毫米的聚乙烯（PE）或聚丙烯（PP）塑料袋中密封。应用时将塑料袋用针扎若干小孔。

B2　乙烯吸附剂的保存

包装好的乙烯吸附剂再装入0.1毫米的塑料袋密封，放置在干燥低温的地方可贮存1年。

## 附录C　杏果实冷藏中的伤害
（提示的附录）

杏果实冷藏中的伤害见表12。

**表12　杏果实冷藏中的伤害**

| 名　称 | 症　状 | 原　因 | 防治方法 |
|---|---|---|---|
| 冷　害 | 果面有凹陷，果肉、维管束变褐，果肉变疏松 | 温度过低 | 防止温度过低或变温处理 |
| 二氧化碳伤害 | 果肉维管束由内向外变褐，果皮有褐色条纹 | 二氧化碳过高 | 调控二氧化碳指标，开袋放气 |

# 附录二　我国现行有效的果品及贮藏加工等相关标准目录

## 一、国家标准

（不含农药残留限量标准和元素卫生限量标准）

GB/T 5040—1985　柑橘苗木产地检疫规程
GB 9847—1988　苹果苗木
GB/T 9659—1988　柑橘嫁接苗分级及检验
GB12943—1991　苹果无病毒母本树和苗木检疫规程
GB8370—1987　苹果苗木产地检疫规程
GB/T 8855—1988　新鲜水果和蔬菜的取样方法
GB/T 9829—1988　水果和蔬菜　冷藏中物理条件　定义和测量
GB/T 9830—1988　水果和蔬菜　冷藏后的催熟
GB/T 8559—1987　苹果冷藏技术
GB/T 10547—1989　柑橘储藏
GB/T 16862—1997　鲜食葡萄冷藏技术
GB/T 17479—1998　杏冷藏
GB/T 15034—1994　芒果　贮藏导则
GB/T 18527.1—2001　苹果辐照保鲜工艺
GB/T 18525.3—2001　红枣辐照杀虫工艺
GB14891.3—1997　辐照干果果脯类卫生标准
GB14891.5—1997　辐照新鲜水果、蔬菜类卫生标准
GB/T 18525.4—2001　枸杞、葡萄干辐照杀虫工艺

GB/T 18525.6—2001　桂圆干辐照杀虫防霉工艺
GB/T 8210—1987　出口柑橘鲜果检验方法
GB/T 9980—1988　辐照苹果卫生标准
GB/T 10470—1989　速冻水果和蔬菜的矿物杂质测定方法
GB/T 10471—1989　速冻水果、蔬菜净重的测定方法
GB/T 10466—1989　蔬菜、水果形态学和结构学术语(一)
GB/T 10468—1989　水果和蔬菜产品 pH 值的测定方法
GB/T 10467—1987　水果和蔬菜产品中挥发性酸度的测定方法
GB/T 10469—1989　水果和蔬菜粗纤维的测定方法
GB/T 10473—1989　水果和蔬菜产品中盐酸不溶性灰分的测定方法
GB/T 8856—1988　水果和蔬菜产品粗蛋白质的测定方法
GB/T 8857—1988　水果、蔬菜产品的总灰分及总灰分和水溶性灰分的碱度测定方法
GB/T 12143.2—1989　水果汁饮料中氨基态氮的测定方法—甲醛值法
GB/T 6195—1986　水果、蔬菜中维生素 C 含量测定法(2,6-二氯靛酚滴定法)
GB/T 8858—1988　水果、蔬菜产品中干物质和水分含量的测定方法
GB/T 12143.3—1989　水果汁饮料中 L-抗坏血酸的测定方法—乙醇萃取法
GB/T 6194—1986　水果、蔬菜可溶性糖测定法
GB/T 12143.5—1989　浓缩果汁中乙醇的测定方法
GB/T 12283—1990　水果、蔬菜及制品　有机物的分解方法
GB/T 12284—1990　水果、蔬菜制品　铜含量的测定光度法
GB/T 12285—1990　水果、蔬菜及制品　锌含量的测定
GB/T 12286—1990　水果、蔬菜及制品　铁含量的测定 1,10

NY/T 82.9—1988 果汁测定方法 灰碱度的测定
NY/T 82.10—1988 果汁测定方法 甲醛值的测定
NY/T 82.11—1988 果汁测定方法 果胶的测定
NY/T 82.12—1988 果汁测定方法 乳酸的测定
NY/T 82.13—1988 果汁测定方法 脯氨酸的测定
NY/T 82.14—1988 果汁测定方法 柠檬酸的测定
NY/T 82.15—1988 果汁测定方法 β-胡萝卜素的测定
NY/T 82.16—1988 果汁测定方法 挥发性酸的测定
NY/T 82.17—1988 果汁测定方法 总磷量的测定
NY/T 82.18—1988 果汁测定方法 钾和钠的测定
NY/T 82.19—1988 果汁测定方法 钙和镁的测定
NY/T 95—1989 玉环柚(楚门文旦)鲜果
NY/T 96—1989 柑橘原汁
NY/T 97—1989 柑橘汁
NY/T 98—1989 柑橘露
NY/T 99—1989 柑橘水
NY/T 100—1989 山楂原汁
NY/T 101—1989 山楂汁
NY/T 102—1989 山楂露
NY/T 103—1989 山楂水
NY/T 104—1989 梨原汁
NY/T 105—1989 梨汁
NY/T 106—1989 梨露
NY/T 107—1989 梨水
NY/T 108—1989 葡萄原汁
NY/T 109—1989 葡萄汁
NY/T 110—1989 葡萄露
NY/T 290—1995 绿色制品 橙汁和浓缩橙汁
NY/T 291—1995 绿色食品 番石榴果汁饮料

NY/T 292—1995　绿色食品　西番莲果汁饮料

NY/T 328—1997　苹果无病毒苗木繁育规程

NY329—1997　苹果无病毒苗木

NY/T 353—1999　椰子　种果和种苗

NY/T 354—1999　龙眼　种苗

NY/T 355—1999　荔枝　种苗

NY/T 357—1999　香蕉组培苗

NY/T 361—1999　腰果种子

NY/T 403—2000　脱毒苹果母本树及苗木病毒检测技术规程

NY/T 406—2000　脱毒草莓种苗病毒检测技术规程

NY/T 268—1995　绿色食品　苹果

NY/T 423—2000　绿色食品　鲜梨

NY/T 424—2000　绿色食品　鲜桃

NY/T 425—2000　绿色食品　猕猴桃

NY/T 426—2000　绿色食品　柑橘

NY/T 428—2000　绿色食品　葡萄

NY/T 434—2000　绿色食品　果汁饮料

NY/T 435—2000　绿色食品　水果、蔬菜脆片

NY/T 436—2000　绿色食品　果脯

NY/T 427—2000　绿色食品　哈密瓜

NY/T 439—2001　苹果外观等级标准

NY/T 440—2001　梨外观等级标准

NY/T 441—2001　苹果生产技术规程

NY/T 442—2001　梨生产技术规程

NY/T 444—2001　草莓

NY/T 450—2001　菠萝

NY/T 451—2001　菠萝　种苗

NY/T 452—2001　杨桃　嫁接苗

NY/T 453—2001　鲜红江橙

NY/T 454—2001　澳洲果　种苗
NY469—2001　葡萄苗木
NY/T 470—2001　鲜食葡萄
NY5011—2001　无公害食品　苹果
NY/T 5012—2002　无公害食品　苹果生产技术规程
NY5013—2001　无公害食品　苹果产地环境条件
NY5014—2001　无公害食品　柑橘
NY/T 5015—2002　无公害食品　柑橘生产技术规程
NY5016—2001　无公害食品　柑橘产地环境条件
NY5021—2001　无公害食品　香蕉
NY5023—2002　无公害食品　热带水果产地环境条件
NY/T 5022—2001　无公害食品　香蕉生产技术规程
NY5024—2001　无公害食品　芒果
NY/T 5025—2001　无公害食品　芒果生产技术规程
NY5179—2002　无公害食品　哈密瓜
NY/T 5180—2002　无公害食品　哈密瓜生产技术规程
NY5181—2002　无公害食品　哈密瓜产地环境条件
NY5109—2002　无公害食品　西瓜
NY5110—2002　无公害食品　西瓜产地环境条件
NY/T 5111—2002　无公害食品　西瓜生产技术规程
NY5086—2002　无公害食品　鲜食葡萄
NY5087—2002　无公害食品　鲜食葡萄产地环境条件
NY/T 5088—2002　无公害食品　鲜食葡萄生产技术规程
NY5100—2002　无公害食品　梨
NY5101—2002　无公害食品　梨产地环境条件
NY/T 5102—2002　无公害食品　梨生产技术规程
NY5103—2002　无公害食品　草莓
NY5104—2002　无公害食品　草莓产地环境条件
NY/T 5105—2002　无公害食品　草莓生产技术规程

NY5106—2002　无公害食品　猕猴桃
NY5107—2002　无公害食品　猕猴桃产地环境条件
NY/T 5108—2002　无公害食品　猕猴桃生产技术规程
NY5112—2002　无公害食品　桃
NY5113—2002　无公害食品　桃产地环境条件
NY/T 5114—2002　无公害食品　桃生产技术规程
NY5173—2002　无公害食品　荔枝
NY/T 5174—2002　无公害食品　荔枝生产技术规程
NY5175—2002　无公害食品　龙眼
NY/T 5176—2002　无公害食品　龙眼生产技术规程
NY5177—2002　无公害食品　菠萝
NY/T 5178—2002　无公害食品　菠萝生产技术规程
NY5182—2002　无公害食品　杨桃
NY/T 5183—2002　无公害食品　杨桃产地环境条件

## 三、商业行业标准

SB/T 10053—1992　桃脯
SB/T 10054—1992　梨脯
SB/T 10055—1992　海棠脯
SB/T 10085—1992　苹果脯
SB/T 10086—1992　杏脯
SB/T 10056—1992　糖橘饼
SB/T 10057—1992　山楂糕、条、片
SB/T 10196—1993　果酱通用技术条件
SB/T 10058—1992　猕猴桃酱
SB/T 10059—1992　山楂酱
SB/T 10088—1992　苹果酱
SB/T 10197—1993　原果汁通用技术条件

SB/T 10198—1993　浓缩果汁通用技术条件
SB/T 10203—1993　果汁通用试验方法
SB/T 10199—1993　苹果浓缩汁
SB/T 10089—1992　浓缩柑橘汁
SB/T 10200—1993　葡萄浓缩汁
SB/T 10201—1993　猕猴桃浓缩汁
SB/T 10202—1993　山楂浓缩汁
SB/T 10060—1992　梨冷藏技术
SB/T 10091—1992　桃冷藏技术
SB/T 10093—1992　红枣贮藏
SB/T 10192—1993　板栗储藏
SB/T 10087—1992　话梅(类)技术条件
SB/T 10064—1992　苹果销售质量
SB/T 10062—1992　西瓜
SB/T 10193—1993　哈密瓜
SB/T 10090—1992　鲜桃
SB/T 10063—1992　鲜菠萝
SB/T 10194—1993　鲜荔枝
SB/T 10092—1992　山楂

## 四、进出口商品检验行业标准

SN0148—1992　出口水果中甲基毒死蜱残留量检验方法
SN0149—1992　出口水果中甲萘威残留量检验方法
SN0150—1992　出口水果中三唑锡残留量检验方法
SN0151—1992　出口水果中乙硫磷残留量检验方法
SN0152—1992　出口水果中 2,4—滴残留量检验方法
SN0153—1992　出口水果中马拉硫磷残留量检验方法
SN0154—1992　出口水果中甲基嘧啶磷残留量检验方法

SN0155—1992　出口水果中内吸磷残留量检验方法
SN0156—1992　出口水果中抗蚜威残留量检验方法
SN0157—1992　出口水果中二硫代氨基甲酸酯残留量检验方法
SN0158—1992　出口水果中螨完锡残留量检验方法
SN0159—1992　出口水果中艾氏剂,狄氏剂,七氯残留量检验方法
SN0160—1992　出口水果中硫丹残留量检验方法
SN0161—1992　出口水果中甲基对硫磷残留量检验方法
SN0162—1992　出口水果中甲基托布津残留量检验方法
SN0163—1992　出口水果中二溴乙烷残留量检验方法
SN0164—1992　出口水果中六六六,滴滴涕残留量检验方法
SN0165—1992　出口水果中六六六,滴滴涕残留量检验方法
SN0189—1993　出口水果中三硫磷残留量检验方法
SN0190—1993　出口水果中乙撑硫脲残留量检验方法
SN0191—1993　出口水果中灭菌丹残留量检验方法
SN0192—1993　出口水果中溴螨酯残留量检验方法
SN0200—1993　出口水果罐头中甲基硫菌灵残留量检验方法
SN0202—1993　出口水果中无机溴化物残留量检验方法
SN0220—1993　出口水果中多菌灵残留量检验方法
SN/T 0189—1993　出口水果中三硫磷残留量检验方法
SN/T 0228—1993　出口鲜梨检验方法
SN0279—1993　出口水果中双甲脒残留量检验方法
SN0280—1993　出口水果中氯硝胺残留量检验方法
SN0281—1993　出口水果中甲霜灵残留量检验方法
SN0287—1993　出口水果中乙氧喹残留量检验方法　液相色谱法
SN0288—1993　出口水果中倍硫磷残留量检验方法
SN0291—1993　出口水果中乐果,甲基对硫磷残留量检验方

法

SN0334—1995　出口水果和蔬菜中22种有机磷农药残留量检验方法

SN0337—1995　出口水果和蔬菜中克百威残留量检验方法

SN0338—1995　出口水果中敌菌丹残留量检验方法

SN0344—1995　出口水果中甲噻硫磷残留量检验方法

SN0350—1995　出口水果中赤霉素残留量检验方法

SN0354—1995　出口水果中伏杀硫磷残留量检验方法

SN/T 0629—1997　出口柚检验规程

SN/T 0796.1—1999　出口荔枝检验规程　新鲜荔枝

SN/T 0796.2—1999　出口荔枝检验规程　速冻荔枝

SN/T 0796.3—1999　出口荔枝检验规程　保鲜荔枝

SN/T 0961—2000　进出口葡萄干检验方法

SN24016—1988　出口果脯检验方法

SN24018—1988　出口柿饼检验方法

SN24019—1988　出口果干(脱水去皮苹果圈)检验方法

SN31001—1987　进口香蕉检验方法

SN31003—1988　出口鲜甜橙(国家标准)

SN31004—1988　出口鲜宽皮柑橘(国家标准)

SN31005—1988　出口鲜柠檬(国家标准)

SN31006—1988　出口苹果

SN31007—1988　出口苹果检验方法

SN31009—1988　出口柑橘中甲基嘧啶磷残留量测试方法

SN31016—1988　出口苹果中灭虫威残留量测定方法

SN31017—1988　出口苹果中乐杀螨残留量测定方法

SN31018—1988　出口苹果中联苯胺残留量测定方法

SN31019—1988　出口苹果中三唑二甲酮,异菌脒残留量测定方法

SN31020—1988　出口柑橘中毒虫畏残留量测定方法

SN31021—1988　出口柑橘中氯亚胺硫磷残留量测定方法
SN38001—1990　出口枸杞检验规程
SN74003—1988　出口食品(水果罐头)中环乙基氨基磺酸盐的测定

## 五、我国最近3年公告的地方标准目录

(摘自《中国标准化》2000～2002)

### 福建省

DB35/T 129.1—2001　香蕉脱毒组培苗生产技术规范
DB35/T 129.2—2001　香蕉脱毒组培苗质量标准
DB35/T 130.1—2001　草莓脱毒组培苗生产技术规范
DB35/T 130.2—2001　草莓脱毒组培苗质量标准
DB35/T 134.1—2001　天宝香蕉体系表
DB35/T 134.2—2001　天宝香蕉品种
DB35/T 134.3—2001　天宝香蕉种苗
DB35/T 134.4—2001　天宝香蕉栽培技术规范
DB35/T 134.5—2001　天宝香蕉
DB35/T 138—2001　德化新世纪梨
DB35/T 145—2001　尤溪金柑
DB35/T 146—2001　霞浦晚熟荔枝

### 甘肃省

DB62/T 623—1999　枣树育苗技术规程
DB62/T 624—1999　银杏育苗技术规程
DB62/T 634—1999　庆阳地区苹果栽培技术规程
DB62/T 635—1999　庆阳地区低产苹果园改造技术规程

DB62/T 636—1999　庆阳地区苹果病虫害防治技术规程
DB62/T 642—2000　板栗建园管理技术规程
DB62/T 643—2000　早酥梨优质丰产栽培技术规程
DB62/T 646—2000　西峰市苹果栽培管理技术规程
DB62/T 696—2001　天水市北道区晚熟红黑葡萄栽培技术规程
DB62/T 697—2001　临泽小枣
DB62/T 702—2001　宁县大枣丰产栽培技术规程
DB62/T 796—2002　庆阳地区酸枣接大枣早、优、丰产栽培技术规程
DB62/T 797—2002　无公害农产品质量
DB62/T 798—2002　无公害农产品产地环境质量
DB62/T 799—2002　无公害农产品生产技术规程

## 广西壮族自治区

DB45/T 08.1—1997　银杏树对自然环境的要求
DB45/T 08.2—1997　银杏品种分类
DB45/T 08.3—1997　银杏种苗繁殖技术
DB45/T 08.4—1997　出圃银杏苗木分级
DB45/T 08.5—1997　银杏丰产园营建技术规程
DB45/T 08.6—1997　银杏人工授粉技术
DB45/T 08.7—1997　挂果银杏树的施肥技术要求
DB45/T 08.8—1997　银杏树整形修剪技术要求
DB45/T 08.9—1997　银杏树的病虫害防治技术要求
DB45/T 08.10—1997　银杏的采收和贮藏技术要求
DB45/T 08.11—1997　商品银杏分级
DB45/T 32.3—2000　无公害农产品生产　水果

## 海南省

DB46/T 9—1999 椰子 种果

DB46/T 10—1999 椰子 种苗

DB46/T 11—1999 椰子 种苗繁育技术规程

DB46/T 12—1999 椰子 种植和管理技术规程

DB46/T 19.6—2001 无公害水果生产技术规程

DB46/T 20—2001 香蜜杨桃 嫁接苗

DB46/T 21—2001 香蜜杨桃 种植和管理技术规程

DB46/T 22—2001 香蜜杨桃

DB46/T 23—2001 香蕉质量分级、包装、贮运及标志

## 河北省

DB13/T 431—2000 优质梨生产管理综合标准

DB13/T 432.1—2000 优质苹果生产管理综合标准:苗木

DB13/T 432.2—2000 优质苹果生产管理综合标准:建园

DB13/T 432.3—2000 优质苹果生产管理综合标准:栽培管理

DB13/T 452—2001 出口速冻栗仁检验规程

DB13/T 471—2001 无公害草莓生产技术规程

## 湖北省

DB42/T 202—2000 板栗丰产林栽培技术规程

## 江苏省

DB32/T 392—2000 无锡水蜜桃生产技术规程

DB32/T 393—2000 无锡水蜜桃

DB32/T 408—2000 出口冷冻罐装草莓检验规程

DB32/T 468—2001 鲜食葡萄生产技术规程